스핀

스핀

파울리, 배타 원리 그리고 진짜 양자역학

지은이 이강영

1판 1쇄 발행 2018년 1월 2일
1판 6쇄 발행 2023년 4월 20일

펴낸곳 계단
출판등록 제 25100-2011-283호
주소 (02833) 서울시 마포구 토정로4길 40-10, 2층
전화 070-4533-7064
팩스 02-6280-7342
이메일 paper.stairs1@gmail.com
페이스북 facebook.com/gyedanbooks
ISBN 978-89-98243-08-1 03420

이 책은 한국출판문화산업진흥원 2017년 우수출판콘텐츠 제작 지원 사업 선정작입니다.

스핀

SPIN

WOLFGANG PAULI

파울리, 배타 원리
그리고 진짜 양자역학

/ 이강영 지음

계단

차례

序

물리학자들이 물리학에 매료되는 이유는 주로 물리학이 지극히 단순하기 때문이다. 말도 안 되는 소리라고 할지 모르겠지만, 아마도 대부분의 물리학자는 이 말에 곧 동의할 것이다. 예를 들어서 뉴턴의 역학에서 $F=ma$ 라는 짧은 식을 풀면, 달과 별의 위치나 일식과 월식과 같은 천체의 운행과, 당구공이 부딪치고 대포알이 날아가는 것과 같은 우리 눈앞에 벌어지는 모든 현상을 모두 정확히 설명할 수 있다. 이 단순성의 매력에 사로잡히는 사람이 결국 물리학자가 된다.

물리학자 중의 물리학자라고 할 만한 사람인 이탈리아 출신의 엔리코 페르미는 수많은 입자가 새로 발견되던 1960년대에, 한 대학원생이 어떤 입자에 대해서 묻자, "젊은이, 내가 저 입자들의 이름을 다 기억해야 한다면, 차라리 식물학자가 될 거야"라고 대답했다는 일화가 있다. 이 말을 생물학자를 폄하하는 것으로 받아들일 필요는 없다. 그보다는 물리학자와 생물학자의 관점의 차이를 드러내는 말이라고 생각하는 편이 옳다. 예를 들어 미국의 생물학자 에드워드 윌슨은 "성경에 내재한 윤리적 책무가 종 다양성을 보존하는 것"이라고까지 말한다. 이런 예들은 세상을 가능한 한 단순하게 이해하려고 하는 물리학자와 세상의 다양성을 지향하는 생물학자의 취향이 다르다는 것을 잘 보여주는 지점이다.

아무리 물리학자가 단순한 것을 좋아한다 해도, 세상의 모든 진리를 한 줄로 요약해달라고 하면 들어주기 어렵다. 그런 일이 가능한 것인지도 사실 알 수 없다. 그래도 하나의 원리로 세상의 많은 현상을 다 설명하는 것은 모든 물리학자의 꿈이다. 그래서 가끔 혼란스럽게만 보이는 수많은 현상을 한 가지의 원리로 말끔히 설명하는 순간이 오면 물리학자들은 열광한다. 20세기의 처음 4분의 1이 지났을 때 오스트리아 출신의 물리학자 볼프강 파울리에 의해 탄생한 배타 원리가 바로 그런 원리였다. 20세기 초 물리학자들은 원자의 속이 어떤 모습인지, 왜 그렇게 생겼는지 알고 싶다고 간절히 소망했는데, 그때까지 알고 있던 지식에 배타 원리 한 줄을 더하자, 원소의 주기율표를 이론적으로 완전히 설명할 수 있게 되었기 때문이다. 만물은 원자로 되어있으므로, 원자가 왜 그렇게 행동하는지를 이해한다면 우리는 이제 모든 물질을 이해할 수 있는 셈이다!

그런데 배타 원리는 그 이상의 무엇이었다. 원자의 내부 구조를 이해하기 위해 도입되었지만 배타 원리는 원자의 구조를 설명하는 데만 쓰이는 게 아니다. 배타 원리는 원자핵 내부에도, 양성자나 중성자의 내부에도, 반대로 원자가 집합적으로 모인 물질 상태에도, 심지어 백색왜성의 내부에도 적용된다. 배타 원리는 보통의 물리학 법칙들보다 훨씬 더 보편적이고 그래서 어떤 의미에서 정말 세상의 기초를 이루는 원리처럼 보인다.

배타 원리는 계시적이다. 배타 원리는 태어날 때 그 안에 새로운 개념을 품고 있었다. 파울리는 그 개념을 영감에 가득 차서 "고전적으로는 표현할 수 없는 2가$^{a\ classically\ non-describable\ two\ valuedness}$"라고 불렀다. 이 개념은 전자의 자전이라는 고전적인 접근법으로 쉽게 설명되는 듯해서 스핀이라는 이름이 붙었지만, 결국은 완전히 새로운 물리량이며 상대성 이론과 양자역학이 만나는 지점이라는 것이 밝혀졌다. 파울리의 영감대로 스핀은 순수하게 양자역학적인 개념이었고, 사실 그 이상의 함의를 담고 있었던 것이다. 초기의 단순했던 직관적 설명의 흔적은 스핀이라는 이름에만 남아있다. 이 책은 배타 원리와 스핀이라는 양자역학의 중요한 두 개념이 어떻게 탄생해서 발전했으며 그 안에 얼마나 풍부하고 심오한 의미가 담겼는지에 대한 이야기다.

네덜란드의 수학자이자 수학 역사가인 반 데어 베르덴$^{Bartel\ Leendert}$ $^{van\ der\ Waerden,\ 1903~1996}$은 파울리의 추모 문집인 《20세기의 이론물리학: 볼프강 파울리 추모 문집》에 쓴 "배타 원리와 스핀"이라는 글에서, 물리학을 설명하는 방법을 독단적인 방법, 역사적인 방법, 그리고 이 둘의 혼합 방법, 이렇게 세 가지로 나누었다.

교과서에서 물리학 이론을 설명하는 방식은 적어도 어느 정도는 독단적^{dogmatic}이다. 가설에서 출발해서 결과를 추론하고 이를 실험 결과와 비교한다. 어떤 교과서는 혼합 방법을 사용한다. 독단적인 방식의 이론 설명에 더해서 가설이 어떻게 발견되었는지를 역사적으로 보여준다. 이런 방식은 장점이 크다. 한편 역사적인 방법은, 추적할 수 있는 한 이론물리학자들의 두뇌 속에서 아이디어가 발전하는 과정을 한 걸음 한 걸음 따라가는 것이다. 나는 역사적인 방법을 따라야만 물리학 이론을 완전히 이해할 수 있다고 생각한다. 그래야만 어떤 가설이 현상을 설명하는 데 정말로 필요한지, 수정될 수 있는지, 이론이 어떤 조건하에서 성립하는지를 우리가 판정할 수 있다.

이 책은 딱히 반 데어 베르덴을 따르려고 한 것은 아니지만, 이 분류에 따르면 역사적인 방법으로 쓰인 책에 가깝다. 애초에 이 책은 교과서가 아니고, 물리학을 정식으로 배우지 않은 사람도 읽기 위한 것이기 때문에, 논리적이고 형식적인 설명을 하는 방법, 반 데어 베르덴의 표현에 따르자면 독단적인 방법은 어차피 가능하지도 않았다. 나는 이 책에서 새로운 개념이 왜 필요했고 어떤 배경에서 태어났는지, 그리고 어떤 실험을 통해 검증되었는지를 보여주려고 했다. 아이디어가 발전하는 과정을 완전히 따라가지는 않았지만, 그런 서술 방법은 기본적으로 반 데어 베르덴이 역사적인 방법이라고 부른 방법과 같다. 그런데 사실 이것은 물리학뿐 아니라 무엇이든 새로운 개념을 만나서 이해하려고 할 때 우리가 늘 하는 일이 아닐까?

과학의 역사를 공부하는 일이 과학을 더 깊이 이해하는 데 매우 유용하다는 것은 잘 알려진 일이다. 반 데어 베르덴의 표현처럼 독단적으로 써 있는 교과서로 과학을 배운 젊은이들은 과학이란 원래 교과서에 나와 있는 것처럼 눈부시게 합리적이고, 교묘하게 논리적이고, 모든 세부가 정교하게 배치된 정밀 기계와 같은 것이라는 인상을 가지고 있기 쉽다. 다른 예를 들 것도 없이 나도 그랬다. 그러나 과학이 발전해온 과정은 물론 전혀 그런 것이 아니다. 한 발자국을 전진하기 위해서는 오랜 시간 동안 수많은 시도가 필요하고, 지금은 당연하게 보이는 해답 한 줄을 얻기 위해서도 숱한 착오와 잘못과 헛된 노력을 들여야 한다. 논리적이고 정교한 법칙의 이면을 들여다보고 다른 관점에서 바라보게 해준다는 점에서, 과학이 발전해온 과정을 역사적으로 살펴본다는 것은 물리학자에게도 매우 유익한 일이다. 그래서 양자역학의 역사 한가운데에 들어가서 이 책을 준비하고 만들어 나가는 일은 내게도 아주 유익했고, 무엇보다 즐거운 일이었다.

이왕 역사의 길을 따라가는 김에 나는 이 책에서 물리학의 이론적, 실험적 전개 과정뿐 아니라, 시대와 과학자들의 주변 환경도 함께 묘사하려고 애썼다. 읽는 이들이 구체적인 시대적·공간적 배경 속에서 과학자들의 연구 활동을 좀 더 입체적으로 볼 수 있도록 하고 싶어서, 그렇게 하면 과학자들과 그들의 연구 활동을 더 가깝게 느낄 수 있지 않을까 해서다. 좀 더 욕심을 부리자면 과학자들의 연구가 어떤 전통 속에서 이루어진 것인가를 보이고 싶었다. 결국 정말 보이고 싶었던 것은 물리학 연구의 기쁨과 아름다움이었던 것 같다. 결과가 기대와 욕심에 턱없이 못 미친 것은 전적으로 내가 부족한 탓이다. 책에서 발견되는 크고 작은 잘못들도 마찬가지다.

이 책의 대부분은 2015년 6월 8일부터 2016년 6월 27일까지 약 1년간 네이버캐스트 물리산책 코너에 "스핀의 과학"이라는 제목으로 연재된 내용이다. 책에는 연재했던 글에 일부 내용이 추가되었고, 몇몇 잘못된 부분을 수정했다. 연재를 읽어주신 모든 분들께, 특히 재미있게 봐주시고 칭찬을 아끼지 않으셨던 분들께 감사드린다.

책의 마지막 부분에 소개한, 파울리의 학생이었던 진영선 박사에 대한 사적인 이야기는 대부분 나의 선친으로부터 들은 것이다. 아버지는 1940년 구제 경기중학교에 입학한 진영선 박사의 동기동창이셨고 예과와 대학교도 같이 다니셨다. 다만 대학에서 아버지의 전공은 물리학과가 아니고 철학과였다. 그런 까닭에 내가 물리학을 전공하게 되자 아버지는 진영선 박사에 대한 이야기를 여러 차례 해주셨던 것이다. 그런데 재미있게도, 아버지는 진영선 박사가 한국인으로서는 노벨상에 제일 가깝게 간 사람이었다가 자동차 사고로 사망했다고 말씀하셨었다. 눈치를 챈 분도 있겠지만, 이건 진영선 박사보다는 이휘소 박사 이야기가 아닌가. 아마도 해외 소식에 어둡던 시절에, 물리학 분야 바깥의 지인들에게는 미국에서 뜻밖의 죽음을 맞은 두 사람의 입자물리학자의 소식이 그렇게 뒤섞여서 전해졌던 모양이다. 대학에 갓 입학했을 때야 나도 두 분을 몰랐으므로 그 말을 듣고도 그저 그런가보다 했지만, 그럭저럭 앞뒤 정황을 파악하고, 진영선 박사에 대해서도 알게 된 후 아버지께 두 분에 대한 설명을 드렸던 기억이 있다.

아버지는 이 책을 한창 쓰고 있던 2016년 1월에 돌아가셨다. 한번은 경기중학교 때의 단체 사진을 확대해서 들여다 보시기도 했다. 진영선 박사도 가리켜 주셨는데 오래된 사진의 까까머리 중학생들이 모두 똑같이 생겨서 기억은 나지 않는다. 이 책을 구상하면서, 파울리와 관련해서 진영선 박사에 대한 내용을 책에 포함시켜서 보여드리고 싶었는데, 인생의 많은 일들이 그렇듯이 뜻처럼 되지 못했다. 뒤늦게나마 이 책을 아버지께 바친다.

이강영

WOLFGANG PAULI 01

물리학의 양심

DAS GEWISSEN DER PHYSIK

지식의 위대한 진보는 본질적으로
자유롭고, 결과를 예측할 수 없는 개개인의 노력의 산물입니다.
그것은 뉴턴, 아인슈타인, 파울리와 같이,
홀로 낯선 바다를 항해하는 정신의 소유자들이
만들어 내는 것입니다.

— 프랭크 에이들로트 프린스턴 고등연구소 소장이 파울리의 노벨 물리학상 시상식이 거행된 날
프린스턴에서 열린 만찬에서 축사를 하며 01

파울리 가 연대기 Pauli Chronicles

프라하의 구시가 광장에서 북쪽으로, 파리즈스카Parizska 거리를 따라 블타바Vltava 강까지 이르는 길의 양쪽 지역은 유대인들이 거주하던 거대한 게토였다. 이 지역은 원래 프라하에 모여든 유대인 상인들이 살던 곳이었는데, 13세기에 시 행정 당국이 독립적인 구역으로 지정하고 지도프스케 메스토Židovské město, 유대인 지역라고 이름 붙였다. 프라하 게토는 장벽으로 둘러싸여서 16세기까지 주변으로부터 격리되어 있었으나, 유대인 사회는 르네상스 기부터 장벽을 넘어 점차 퍼져나가기 시작했다. 17세기에는 게토가 크게 팽창해서 중부 유럽의 유대인 사회에서 가장 번화한 곳 중 하나가 되었다. 1781년에 마리아 테레지아의 아들이며 신성로마제국 황제였던 요제프 2세가 유대인에게도 평등한 권리를 부여하는 '관용법'을 반포함으로써 유대인에 대한 차별이 적어도 공식적으로는 사라졌다. 1848년 혁명 시기에 게토의 장벽도 철거되었고 거주의 제한이 완전히 풀려서 유대인도 게토 밖에서 살 수 있게 되었다. 이에 따라 게토의 인구는 줄어들기 시작했고, 정통 유대교도나, 게토 바깥에 나가서 살 능력이 없는 사람만 남게 되어 차츰 슬럼화 되어갔다. 1850년 게토는 해체되어 시의 행정구역으로 개편되면서, 요제프 2세의 이름을 따서 '요제프의 도시'라는 뜻의 요제포프Josefov라는 명칭으로 바뀌었다. 그러나 이 지역이 계속 슬럼화 되자 1893년 시는 지역 전체를 완전히 재건축하기로 결정했다. 그 결과 현재 이 지역에 남아있는 게토의 유산은 여섯 개의 시나고그와, 유대인 공회당과, 유대인 묘지가 전부다. 13세기부터 조성된 이 묘지는 유럽에 남아있는 유대인 묘지로서는 가장 오래 된 묘지다.

보헤미아의 가난한 집안에서 1814년에 태어난 유대인 출판업자 볼프 파쉘레스Wolf Pascheles는 이 게토에서 살며 책을 만들고, 팔고, 또 글을 썼다. 그는 어려서부터 글 쓰는 데 재주를 보였고, 나중에는 대부분의 유대 백과사전에 이름이 실리게 될 정도로 프라하에서 지명도 있는 유대인 작가가 되었다. 볼프는 1846년에 유대인의 여러 옛이야기들을 수집해서 '시퓨림 Sippurim'이라는 이름으로 출판했는데, 크게 성공해서 후속 작품을 계속 펴내게 되었다. 그는 이 책을 황제에게 올리고 메달을 받기도 했다.

아버지의 직업을 이어받은 아들 야콥 파쉘레스Jacob W. Pascheles는 이 성공을 기반으로 게토를 벗어나서 유럽 대륙에서 가장 큰 가죽공장 중 하나를 소유한 우티츠Utitz 집안의 딸 헬렌Helen을 부인으로 맞아들였다. 이후 파쉘레스 가족은 구시가 광장 7번지에 살면서, 11번지에서는 서점을 운영했으며 광장에 면해서 히브리어 책을 펴내는 출

판사를 세웠다. 그는 유대 문화의 신봉자로서 프라하 '집시 시나고 그'의 장로였다. 이 시나고그는 1896년 6월 13일 프란츠 카프카Franz Kafka, 1883~1924가 유대인의 성년식인 바르 미츠바 의식을 치른 곳이기도 하다. 야콥도 그 자리에서 의식을 지켜보던 사람 중 하나였다. 그는 1897년 프라하에서 죽어서 옛 유대인 묘지에 묻혔고 지금도 묘비가 남아있다.

야콥과 헬렌은 모두 일곱 명의 자녀를 두었는데, 그 중 1869년 9월 11일에 태어난 셋째 아들을 할아버지의 이름을 따서 볼프강 요제프 파쉘레스Wolfgang Josef Pascheles, 1869~1955라고 이름지었고 할아버지처럼 볼프라 불렀다. 볼프는 아버지의 서점에서 가까운 킨스키 궁 안에 위치한 독일계 구시가 김나지움을 다녔다. 훗날 볼프가 졸업하고 7년 뒤에 이 학교에 프란츠 카프카가 입학하게 된다. 한편 이 학교에서 볼프의 동급생 중에는 프라하 카를-페르디난트 대학의 물리학 교수였던 에른스트 마흐Ernst Waldfried Josef Wenzel Mach, 1838~1916의 장남 루트비히도 있었다. 영리했던 볼프는 좋은 성적으로 고등학교를 졸업하고 카를-페르디난트 대학 의학부에 1887년에 입학했는데, 루트비히 마흐도 역시 같은 학교에 입학해서 다시 동창생이 되었다.

볼프와 루트비히가 입학한 카를-페르디난트 대학은 1348년 신성로마제국의 황제이자 보헤미아 왕 카를 4세가 세운 중부 유럽 최초의 대학이다. 파리 동쪽에 처음으로 세워진 대학이며, 유럽 전체에서도 볼로냐 대학과 파리의 소르본 대학 다음으로 세 번째로 오래된 대학이기도 하다. 그래서 카를 대학교가 세워진 초기에는 독일과 오스트리아, 보헤미아와 모라비아, 헝가리 등의 중부 유럽은 물론, 폴란드와 러시아, 그리고 멀리 덴마크나 스웨덴에서도 학생이 찾아왔다. 이런 학생 구성을 반영해서 대학은 보헤미아 계, 바바리아 계, 폴란드 계, 그리고 색슨 계의 네 민족으로 나뉘어 운영되었다. 그러나 보헤미아 계와 다른 민족들 간의 반목으로 1409년 독일계 교수 및 학생이 대거 빠져나가서 라이프치히 대학을 세우면서, 카를 대학은 크게 축소되었다. 이전에는 박사와 석사가 200여 명, 학사가 500여 명, 그리고 학생이 3만 명에 이르는 거대한 대학이었으나, 이 사건으로 46명의 교수와, 집계에 따라 다르지만 5,000명에서 2만 명에 이르는 학생이 줄어들었다고 한다.

유럽 전역에서 혁명의 불길이 타오르던 1848년, 카를 대학교에서는 학생들이 대학 당국에 체코어 강좌를 개설해 달라고 요청하며 투쟁을 벌여서 이를 얻어내는 데 성공했다. 그러자 대학 내의 체코인의 비율이 날로 증가하면서, 대학 내에 두 개의 언어가 혼용되게 되었다. 상황은 점점 더 불편해졌고 대학의 체코인 교수들과 독일인 교수들 사이에 갈등이 끊이지 않았다. 결국 논의를 거듭한 끝에 대학 당국은 대학을 체코어 대학과 독일어 대학으로 분리하기로 결정했고 1882년 제국 의회와 황제의 재가를 받았다. 협정에 따르면 두 대학은 카를 대학을 동등하게 계승하며, 독립적으로 운영하면서 도서관, 의학 및 과학 연구소, 식물원 등의 시설을 공유하고, 이 시설의 운영은 독일 대학이 맡기로 했다. 이 독특한 두 대학 체제는 2차 세계대전 때까지 지속되었다.

이후에도 양 대학은 모두 중요한 인물들을 많이 배출했는데, 아무래도 우리에게 익숙한 사람들은 독일어 대학 쪽에 많다. 카프카와 라

이너 마리아 릴케Rainer Maria Rilke, 1875~1926가 독일어 대학을 나왔고, 부부가 함께 노벨상을 탄 것으로 유명한 생화학자 칼 페르디난트 코리Carl Ferdinand Cori, 1896~1984와 게르티 코리Gerty Cori, 1896~1957 부부, 오스트리아의 마지막 황제 카를 1세 등이 독일어 대학을 졸업했으며, 알베르트 아인슈타인이 독일어 대학에서 교수를 지냈다. 한편 체코어 대학을 나온 사람으로는 전기분해법을 창안해서 1959년 노벨 화학상을 받은 야로슬라프 헤이로브스키Jaroslav Heyrovský, 1890~1967, 맨해튼 프로젝트에도 참가했던 물리학자 게오르그 플라첵Georg Placzek, 1905~1955, 20세기 체코 문학의 가장 중요한 작가 중 한 사람이며 '로봇'이라는 말을 처음 쓴 것으로도 유명한 카렐 차펙Karel Čapek, 1890~1938, 《존재의 참을 수 없는 가벼움》의 작가 밀란 쿤데라Milan Kundera, 1929~ 등이 있다.

볼프강 파셸레스와 루트비히 마흐가 1887년에 입학한 것도 독일어 쪽 카를-페르디난트 대학의 의학부였다. 루트비히의 아버지인 물리학자 에른스트 마흐 역시 독일어 대학의 실험물리학 교수였다. 마흐가 의대생을 위한 기초물리학도 강의했으므로, 볼프는 아마 마흐의 강의를 직접 들었을 것이다. 볼프는 처음부터 과학에 커다란 관심을 가지고 있어서 강의만 들은 것이 아니라 종종 물리학 연구소로 마흐를 찾아가서 시간을 보냈고, 친구의 아버지로서가 아니라 물리학 교수로서 마흐를 만나서 가르침을 받았다. 그에게 있어 당대의 지식인이던 마흐는 가장 중요한 스승이자 닮고 싶은 우상이었다. 마흐를 보면서 그는 의사의 길보다 과학자의 길에 더 매력을 느끼게 되었다. 마흐 역시 볼프를 배려해서, 볼프가 쓴 논문을 빈의 과학 아카데미에 투고해 주기도 했다. 볼프는 이력서에서 자신의 연구 방향과 체계에 중요한 영향을 준 세 사람의 스승 중 한 사람으로 마흐에게 감사를 표했고, 나중에 마흐와의 만남을 "나의 정신적인 발전에 있어서 가장 중요한 사건"이었다고 말했다. 마흐 역시 볼프를 배려해서, 볼프가 쓴 논문을 빈의 과학 아카데미에 투고해 주었다. 두 사람은 이후로도 교류를 계속 했고, 마흐는 훗날 볼프의 아들에게도 영향을 끼치게 된다.

볼프는 1893년 4월에 학위를 받고 카를-페르디난트 대학을 졸업했는데, 이미 그해 1월부터 프라하를 떠나 빈의 루돌프 제국 병원에 의사로 근무하고 있었다. 의사로 일하면서도 마흐처럼 과학자가 될 기회를 찾던 그는 마침내 1898년에 빈 대학 내과의 강사가 되어 대학 사회로 들어갔다. 마침 마흐도 1895년에 빈 대학으로 옮겨서 철학 교수가 되었으므로 볼프와 마흐의 교류는 빈에서도 계속되었다.

볼프는 아마도 프라하 시절부터 두 가지를 결심하고 있었던 것 같다. 그 하나는 과학을 연구하겠다는 것이었고 다른 하나는 유대인이라는 정체성을 버리는 일이었다. 전자는 물론 마흐의 영향에 따른 것이었고, 후자는 전자에 도움이 되기 위한 일이었다. 유럽에 반유대주의가 점차 팽배해져가면서, 유대인이라는 정체성이 학자로서 성공하고자하는 그의 야심에 위협이 될 징조가 뚜렷했기 때문이었다. 실제로 당시 프라하의 유대인 중 약 10퍼센트 정도가 개종을 택했다. 볼프는 빈으로 삶의 터전을 옮기면서 좀 더 쉽사리 그의 과거와 결별할 수 있게 되었다. 그의 아버지 야콥이 사망한 얼마 후, 볼프는 관청에 성을 바꿀 것을 신청했고, 1898년 7월 22일 허가를 얻어냈다. 이제 그의 성은 파울리Pauli가 되었다. 1899년 3월에는 유대인 공동체에서 탈퇴하고, 곧 가톨릭으로 영세를 받았다. 그리고 같은 해 5월 2일에 베르타 카밀라 슈츠Bertha Cammilla Schütz, 1878~1927 와 결혼했다. 이로서 파울리 가家가 시작되었다.

볼프와 결혼한 베르타 카밀라 슈츠의 아버지 프리드리히 슈츠Friedrich Schütz, 1844~1908 역시 프라하의 유대인 집안에서 태어났다. 그는 고등학교 때부터 문학과 연극에 뜻을 두고 극시를 쓰거나 무대에 올렸고, 결국 작가가 되었으며 한편으로는 저널리스트로 활동했다. 슈츠는 프라하에서 희곡을 써서 성공을 거둔 후 1869년에 빈으로 이주했다. 그는 유대계 신문인《노이에 프라이에 프레세 Neue Freie Presse 》에 글을 싣다가 1873년에 편집국의 일원이 되었다. 하지만 저널리스트로 활동하면서도 희곡은 계속 썼다. 그의 희곡은 정치적인 내용을 담은 코미디가 대부분이었다. 1875년에 슈츠는 오페라 가수였던 베르타 딜네르Bertha Dillner, 1847~1916 와 결혼했다. 귀족 가문으로 경찰청 관료였던 아버지를 둔 베르타는 빈의 오페라 스쿨을 나와서 쾰른과 프라하 등

에서 무대에 오르다가 1873년에 빈 국립 오페라 극장의 단원이 되어 약 12년간 활동했다. 슈츠 부부는 1878년에 첫 딸을 얻고 어머니의 이름을 따서 딸의 이름을 베르타 카밀라 슈츠로 지었다. 일곱 살 아래의 둘째 딸의 이름은 리카Rika다.

아버지와 어머니의 영향을 받아 문학과 연극에 풍부한 지식을 지녔고, 페미니스트이자 평화주의자였던 딸 베르타는 주변 사람들로부터 "오스트리아 여성으로는 극히 드물게 강한 개성을 지닌 여인"이라는 말을 들을 만큼 시대를 앞선 여성이었다. 아버지처럼 그녀도《노이에 프라이에 프레세》에 연극 비평이나 역사에 관한 에세이를 기고했고, 프랑스 혁명에 대한 책을 직접 쓰기도 했으며, 훗날 아버지의 정치 회고록도 손수 편집했다.

1900년 4월 25일 볼프와 베르타 사이에서 파울리 가의 첫 아들이 태어났다. 볼프는 아들을 가톨릭으로 영세를 받게 하면서, 마흐에게 대부를 서줄 것을 부탁했다. 아들의 이름은 자신과 마흐의 이름, 그리고 외할아버지의 이름을 따서 볼프강 에른스트 프리드리히 파울리Wolfgang Ernst Friedrich Pauli라고 지었다. 그 순간에는 물론 아무도 이 아기가 훗날 아인슈타인에 비견되는 천재 물리학자가 되리라는 것을 알지 못했다. 하긴 1900년에는 아인슈타인도 직장을 구하지 못해서 고생하는, 장래가 지극히 불확실한 젊은이일 뿐이었다.

에른스트 마흐, 세기말 빈

프라하가 골목마다 골렘과 머리 없는 기사들의 그림자가 어른거리고 루돌프 2세가 불러 모은 연금술사들이 득시글거리던 마법과 연금술의 도시였다면, 신성로마제국의 원래 수도이자 합스부르크가의 거점이던 빈은 19세기에는 오스트리아-헝가리 제국의 수도로서 세속의 영화의 절정을 구가하는 도시였다. 특히 파울리가 태어난 1900년 전후의 빈은 독특한 향기를 풍기고 있었다. 그곳에서는 클림트의 빛나는 그림, 코코슈카의 강렬한 그림, 에곤 실레의 우울한 그림이 그려지고 있었고, 프로이트가 인간의 정신에 대해서 지금까지 아무도 생각하지 못했던 통찰을 보여주고 있었으며, 쇤베르크는 전통적인 조성 음악을 해체하고 있었다. 슈트라우스의 왈츠가 달콤하게 울려 퍼지는 커피하우스에서는 가난한 작가들이 글을 썼고, 링슈트라세의 오페라 극장 앞에는 관객들의 줄이 길게 늘어서곤 했다. 사치와 향락, 우아한 문화 생활이 탐미적이고 불안하게 펼쳐지는 가운데, 예술과 철학, 건축과 문학, 정치와 과학이 한데 어울려 세기말 빈의 감성적인 문화를

1896년 빈의 카페 그리엔슈타이들. 휴고 폰 호프만슈탈, 아르투르 슈니츨러, 아르놀트 쇤베르크,
슈테판 츠바이크와 같은 예술가, 작가, 음악가들이 이곳을 즐겨 찾았다. 라인홀트 푀켈의 그림.

형성했다. 이런 공기 속에서 어린 루트비히 비트겐슈타인과 아돌프 히틀러가 자라고 있었고, 훗날 나치즘과 시오니즘이 함께 싹을 틔운다.

에른스트 마흐는 이 시대의 빈을 상징하는 인물이다. 마흐는 과학자로서 주로 도플러 효과와 초음속, 충격파 등에 관해 연구하고 업적을 남겼다. 우리가 초음속의 단위로 '마하 얼마'라고 부르는 단위가 바로 마흐의 이름을 딴 것이다. 하지만 이러한 물리학 자체의 업적보다 마흐가 물리학 분야에 끼친 영향은 강력한 상대주의자로서 뉴턴의 절대공간과 절대시간 개념을 비판한 것으로 더 유명하다. 마흐의 철학은 젊은 아인슈타인에게 영감을 주어 아인슈타인은 상대성 이론을 발전시키는 데 마흐가 중요한 영향을 미쳤다고 말했다.

아인슈타인에게 그랬듯이 마흐는 그의 시대에 물리학자로서보다 사상가로서 더 중요한 인물이었다. 반&형이상학적인 태도와 강력한 실증주의적 관점을 제시한 마흐는, 훗날 모리츠 슐리크Moritz Schlick, 1882~1936가 주도해서 논리실증주의를 과학의 근본 원리로 주장하며 활동했던 과학자 및 철학자들의 모임인 비엔나 서클의 정신적인 지주였다. 마흐가 제시한 심리학을 기초로 하는 인식론은 세기 말 불확실성에 고뇌하는 예술가와 사상가들에게 심원한 영감을 주었다. 시인 후고 폰 호프만슈탈Hugo Laurenz August Hofmann von Hofmannsthal, 1874~1929은 마흐의 강의를 직접 들으러 다니며 마흐의 인식론을 그의 예술의 기초로 삼으려 애썼고, 소설가 로베르트 무질Robert Musil, 1880~1942이나 비평가 프리츠 마우트너Fritz Mauthner, 1849~1923는 언어의 의미 혹은 무의미에 대해 고찰하면서 형이상학을 배격하는 마흐의 주

철저한 반형이상학주의자로 동시대의 사상에 무시할 수 없는 영향을 미친 에른스트 마흐.

장을 늘 염두에 두고 있었다. 또한 볼셰비키와 제휴한 러시아의 마흐주의자 보그다노프Alexander Aleksandrovich Bogdanov, 1873~1928가 저서《경험일원론 Empirio-monism》을 통해 마흐의 관념론을 마르크스주의에 이식함으로써 당 내에 마흐의 영향력을 퍼뜨리는 바람에, 망명 중이던 레닌은 마흐주의자들의 영향력을 막기 위해 다급하게《유물론과 경험비판론 Materialism and Empirio-criticism》을 써서 반박해야만 했다. 마흐의 영향을 받은 사람들이 예술과 정치와 철학의 여러 분야에서 활약함으로써 마흐는 결국 그의 시대 전체에 영향을 끼친 셈이다.

마흐는 1838년 모라비아의 키를리츠Chirlitz에서 태어났다. 당시 오스트리아 제국의 영토였던 키를리츠는 지금은 체코 공화국에서 두 번째로 큰 도시인 브르노Brno의 일부다. 그러나 마흐가 그곳에서 지낸 것은 2년에 불과하며, 1852년에는 모라비아의 크로메리츠에서 피아리스트 그래머 스쿨Piarist Grammar School에 다녔고, 1855년에는 빈 대학에 진학해서 물리학을 공부했다. 마흐는 1860년에 에팅스하우젠Andreas Freiherr von Ettingshausen, 1796~1878 밑에서 도플러 효과에 관한 논문으로 박사학위를 받고 이듬해 하빌리타치온Habilitation을 제출했다. 학위를 받은 후에는 그라츠 대학에 부임해서 3년 동안 물리학과 수학을 강의했으며, 1867년에는 프라하 카를-페르디난트 대학의 실험물리학 교수가 되었다. 그의 자서전에서 마흐는 프라하에 도착한 날을 다음과 같이 적었다.[02]

새로운 자리가 나를 불렀다. 기분 좋고 다정한 그라츠를 떠나 아름답고 우울한 프라하에 도착한 것은 1867년 4월이었다.

1 체코 프라하의 카를-페르디난트 대학.
2 카를-페르디난트 대학의 도서관이었으나, 현재는 체코 국립도서관으로 바뀐 바로크식
   도서열람실.

$$S = k. \log W$$

오스트리아의 빈에 있는 루드비히 볼츠만의 흉상.

마흐는 이 대학에서 28년간 재직했는데, 대학이 분리된 후에는 앞서 말했듯이 독일어 대학 쪽에 속해 있었다. 카를-페르디난트 대학에서 지낸 기간이 학자로서 마흐의 가장 중요한 시기라고 하겠다.

1895년 마흐는 빈 대학에 새로 만들어진 철학 교수직을 제의받고 프라하를 떠나 빈 대학으로 옮겼다. 같은 해 그의 장남 루트비히도 카를 대학에서 박사 학위를 받고나서 아버지와 함께 빈으로 왔다. 마흐가 빈으로 돌아온 데에는 여러 이유가 있다. 프라하의 연구실 사정이 나빠졌고, 루트비히도 프라하를 떠나길 바랐다. 그 중에서도 프라하를 떠나게 했던 가장 중요한 이유는 아마 그 전해에 막 괴팅겐에서 공부를 마치고 온 그의 또 다른 아들 하인리히가 자살했기 때문일 것이다. 마흐는 1867년 그라츠에서 루도비카 마루시그Ludovica Marussig 와 결혼해서 네 명의 아들과 딸 하나를 두었으나 하인리히가 자살했을 때의 상실감은 평생 사라지지 않았다.

마흐는 빈에서 귀납적 과학의 역사와 이론에 대해서 강의하면서, 원자의 존재를 두고 동료인 루트비히 볼츠만Ludwig Eduard Boltzmann, 1844~1906 과 대립했다. 볼츠만은 원자의 존재를 이용해서 열역학의 기초를 세우고 통계역학이라는 분야를 건설하고 있었으나, 원자의 실재성을 받아들일 수 없었던 마흐는 그것은 과학의 범주를 벗어난다고 주장했다. 지금 본다면 물리학자로서 볼츠만은 마흐와 비교할 수 없이 거대한 존재지만, 마흐는 당대 지성계 전체에 영향을 미치는 명사였고, 또한 당시에는 뛰어난 물리학자와 화학자 중에도 마흐의 주장에 동의하는 사람이 많았기 때문에 대립은 팽팽하게 진행되었다. 더구나 원자는 원리적으로 인간의 감각 기관으로는 직접 인식할 수 없는 존재였으므로 이 논쟁은 사실 그 시대에는 직접적으로 해결되기 어려운 것이었다.

하지만 물리학과 실험 기술이 발전함에 따라 차츰 원자에 대한 이해가 깊어졌다. 방사선과 음극선을 통해 간접적으로 원자의 성질에 대한 지식이 늘어났고, 심지어 사람들은 원자의 구조에 대해서도 논의하기 시작했다. 원자가 존재한다는 결정적인 증명으로 여겨지는 것은 원자의 상호작용으로 브라운 운동을 설명하는 아인슈타인의 논문이 프랑스의 장 페랭 Jean Baptiste Perrin, 1870~1942의 실험을 통해 검증된 일이다. 페랭은 콜로이드 용액 위에 떠있는 자황가루가 브라운 운동을 하는 것을 관측해서, 자황가루가 콜로이드 용액 원자(사실은 분자)의 영향으로 브라운 운동을 한다는 것을 확인했다.

페랭의 실험 이후 과학자들은 더 이상 원자의 실재성을 의심하지 않고 받아들이게 되었지만, 마흐만은 끝까지 원자의 실재성을 받아들이기를 거부해서 결국 시대에 뒤진 사람 취급을 받게 되었다. 그렇지만 마흐는 근대 이후 과학의 본질에 대해 진지하게 철학적으로 성찰한 최초의 인물이라고 할 만하다. 마흐는 분명 물리학자로 시작했지만, 과학을 바탕으로, 과학의 본질을 추구하는 과정에서 형성된 그의 사상은 물리학을 넘어 인식론과 심리학과 과학철학에 이르기까지 더욱 발전해서, 물리학 바깥에서 더 크게 영향을 끼치게 되었다. 마흐만큼 자신의 시대에 직접적으로 광범위한 영향을 미친 과학자는 유례를 찾기 힘들다.

마흐의 집은 파울리가 살던 집에서 멀지 않았으므로, 파울리는 마흐의 아파트를 방문하기도 했다. 파울리는 이렇게 기억한다.[03]

마흐는 실험에 있어서 능숙한 대가였다. 그의 아파트는 프리즘, 분광기, 스트로보스코프, 전기로 작동되는 기계 등등으로 꽉 들어차 있었다. 마흐의 집에 가면, 그는 늘 내게 멋진 실험을 보여주어서 생각이란 항상 미혹되거나 실수를 저지르기 때문에 바로잡아야 한다는 것을 깨닫게 해주었다. 마흐는 늘 자신의 심리 상태가 일반적으로 유효하다고 전제하고, 모든 사람들에게 그 보조적인 하위 기능을 가능한 한 '경제적으로' 사용할 것을 권했다.* 마흐 자신도 감각에 의한 지각, 도구, 기구 등에 곧바로 따라오는 것만 생각하려고 애썼다.

마흐는 청소년 시절에 2년 동안 가구 만드는 장인 공장에 매주 찾아가 일을 배운 적이 있다고 한다. 마흐의 능숙한 실험 능력뿐 아니라, 이론과 실험의 관계에 대한 통찰도 그러한 경험과 무관하지 않을 것이다.04

대자인 파울리가 찾아가던 무렵의 마흐는 사실 이미 교수직을 그만둔 뒤였다. 몸도 마음도 정상이 아니었다. 1897년에 뇌졸증으로 몸의 오른편을 제대로 쓸 수 없게 되어서, 결국 1901년에 은퇴를 했기 때문이다. 그러나 그의 명성은 여전히 높았으므로 사회적으로 여러 활동을 계속했다. 1912년부터는 건강이 더욱 좋지 못해서 아들 루트비히의 도움을 받아서 겨우 활동을 이어갔다.

루트비히는 평생을 그의 아버지에게 헌신했다. 의사 활동도, 차이스Zeiss 광학회사의 미국 대표 자리도 그를 위해서 모두 포기했다. 나

* 보조적인 하위 기능이란 말은 칼 융의 표현으로, '생각하는 것'을 말한다. 즉 '가능한 한 적게 생각하라'는 뜻이다.

중에는 뮌헨 동쪽 근교의 파테르스테튼Vaterstetten이라는 작은 마을에 땅을 사서 아버지가 요양하도록 했다. 에른스트 마흐는 1913년 봄에 파테르스테튼으로 이사했고, 파울리 부자는 1914년 여름 그곳으로 마흐를 찾아갔었다. 그것이 파울리가 본 마흐의 마지막 모습이었다. 마흐는 1916년 2월 19일에 파테르스테튼에서 사망했다.

마흐의 사상의 기초는 실증주의에 바탕을 두고 모든 지식을 감각에 나타나는 현상일 뿐으로 간주하는 것이다. 마흐는 "세계는 오로지 우리의 감각들로 구성되어 있다"라고 하면서, 물리학이란 오직 감각되는 현상을 수학을 이용해서 효과적으로 기술하는 것이라고 주장했다. 마흐의 이러한 실증주의는 훗날 파울리의 물리학에도 영향을 미쳤다. 마흐에 대해 파울리는 이렇게 말했다.[05]

내 책들 속에 먼지 쌓인 상자가 하나 있다. 그 안에는 카드가 한 장 들어있는 세기말 스타일의 은으로 된 잔이 있다. 이 잔은 내가 가톨릭 영세를 받을 때 쓴 잔이고, 카드에는 옛날식 꽃무늬 필체로 'E. 마흐 박사, 빈 대학 교수'라고 적혀있다. 아버지는 마흐 가족과 매우 친했고 당시 지적으로 완전히 그의 영향 아래 있었다. 그래서 마흐가 친절하게 나의 대부 역할을 맡아 주었던 것이다. 마흐는 분명 가톨릭 사제보다 존재감이 강한 사람이었고, 그 결과 나는 가톨릭보다는 반형이상학의 세례를 받은 것 같다. 어쨌든 그 카드는 잔 안에 남아있어서 훗날 내가 영적으로 크게 달라졌어도 나 자신이 '반형이상학 가문'에 속한다는 것을 나타내는 표지로 여전히 남아있다. 정말로 마흐는 형이상학을, 좀 단순하게 말해서 세상의 모든 악의 근원, 즉 심리학적으로 말해서 악마 그 자체라고 생각했다. 그리고 그 안에 카드가 든 컵은 사악한 형이상학적 영혼을 정화하는 성수 aqua permanens 의 상징으로 남아있다.

인생은 모순과 아이러니로 가득 차 있다. 마흐는 그가 아끼던 대자 볼프강 파울리가, 그가 그렇게 거부했던 개념인 원자의 이론에 훗날 엄청난 공헌을 하게 되리라고 상상조차 할 수 없었을 테니까.

빈의 신동

위대한 물리학자라면 누구나 어렸을 때부터 천재 소리를 들었을 것 같지만, 꼭 그런 것은 아니다. 사실, 분야를 막론하고 어렸을 때 부터 신동 소리를 듣고 자란 사람이 어른이 된 뒤까지도 두각을 나 타내는 일이 오히려 예외적이라고 할 만하다. 그런 예외적인 사람들 중에서도 파울리처럼 일찍 물리학계에 확고한 위치를 차지한 사람 은 더욱 드물다. 일찌감치 파울리를 눈여겨보고 파울리가 박사학위 를 받자마자 조수로 채용했던 괴팅겐 대학의 교수 막스 보른Max Born, 1882~1970 은 훗날 파울리를 이렇게 평했다.

괴팅겐에서 내 조수로 있었을 때부터 나는 파울리가 오직 아인슈타인에 나 비견할 만한 천재임을 알았다. 사실 그는 아인슈타인과는 완전히 다른 유형의 사람이라서, 아인슈타인처럼 위대하게는 결코 될 수 없으리라고 생각하지만, 순전히 과학의 관점에서라면 파울리가 아인슈타인보다 더 위대할지도 모른다.

이런 찬사를 들었던 사람이 얼마나 되겠는가?

김나지움에서부터 파울리는 이미 두드러진 존재였다. 당시 빈 대학의 젊은 강사였고 훗날 파울리와 친구가 되는 한스 터링Hans Thirring, 1888~1976 은 파울리 사후에 추모 방송에서 이런 기억을 떠올렸다. 1915년인가 1916년경에 당시 파울리가 다니고 있던 김나지움을 막 졸업하고 빈 대학에 들어온 젊은이가 이렇게 말했다고 한다. "상상해 봐요.…… 지금 우리 학교 5학년에 가우스나 볼츠만처럼 될 수학과 물리학의 천재가 있다는 것을."

파울리가 어렸을 때 가족은 빈 18구의 안톤-프랑크 거리에 있는 외할아버지 프리드리히 슈츠의 집에서 살았다. 어린 파울리는 그곳에서 어머니와 외할머니의 따뜻한 사랑을 받았고, 오페라 가수였던 외할머니가 피아노를 치며 노래를 불러주던 것을 좋아했다. 안톤-프랑크 거리가 갈라져 나온 김나지움 거리를 따라 북쪽으로 가다보면 19구인 되블링 구가 나타난다. 나중에 파울리가 다니게 되는 되블링 김나지움은 이 구역에 위치해 있다.

파울리의 어린 시절은 따분했고, 애들이 걸리는 병이란 병은 다 걸렸을 정도로 병치레가 잦았다. 평범한 일상 중에, 자신의 인생에서 최초의 큰 사건은 일곱 살 때 여동생 헤르타 에르네스티나Hertha Ernestina Pauli, 1906~1973 가 태어난 일이었다고 파울리는 회상한다.* 우선 어머니

* 여동생의 이름에도 에른스트 마흐의 흔적이 남아있다!

4살 무렵의 볼프강 파울리.

와 외할머니를 몹시 따랐던 파울리는 어머니가 자기보다 더 신경을
쓰는 존재가 생기자 질투심과 무시당한 느낌을 가지게 되었다. 뿐만
아니라 여동생이 태어난 것 자체가 그에게 심리적으로 커다란 변화를
가져다주었는데, 훗날 파울리가 칼 융에게 정신분석을 받으며 회상한
바로는 그의 내면에서 무엇인가, 소위 아니마anima 라는 것이 깨어
난 듯 했다고 한다.

　10세 때 파울리는 되블링 김나지움에 입학했다. 아버지의 영향으
로 파울리는 일찍부터 자연과학에 관심을 기울였다. 아버지 볼프강이
과학에 뜻을 둔 것이 마흐 때문이었으니, 파울리가 과학자가 된 것도
결국 마흐에서 시작된 일이라고 할 수 있다. 게다가 파울리의 대부인
마흐는 파울리가 과학 공부를 하는 데 여러 면에서 직접 도움을 주기
도 했다. 파울리가 읽을 과학책을 고르는 데 조언을 해주기도 하고, 자
신의 유명한 저서《역학의 발달》에는 '나의 사랑하는 대자 볼프에게,
1913년 10월 17일'이라고 사인을 해서 주었다. 그런데 이 책의 서문

은 이렇게 시작한다.[06]

 이 책은 역학의 법칙들을 배워 익히도록 하기 위한 교과서가 아니다. 이 책은 오히려 계몽의 성격, 좀 더 명확하게 말하면 반형이상학적인 성향을 띤다.

이렇게 강렬한 정신의 소유자가 어린 시절에 영향을 주었으니, 파울리가 과학자로 성장하는 데에 마흐의 흔적이 없다면 오히려 이상한 일일 것이다.

 또한 마흐가 아버지 볼프강에게 보낸 1914년 1월 12일자 편지에는 어린 파울리의 수학 공부를 도와줄 사람으로 빈 대학의 빌헬름 비르팅게르 Wilhelm Wirtinger, 1865-1945 를 추천하고 있다. 함수론, 복소 해석 및 기하학과 대수학 등 수학의 다양한 분야에 업적을 남긴 비르팅게르는 훗날 오스트리아의 가장 위대한 수학자로 평가되어 영국 왕립학회로부터 실베스터 메달을 받는 등 여러 개의 상과 명예를 받게 되는 사람이었다. 비르팅게르도 만 20세에 첫 논문을 발표할 만큼 조숙했기에 어린 파울리에게 공감을 느끼는 면이 있었을지 모른다. 파울리는 이때 이미 미적분학에 능숙할 정도로 수학과 과학에 두각을 나타내고 있었기 때문이다.

 김나지움에서 파울리의 성적은 물론 우수했다. 수학과 물리학은 물론이고 철학 성적도 뛰어났다. 라틴어와 그리스어는 그만 못했는데, 그래서 파울리는 먼 훗날까지도 "졸업장에 '최우등'이라고 쓴 걸 보면 아직도 놀랍다"라고 했다. 파울리뿐 아니라 파울리의 반 전체가 김나지움에서 '천재 교실'로 유명했다. 이 반 학생 27명 중에 유독 훗날 많은 명사가 배출되었기 때문이다. 파울리를 포함해서 노벨상 수상자가 두 사람이 나온 데다, 두 사람은 유명한 배우가 되었고, 지휘자가 된 사람도 있고, 대학교수 세 명, 의대 교수 두 명이 나왔다. 정치가가 된 사람도 하나 있고 산업계에 진출한 것은 한두 사람이 아니다. 파울리 말고 다른 노벨상 수상자는 식물성 색소인 카로티노이드와 비타민의 연구로 1938년에 노벨 화학상을 받은 리하르트 쿤Richard Kuhn, 1900~1967이다.

파울리는 그 속에서도 두드러진 존재였지만, 파울리가 그저 학교의 우등생을 넘어서 명성을 얻었던 것은 우수한 성적뿐 아니라, 어린 나이에 일반 상대성 이론의 전문가가 되었기 때문이다. 일반 상대성 이론이 발표된 것은 파울리가 이 이론을 공부하기 불과 3년 전인 1915년이다. 파울리가 김나지움을 다닐 때는 아직 에딩턴이 개기일식에서 빛이 휘어짐을 관측하기도 전이었으므로, 이 분야는 일반인에게는 알려지지 않은 학자들만의 영역이었다. 하지만 파울리는 일찌감치 이 새로운 지식을 배워서, 김나지움 마지막 해에는 이미 이론을 이해하고 계산을 할 수 있었을 뿐 아니라, 최신 논문을 읽고 연구를 할 만큼 전문가가 되어 있었던 것이다.

파울리가 그럴 수 있었던 것은 본인이 뛰어나기도 했지만, 그의 아버지가 일찌감치 파울리에게 젊은 이론물리학자 바우어Hans Adolf Bauer, 1891~1953를 개인교수로 붙여서 가르쳤기 때문이다. 그러니까 사교육을 통해 특별한 선행학습을 한 셈이다. 바우어는 훗날 빈 공과대학의 이론물리학 교수가 되는데, 이 당시는 아직 교수가 되기 전인 20

1 '천재 교실'이라고 알려진 파울리의 학급 친구들. 두 번째 줄 맨 왼쪽이 파울리다.
2 1913년 신축한 빈 대학 물리학과 건물의 모습.

대의 젊은이였다. 당시 빈 대학에서 일반 상대성 이론을 연구하던 사람은 젊은 세대인 에르빈 슈뢰딩거Erwin Rudolf Josef Alexander Schrödinger, 1887~1961 와 한스 터링뿐이었고, 바우어도 이들과 함께 연구하는 중이었다. 슈뢰딩거와 터링도 아직 교수는 아니었다.

파울리는 바우어를 만나러 1913년에 신축된 빈 대학 물리학과 건물을 뻔질나게 드나들었다. 볼츠만 거리에 면한 이 우아한 5층 건물은 거대한 강연장, 많은 실험실과 연구실, 그리고 유럽 최고의 도서관을 갖춘 고전적인 건물이었다. 건물이 신축된 해의 9월에는 제 85회 독일 자연과학 및 의학 학회가 이 건물에서 열려서 7,000명이 넘는 인원이 참가했다. 아인슈타인도 이 학회에 참가해서 아직 완성되지 않은 일반 상대성 이론을 처음으로 대중에게 강연했었다. 훗날 건물이 세워진지 70년이 된 해에는 이 건물에서 파울리의 친구들과 제자들이 모인 가운데 파울리 사망 25주년을 기리는 학회가 열리게 된다.

수업 시간에 책상 밑에서 몰래 상대성 이론 논문을 읽던 파울리는 김나지움을 졸업하고 얼마 뒤인 1918년 9월 첫 논문인 "중력장의 에너지 성분에 관하여 Über die Energiekomponenten des Gravitationsfelds"를 투고한다.[07] 젊은 천재가 만 18세에 발표한 첫 논문이었다. 이 논문은 당시 바우어와 슈뢰딩거가 연구하던 논문과 관계되는 내용이다. 바우어, 슈뢰딩거, 터링도 모두 1918년에 상대성 이론에 관한 논문을 발표했다. 이로써 파울리는 18세에 벌써 현역 물리학자의 대열에 섰다고 할 수 있다.

정치 및 사회에 대한 관점에 대해 십대 때의 파울리는 사회주의자였던 어머니 베르타의 영향을 많이 받았다. 1차 세계대전이 발발하자 파울리도 정치 문제에 열정적인 흥미를 가졌지만, 전쟁이 길어질수록 전쟁에 반대하는 파울리의 생각은 날카로워졌다. 이는 점차 모든 권위에 대한 반발로 이어졌고 차츰 정치와 시사에 대해 무시하는 경향을 띠게 되었다. 특히 오스트리아의 황제 체제에 대해서 혐오감을 가지게 되었고, 그 시대의 많은 사람들처럼 평생 그의 조국인 오스트리아와 고향인 빈에 대해서 복잡한 감정을 지니게 되었다. 파울리는 나중에도 종종 오스트리아인에게 최고의 행운은 오스트리아를 잘 떠나는 것이라고 말하곤 했다.

1916년 파울리의 친할머니인 헬렌이 빈을 방문했다. 할머니의 성은 물론 파셸레스였으므로, 이때 처음으로 파울리는 자기 집안의 원래 성이 파셸레스였다는 것과, 아버지 쪽이 유대인이었다는 것을 알았다. 생각지도 못했던 일이라 매우 놀라기는 했지만, 파울리는 유대인이라는 정체성에 별 의미를 두지 않았기 때문에 딱히 중요한 일로 여기지는 않았다. 현실적으로도 아직 먼 훗날인 1938년 독일이 오스트리아를 병합하기까지는 유대인이라는 것이 파울리의 인생에 아무런 영향을 주지 않았다.

사실 그 시대에 유대인이라는 것이 전혀 문제없는 일은 아니었다. 히틀러가 정권을 잡기 이전에도 독일 대학에서 교수를 새로 임명할 때 해당자가 유대인이라는 것은 종종 문제가 되었던 것이다. 얼핏 보면 아버지 파울리가 개종한 것이 선견지명이 있어 보이지만, 사실 현실에서는 개종했다고 해도 문제가 되려면 얼마든지 될 수 있었다. 애초에 명백한 법적인 제약이 있는 것이 아니기 때문에, 대상자를 떨어뜨려야 할 때 그의 유대 혈통을 언급하면 보통 효과가 있었던 것이다. 그러나 한편으로는 학자로서 탁월하다면 그가 유대인이라는 것이 큰 문제가 되지 않기도 했다. 물리학 분야를 보면, 전자기파가 존재한다는 것을 증명한 헤르츠Heinrich Rudolf Hertz, 1857~1894는 유대인이지만 본의 물리학 연구소 소장을 지냈고, 구스타프 마그누스Heinrich Gustav Magnus, 1802~1870와 바르부르크Emil Gabriel Warburg, 1846~1931 역시 유대 혈통이면서 베를린 대학의 물리학 연구소 소장이 되었다. 아인슈타인은 말할 필요도 없다. 사실 이론물리학은 독일의 학문 분야 중에서 유달리 유대인의 비율이 높은 분야기도 했다.

파울리 역시 훗날 교수로 임명될 때 아무도 그가 유대인이라고 이의를 제기한 적은 없다. 파울리가 훗날 프린스턴 고등연구소에 제출한 서류를 보건대, 독일 법에 따르면 파울리는 75퍼센트의 유대인이다. 할아버지 야콥과 할머니 헬렌, 그리고 외할아버지인 프리드리히 슈츠가 유대인이기 때문이다.

파울리는 빈을 별로 좋아하지 않았다. 그가 자라던 시기는 제국이

파울리의 여동생[08]

파울리는 여동생이 아직 어릴 때 집을 떠났으므로 여동생 헤르타와 특별한 친밀함을 나눈 적은 없다. 하지만 두 사람의 우애는 차츰 깊어져서 멀리 떨어져 살면서도 종종 편지를 주고받았다. 헤르타는 어려서부터 연극을 좋아해서, 자기가 직접 쓴 이야기를 어머니와 친척들 앞에서 연기하곤 했다. "나는 프로듀서이자 감독이자 스타였다"라고 헤르타는 회상했다. 17세 때 헤르타는 대학을 뛰쳐나와서 배우의 길을 걸었다. 빈의 연극 예술 아카데미를 다녔고, 19세에 브레슬라우 Breslau 의 로브 Lobe 극장에서 처음 무대에 섰다. 어머니가 죽은 뒤 헤르타도 집을 떠나서 활동했다. 베를린에서는 유명한 막스 라인하르트 Max Reinhardt 의 극장에 있었고, 1929년에는

1933년 봄. 헤르타 파울리.

동료 배우인 칼 베어 Carl Behr 와 결혼했다. 1933년 나치가 집권하고 라인하르트가 미국으로 떠나자 헤르타는 빈으로 돌아왔다.

빈에서는 예술가 동료들과 함께 지내며 소설을 비롯해서 여러 권의 책을 썼다. 헤르타가 주로 쓴 것은 사람들과 그들의 인생에 대해서였다. 그 중 1905년 노벨 평화상을 받은 오스트리아의 작가이자 평화운동가 베르타 폰 주트너 Baroness Bertha von Suttner, 1843~1914 의 전기적 소설인《유일한 여인 *Nur eine Frau*》(1938)이 유명한데, 이 책은 후에 나치에 의해 금서가 되었다.

1938년에 오스트리아가 나치 치하의 독일과 합병되자 헤르타는 다시 파리로 피신해서 빈의 동료들과 재회했다. 1940년까지 파리에서 지내며, 소설을 쓰던 그는 파리가 함락되자 다시 고생 끝에 마르세이유로 피신했다가 리스본을 거쳐 결국 미국으로 망명했다. 오빠 볼프강 파울리는 헤르타와 마찬가지로 리스본을 거쳐 부인과 함께 미국에 이미 한 달 전에 도착해 있었다.

헤르타는 처음에는 뉴욕에서 비서 일을 하다가 할리우드에서 시나리오를 쓰기도 했고, 다시 뉴욕으로 돌아와서는 줄곧 글을 썼다. 1942년에는 영어로 쓴 첫 책인 알프레드 노벨 Alfred Bernhard Nobel, 1833~1896 의 전기《다이너마이트의 왕 *Dynamite King*》을 출판했고, 어린이를 위한 이야기책도 쓰기 시작해서, 여러 권의 책을 독일어로, 또 영어로 썼다. 헤르타는 공동작업을 하던 편집자 애쉬톤 E. B. Ashton 과 결혼해서 롱아일랜드에 살았는데, 아이는 없다. 1952년에는 미국 시민권을 받았고 1967년에는 오스트리아 명예 은장을 받았다. 헤르타는 1973년 2월 롱아일랜드의 병원에서 운명했고, 유골은 고국으로 돌아와서 되블링 묘지의 슈츠 가의 무덤에 묻혔다.

헤르타는 오스트리아의 집에서 지내던 어린 시절에 오빠 볼프강이 크리스마스 이브면 캐롤인 〈고요한 밤, 거룩한 밤〉을 피아노로 연주해 줬었다고 기억한다. 그러나 성인이 된 후에 파울리가 악기를 연주했다는 기록은 없다.

무너져 내리고 도시는 퇴락의 길로 접어들던 1910년대였다. 전 세기의 마지막 광휘가 이지러져 갔고 빈은 더 이상 유럽의 정치적인 중심이 아니었다. 빈 대학 역시 마찬가지였다. 특히 물리학과는 1906년 볼츠만이 자살한 이후 다시는 이전의 수준을 회복하지 못했다. 볼츠만의 뒤를 이어 빈 대학 물리학 연구소의 이론물리학 부장을 맡았고 슈뢰딩거를 가르쳤던 프리드리히 하제뇔 Friedrich Hasenöhrl, 1874~1915 은 1차 대전에 참전했다가 1915년 10월 7일 이탈리아와의 접경인 티롤에서 불과 40세의 나이로 수류탄에 사망했다. 대학은 한동안 후임자를 찾지 못했다. 유력한 후보자였던 스몰루초프스키 Marian von Smoluchowski, 1872~1917 가 갑자기 사망하는 불운도 있었다. 정치와 인종 문제까지 뒤섞여서 1920년까지도 빈 대학의 물리학과는 혼란스러운 상태였다. 이런 상황에서 파울리가 빈 대학에 가고 싶지 않은 것은 자연스러운 일이었다. 그 대신 파울리가 선택한 곳은 뮌헨의 루트비히-막시밀리안 대학 Ludwig-Maximilians-Universität München 이었다. 이곳에는 아르놀트 조머펠트 Arnold Johannes Wilhelm Sommerfeld, 1868~1951 가 건설한 이론물리학 연구소가 있었다. 그는 물리학에서 새로 떠오르는 분야인 원자의 양자 이론에 대한 최고의 전문가 중 한 사람이었다.

뮌헨 대학 이론물리학 연구소

루트비히-막시밀리안 대학은 바이에른의 루트비히 공작이 1472년에 뮌헨 북쪽의 잉골슈타트 Ingolstadt 에 설립한, 독일에서 가장 오랜 역사를 지닌 대학 중 하나다. 1800년 나폴레옹 전쟁의 와중에 프랑스 군의 위협이 잉골슈타트에 이르자 훗날 바이에른 왕국의 왕이 되는 막시밀리안 왕자는 대학을 란츠후트Landshut로 옮겼다. 1802년 대학은 원래 이름인 잉골슈타트 대학에서 설립자인 루트비히 공작과 막시밀리안 왕자의 이름을 따서 루트비히-막시밀리안 대학으로 이름을 바꾸었다. 그러면서 바이에른 왕국의 교육부 장관 막시밀리안 폰 몬트겔라스Maximilian von Montgelas가 주도하여, 대학은 예수회의 영향 아래 있던 보수적인 색채를 걷고 보다 현대적인 대학으로 개혁되기 시작했다.

1826년 대학은 현재의 위치인 뮌헨으로 다시 자리를 옮겼다. 바이에른 왕국의 수도이며 남부 독일 최대의 도시인 뮌헨 시가지의 중심부에 자리를 잡은 대학은 차츰 유럽의 주요 대학으로 성장해 갔다. 정식 이름은 '뮌헨의 루트비히-막시밀리안 대학'이 되었고 LMU라는 약자로 표시한다. 지금은 뮌헨에 다른 대학도 많이 있지만, 그냥 뮌헨 대학이라고 하면 보통 루트비히-막시밀리안 대학을 말하므로 앞으로는 간단히 '뮌헨 대학'이라고 부르겠다.

특히 계몽주의시대 이래 자연과학은 뮌헨 대학의 중심이 되었다. 오늘날 뮌헨 대학에서 공부했거나, 학위를 받았거나, 교수로 재직했던 과학 분야의 노벨상 수상자만 해도 33명에 이른다.* 또한 여러 기관에서 발표하는 세계 대학 랭킹에서도 뮌헨 대학은 항상 100위 안쪽에 들며, 영국을 제외한 유럽 대륙의 대학 중에는 늘 최상위권을 유지하고 있다.

---

* 노벨 문학상 수상자도 한 사람 있다. 1929년 수상자 토마스 만(Paul Thomas Mann, 1875~1955)이다.

München — Amalienstraße mit Universität.

1900년경 뮌헨의 아말리에 거리에 위치한 뮌헨 대학의 모습.

루트비히-막시밀리안 대학에 이론물리학 부교수 자리가 처음으로 만들어진 데에는 막스 플랑크Max Karl Ernst Ludwig Planck, 1858~1947의 공적이 크다. 1879년 뮌헨 대학에서 박사학위를 받고, 이듬해 강사의 자격을 얻은 플랑크는 이후 약 5년 동안 베를린 출신의 그래츠Leo Graetz, 1856~1941와 함께 뮌헨 대학에서 이론물리학을 정규 강의로 개설해서 가르쳤다. 플랑크는 1885년에 킬 대학에 새로 생긴 이론물리학 부교수 자리에 임명되어 뮌헨을 떠났는데, 그 동안 그가 뮌헨에서 했던 강의들의 호응이 대단히 좋았다. 따라서 대학의 교수진은 이를 기회로 이론물리학 부교수 자리를 정식으로 요청했고, 이것이 수락되어 1886년에 강사였던 나르Friederich Narr, ?~1893가 부교수로 임명되었다. 당시 프로이센의 주요 대학들은 이미 모두 독립적인 이론물리학 부교수를 두고 있었으므로 뮌헨 대학의 부교수 자리는 다소 늦게 생긴 편이다. 그러나 뮌헨 대학의 교수진은 곧바로 이론물리학 정교수 자리까지 만들고자 시도했다. 그 대상은 볼츠만이었다.

1887년 베를린 대학의 키르히호프Gustav Robert Kirchhoff, 1824~1887가 사망하자 독일의 중심 대학이었던 베를린 대학은 그의 뒤를 이을 이론물리학자로 볼츠만을 지목했다. 이는 곧 볼츠만이 독일어권 최고의 이론물리학자라는 것을 가리키는 것이나 다름없는 일이었다. 당시 그라츠 대학에 재직하고 있던 볼츠만은 아무런 자극도 되지 않으면서 시간만 잡아먹는 강의와 방대한 물리학 연구소에 대한 관리에 부담을 느꼈고 또한 그에 따라 연구가 방해를 받는 데 불만을 가지고 있었으므로, 처음에는 베를린 대학의 제안을 받아들였다. 그러나 볼츠만은 곧바로 이 결정을 번복한다. 당시 그는 눈과 신경에 문제

그라츠에서 볼츠만과 그의 연구 동료들. 앞줄 가운데가 볼츠만, 뒷줄 맨 왼쪽이 발터 네른스트,
뒷줄 오른쪽 두 번째가 스반테 아레니우스.

가 있었고, 오스트리아 출신으로서 무뚝뚝한 프로이센의 분위기에서 일하는 것이 불편하게 여겨졌기 때문이다. 말년의 볼츠만을 괴롭히고 마침내 죽음에까지 이르게 한 조울증이 이미 시작되었던 것이다.

이런 상황에서 이번에는 뮌헨 대학이 볼츠만에게 베를린 대학 못지않은 대우의 이론물리학 정교수 자리를 제시했다. 당시 독일의 대학에서 이론물리학 교수가 독립된 정교수인 경우는 드물었으므로 뮌헨 대학의 제안은 다분히 파격적이었다. 뮌헨 대학의 교수들은 앞으로 이론물리학이 실험물리학과는 구별되는 독립적인 분야가 될 것이라고 생각했던 것이다. 이론물리학에만 집중해서 훌륭한 연구를 하는 볼츠만은 그 자리에 가장 적합한 인물이었다. 또한 볼츠만에게도 뮌헨 대학의 제안이 아주 만족스러웠고, 바이에른의 분위기는 프로이센보다는 훨씬 마음에 들었다. 볼츠만은 뮌헨 대학의 제안을 수락하고 1890년 8월 부임했다. 볼츠만이 거절한 베를린의 자리에는 막스 플랑크가 부임하게 된다.

볼츠만은 뮌헨에서 이론물리학 전반, 특히 맥스웰의 전자기 이론을 강의하고 연구했다. 그의 강의와 연구는 최신의 내용을 담고 있었으므로 대학과 학생 모두를 충분히 만족시켰다. 볼츠만은 자신이 이해하는 것을 다른 사람에게 가르치는 것을 좋아했고, 원래 뛰어나게 강의를 잘 하는 사람이었다. 강의는 즐거우면서도 부담이 되지 않고, 행정 업무도 과중하지 않았으며, 연구는 더 깊은 곳으로 순조롭게 진행되었다. 모든 것이 만족스러웠고 행복했다. 바로 이때가 볼츠만의 가장 행복했던 시기라고 해도 과언이 아닐 것이다.

1893년 초 빈 대학의 슈테판 Josef Stefan, 1835~1893 이 사망했다. 빈 대

학과 오스트리아의 문화부는 후임자로 볼츠만을 지목하고 빈 대학의 이론물리학 정교수 자리를 제안했다. 바이에른 정부는 곧바로 그의 보수를 인상하고 조수 자리를 마련하는 등 볼츠만을 뮌헨에 붙들기 위한 조치를 취했고, 볼츠만은 빈의 제의를 거절하는 것으로 이런 호의에 답했다. 그러나 당대의 이론물리학을 대표할 만한 오스트리아인을 오스트리아로 돌아오게 하려는 빈 대학과 오스트리아 정부의 구애는 집요하게 계속되었고, 볼츠만은 냉철하기 보다는 감수성이 풍부한 사람이었다. 결국 다음해 가을 볼츠만은, 오스트리아의 대학 교수로는 최고의 대우와 그 밖에도 그가 원하는 모든 조건을 받아들이겠다는 특혜를 약속 받고, 그가 공부했던 빈 대학으로 돌아갔다. 뮌헨 대학에게는 물론 재앙이었고, 먼 훗날의 결과를 볼 때 볼츠만에게도 이는 비극으로 가는 첫 번째 갈림길이었다. 빈에 돌아가서 얼마 후부터 볼츠만은 본격적으로 원자를 둘러싼 논쟁에 휩싸이기 때문이다. 뮌헨 대학은 무려 십년의 세월이 지난 뒤에야 다시 이론물리학 교수를 채용하게 된다.

뮌헨 대학의 이론물리학 연구소가 재건될 때 중요한 역할을 한 사람은 뢴트겐Wilhelm Conrad Röntgen, 1845~1923 이었다. 19세기가 저물 무렵 뢴트겐은 뮌헨과 같은 바이에른 주의 뷔르츠부르크 대학에 재직하고 있었다. 상대적으로 작은 규모의 뷔르츠부르크 대학에는 아직 이론물리학 교수가 없었다. 함께 일할 이론물리학자를 원했던 뢴트겐은 이론물리학 부교수 자리를 얻기 위해 대학 당국과 바이에른 주 정부에 강력히 요청했다. 그는 1896년에 X선을 발견해서 명성이 높아졌고, 1895년에는 프라이부르크 대학에서, 1898년에는 라이프치히 대학에

서 잇달아 초빙되었으므로 대학 당국과 협상을 벌이기에 유리한 위치에 있었다. 대학과 주 정부도 뢴트겐의 요청을 긍정적으로 검토하기는 했으나, 1899년 뢴트겐이 뮌헨 대학의 요청을 받아들여 뮌헨으로 옮길 때까지도 결국 이론물리학 부교수 자리를 만들지 못했다. 뷔르츠부르크 대학의 이론물리학 부교수 자리는 1901년에야 겨우 생기게 된다.

뮌헨 대학의 물리학 연구소를 맡게 된 뢴트겐은 여전히 이론물리학자를 원했고, 1904년에 마침내 기회를 잡았다. 1904년에 베를린의 제국 물리 기술 연구소 소장 자리를 제의받은 것이다. 뢴트겐은 베를린의 제의를 거절하는 대신으로 뮌헨 대학에 이론물리학 정교수 자리를 요청했다. 그는 "이론물리학 정교수가 채워지지 않는 이상 물리 교육은 절반밖에 제공되지 않는다"고 주장하면서 매우 높은 봉급을 주고라도 1급의 이론물리학자를 데려올 것을 계속 요구했다. 볼츠만이 떠난 후 10여 년 동안 이론물리학을 전문 분야로 회복하고자 했던 뮌헨 대학과 주 정부의 내무 장관도 뢴트겐의 요청에 동의했다. 마침 이론물리학자를 데려오는 데 필요한 기금도 확보되었다. 모든 상황이 맞아 들어갔다. 대학은 뢴트겐 외 3인으로 이루어진 위원회를 임명하고 후보들을 검토하기 시작했다.

뢴트겐이 가장 원했던 사람은 전자 이론으로 이름이 높던 네덜란드 레이든 대학의 로렌츠Hendrik Antoon Lorentz, 1853~1928였다. 로렌츠를 데려올 수 있다면 뮌헨 대학은 유럽 최고의 실험물리학자와 이론물리학자를 한꺼번에 보유하는 물리학의 중심지가 된다고 할 수 있다. 이 것은 단순한 수사적 표현만이 아닌 것이, 뢴트겐은 1901년 제 1회 노벨 물리학상 수상자였고, 로렌츠는 다음 해 제2회 노벨 물리학상을 수상한 사람이었던 것이다. 로렌츠도 이 제안에 매력을 느끼고 고심을 했다. 그러나 레이든 대학이 로렌츠를 붙잡기 위해 더 나은 대우를 약속하자 로렌츠는 고향에 남기로 했고, 결국 뢴트겐의 바람은 이뤄지지 못했다.

위원회는 세 사람의 후보자를 추천했다. 스트라스부르 대학의 콘Emil Georg Cohn, 1854~1944과 괴팅겐 대학의 지구물리학 정교수 비헤르트Emil Wiechert, 1861~1928, 그리고 아헨 공과대학의 응용역학 부교수 아르놀트 조머펠트Arnold Johannes Wilhelm Sommerfeld, 1868~1951였다. 위원회는 첫 번째로 비헤르트에게 자리를 제시했는데, 비헤르트는 괴팅겐 대학으로부터 더 나은 조건을 제공받고 괴팅겐에 그냥 남기로 했다. 그러자 위원회는 다음으로 세 명 중 가장 나이가 어리고, 로렌츠와 볼츠만의 추천을 받는 조머펠트를 초빙하기로 결정했다. 이 결정이 탁월한 것이었음을 확인하는 데는 그리 오랜 시간이 걸리지 않았다.

19세기에 걸쳐 강력한 실험물리학의 전통 아래 이론물리학의 역량을 축적해 온 독일 물리학계는 20세기에 접어들면서 수학적 기초를 갖춘 뛰어난 이론물리학자들을 배출하기 시작했는데, 조머펠트는 그 선구적인 인물이었다. 조머펠트는 동프러시아의 쾨니히스베르크에서 태어나서 쾨니히스베르크 대학에서 수학과 물리학을 공부하고 1891년에 박사학위를 받았다. 쾨니히스베르크 대학은 19세기에서 20세기에 이르는 시기에 수학 분야에서 특히 이름이 높았다. 위대한 수학자 야코비Carl Gustav Jacob Jacobi, 1804~1851 와 후르비츠Adolf Hurwitz, 1859~1919 가 교수로 있었고, 나중에 아인슈타인을 가르치게 되는 헤르만 민코프스키Hermann Minkowski, 1864~1909 와 20세기 최고의 수학자 중 한 사람인 힐베르트David Hilbert, 1862~1943 도 젊은 날에 쾨니히스베르크 대학에서 교수를 지냈다. 조머펠트는 후르비츠, 민코프스키, 힐베르트 등으로부터 직접 수학을 배우는 행운을 누렸고, 뮌헨 대학에 함께 후보로 추천된 비헤르트로부터 물리학을 배웠다. 사실 비헤르트는 젊은 날의 조머펠트에게는 우상이었다. (공교롭게도 조머펠트, 민코프스키, 힐베르트, 비헤르트는 후에 모두 괴팅겐으로 자리를 옮긴다.)

병역을 마친 뒤인 1893년에, 조머펠트는 당대 독일뿐 아니라 세계적으로 수학의 중심이었던 괴팅겐 대학에서 테오도르 리비쉬Theodor Liebisch, 1852~1922 교수의 조수가 되었다. 리비쉬 교수 역시 예전에 쾨니히스베르크 대학에 재직했었고, 조머펠트 집안과도 아는 사이였기 때문이다. 조머펠트는 이듬해에 위대한 수학자이자 뛰어난 과학 행정가였던 펠릭스 클라인Christian Felix Klein, 1849~1925 의 조수로 자리를 옮겼다. 클라인으로부터 수학을 더욱 탄탄하게 배운 조머펠트는 1895년

에 클라인의 지도 아래 하빌리타치온을 제출하고 강사가 되었다. 조머펠트는 괴팅겐에서 강사로서 수학과 수리물리학의 여러 과목을 강의했고, 클라인과 함께 네 권짜리 교재인《회전체의 이론 *Die Theorie des Kreisels*》을 집필하기 시작했으며, 역시 클라인의 요청으로《수리과학 백과사전》제5권의 편집자가 되었다. 이런 일들은 물론 하루아침에 끝날 일은 아니었다.《회전체의 이론》집필은 1910년까지 계속되었고,《수리과학 백과사전》이 완간된 것은 무려 1926년의 일이다.

조머펠트는 1900년에 아헨 공과대학 Königliche Technische Hochschule Aachen 의 응용역학 교수로 부임했다. 여기서 그는 주로 유체역학을 연구했는데, 이 분야에 대한 그의 관심은 이후로도 한참동안 지속되었다. 그러던 조머펠트를 1906년에 뮌헨 대학에서 부른 것이다. 조머펠트는 곧 제의를 수락하고 뮌헨으로 왔다.

이제 조머펠트는 볼츠만의 뒤를 이어 뮌헨 대학의 이론물리학 정교수 겸 국가 수학 물리학 컬렉션 관리자라는 직위를 갖게 되었다. 독일 전체에서도 아직 이와 같은 이론물리학 정교수 자리는 흔치 않은 것이었다. 또한 조머펠트처럼 수학적인 기초를 탄탄하게 갖춘 교수를 찾아보기도 어려웠다. 조머펠트는 아헨에서 가르쳤던 피터 디바이 Peter Joseph William Debye, 1884~1966 라는 똑똑한 학생도 데려왔다. 디바이는 뮌헨 대학에서 1908년 박사학위를 받고 조머펠트의 첫 조수가 되었다. 조머펠트가 훗날 "내가 발견한 제일 훌륭한 것은 디바이다"라고 했을 정도로 디바이는 재능 있는 과학자였고, 곧 시작될 조머펠트의 원자 연구에도 크게 기여한다. 훗날 디바이는 분자 구조에 관해 쌍극자 모멘트와 X선 회절 등을 연구한 업적으로 1936년에 노벨 화학상을 받게 된다. 이제 안정된 자리와 넉넉한 지원을 기반으로 조머펠트는 강의와 세미나를 활발하게 열며, 뮌헨 대학을 이론물리학의 요람으로 만들어 나가기 시작했다. 그리고 이 요람에서 20세기 물리학을 건설하는 젊은이들이 자라나게 된다.

뮌헨의 젊은 대가

1918년 10월 4일 볼프강 파울리가 뮌헨에 도착했다. 파울리는 곧장 역에서 멀지 않은 테레지안가 66번지에 숙소를 잡고 짐을 풀었다. 숙소는 대학에서 남서쪽으로 두 블록 떨어진 곳이었다. 파울리가 조머펠트의 요람에 도착했을 때, 이미 천재의 명성은 드높았다. "빈으로부터 엄청난 친구를 하나 얻었네. 재능이 디바이보다도 훨씬 뛰어나." 조머펠트가 친구에게 보낸 편지에 이렇게 썼을 정도다.

파울리가 뮌헨에 도착했을 때 1차 세계대전은 종말을 향해 치닫고 있었고, 얼마 지나지 않아서 독일의 정국은 소용돌이치기 시작했다. 10월 29일 킬Kiel 항구에서 수병들이 출동 명령을 거부하면서 시작된 반란은 11월 3일 병사들의 봉기로 이어졌다. 혁명은 곧 독일 전역으로 퍼져 나갔고, 새로 만들어진 노동자와 병사들의 평의회가 지역 정부를 대치했다. 독일의 11월 혁명이 시작된 것이다.

뮌헨은 독일 혁명의 선봉에 있었다. 11월 7일, 유대계 저널리스트 출신인 독일 독립사회민주당의 쿠르트 아이스너Kurt Eisner, 1867~1919는 러시아 혁명 1주기를 기념하는 평화 시위를 주도했다. 시위는 혁명으로 발전했다. 그날 밤 바이에른 왕국의 왕 루트비히 3세는 가족과 함께 궁정을 탈출했고, 이것으로 7백 년 동안 바이에른을 다스려온 비텔스바흐Wittelsbach 왕조는 마지막을 고했다. 이는 독일에서 첫 번째로 왕조가 붕괴된 사건이다. 다음날 아이스너는 여세를 몰아 공화국을 선포함으로써 무혈혁명을 성공적으로 이뤄냈다.

11월 9일에는 베를린에도 혁명의 불길이 도착했다. 호엔촐레른Hohenzollern 왕조 역시 무너지고, 정권이 이양되었다. 황제 빌헬름 2세는 군의 지휘부와의 회담에서 최후의 통고를 듣고 다음날 네덜란드로 망명을 떠났다. 총리였던 바덴 공 막시밀리안Maximilian Alexander Friedrich Wilhelm Margraf von Baden, 1867~1929은 독일 사회민주당의 프리드리히 에베르트Friedrich Ebert, 1871~1925에게 "나는 독일제국을 선생의 손에 맡깁니다"라는 말과 함께 총리 직을 넘겼다. 이어서 11월 11일에 독일이 종전 협정에 서명함으로써 마침내 1차 세계대전이 끝났다. 독일제국이 막을 내리고, 바이마르 공화국이 시작되었다.

1918년 11월 7일 뮌헨의 테레지엔비제에 모인 만여 명의 시민들. 이 사진이 찍히고 몇 시간 후 쿠르트 아이스너가 공화국을 선포한다.

　　그러나 새로운 정부의 앞날은 험난했다. 연립 정부를 이룬 주체들은 분열된 모습을 보였고, 구체제의 반동 세력들은 시간이 지나면서 다시 결집하기 시작했다. 그 와중에 1919년의 새해를 맞으며 독일 공산당이 주도하는 좌파 급진주의자들은 베를린에서 소위 스파르타쿠스단 봉기를 일으켰다. 이 봉기는 준비도 조직도 부족한 가운데 시작되었으므로 정부에 의해 1월 13일 경에 모두 진압되었다. 또한 진압 과정에서 정부가 군대와 우익 단체인 자유군단Freikorps 을 동원한 것은 새 정부가 우경화되는 한 계기가 되었다. 공산당의 지도자였던 카를 리프크네히트Karl Liebknecht, 1871~1919 와 로자 룩셈부르크Rosa Luxemburg, 1871~1919 는 자유군단에 붙잡혀서 살해되었다.

　　뮌헨에서도 새 정부는 제대로 돌아가지 않았다. 뮌헨의 과도 정부 역시 아이스너가 이끄는 이상주의적 사회주의자들과 온건파 사회주의자들이 다양하게 섞인 불안한 연립정부였다. 게다가 바이에른의 대다수를 이루는 농촌은 보수적인 성향이 강했으므로 새 정부는 제대로 이들의 지지를 얻지 못했다. 그 결과 아이스너의 독일 독립사회민주당은 1919년 1월에 열린 선거에서 패배했다. 곧 이어 2월 21일 아이스너가 당시 뮌헨 대학생이던 귀족 출신의 젊은 극우민족주의자 안톤 아르코팔라이Anton von Padua Alfred Emil Hubert Georg Graf von Arco auf Valley, 1897~1945 에게 암살되면서, 뮌헨은 무정부적인 혼란에 휩싸였다.

　　4월 7일 극작가 출신의 에른스트 톨러Ernst Toller, 1893~1939 등이 주 정부를 장악해서 소비에트 공화국을 선포했고 13일에는 러시아 혁명에 참여한 경력을 지닌 오이겐 레비네Eugen Levine, 1883~1919 등이 주도하는 공산당이 정권을 잡았다. 대학은 문을 닫았고 신문은 금지되었으며,

식량과 무기 등이 통제되었다. 베를린 정부는 이에 곧 대응했다. 4월 30일 뮌헨은 베를린의 군대에 포위되었고, 5월 2일 자유군단의 지원을 받은 군대가 도시에 진주해서 혁명 정부를 진압했다. 비행기까지 동원되는 시가전이 벌어졌고, 붉은 테러와 백색 테러의 상호 보복이 교차하는 가운데 사망자가 1,000명이 넘었다.

조머펠트의 요람은 다행히 이런 혼란에 거의 영향을 받지 않았다. 시내의 중심부에 위치했지만 대학 건물은 대체로 안전했으며 조머펠트의 아파트와 연구소는 모두 대학 건물 안에 있었기 때문이다. 파울리 역시 뮌헨의 정국에 초연했다. 일단 파울리는 오스트리아인이었고, 이 즈음에는 매일 일어나는 정치나 경제의 소소한 일에는 전혀 관심을 기울이지 않게 되어 있었다. 파울리는 심지어 신문이나 라디오도 평생 접하지 않았다고 한다. 이를 잘 보여주듯, 아이스너가 정권을 잡고 있던 1918년 12월 10일에 파울리는 조머펠트의 그룹에서 "일반 상대론에 대한 논평"이라는 제목으로 첫 번째 세미나를 발표했으며, 군대가 진주해 있던 1919년 6월에는 상대성 이론에 관한 자신의 두 번째 논문을 완성해서 투고했다.

조머펠트는 좋은 독일 교수의 전형이었다. 탄탄한 학문적 기초 위에서 언제나 열심히 일했고, 엄격하고 딱딱한 자세의 이면에는 어린 학생들에게도 친절하게 대하는 따뜻함도 갖추고 있었다. 연구소를 이끌어 나가며 연구에 매진하면서도 반드시 학생들을 위해서는 시간을 냈다. 스키를 좋아했고 알프스에는 별장도 하나 가지고 있어서 학생들을 데리고 별장에 머물기도 했다.

그는 무엇보다 좋은 선생이었다. 강의는 수준이 높으면서도 체계적이었다. 1주일에 4시간씩 3년 코스로 진행되는 이론물리학 강의는 역학, 전기역학, 광학, 열역학 등을 망라한 것이었는데 후일 학생들이 받아 적은 노트를 기초로 해서 5권짜리 강의록으로 출판되어 널리 읽혔고 영어와 러시아어로도 번역되었다. 또한 최신 주제를 다루는 특별 강의를 1주일에 두 시간씩 했으며, 세미나도 매주 열었다. 학생들이 최신 연구 논문을 읽고 발표하는 이 세미나가 연구소의 일과 중에서 가장 중요한 일이었다.

조머펠트의 강의는 아침 9시에 시작되었는데, 파울리는 아침 강의에 들어가는 일이 거의 없었다. 뮌헨에 온 후 파울리는 슈바빙에서 밤 늦게까지 놀다가 들어가서 밤새 공부하는 습관을 들였기 때문이다. 그래서 파울리는 오전 강의가 끝날 때쯤 나타나서 그날의 주제가 무엇인지 확인만 하곤 했는데, 조머펠트는 이런 파울리에게 별로 잔소리를 하지 않고 참아주었다.

아침 수업 시간을 늘 빼먹긴 했지만 파울리는 모든 과목을 수월하게 공부했다. 기록을 보면 파울리는 조머펠트의 강의 중에서 역학에 관한 두 강의는 수강하지 않았다. 이미 13세 때부터 마흐로부터 받은 책을 가지고 공부를 했었기 때문이다. 파울리는 이론 과목뿐 아니라, 빌헬름 빈 Wilhelm Carl Werner Otto Fritz Franz Wien, 1864~1928이 개설한 실험물리학도 공부했고, 마지막 학기인 1921년 여름학기에는 역시 빈의 실험실 실습 과목인 물리학 실습 Physikalisches Praktikum 도 수강했다. 빈은 1911년 "열복사 법칙에 대한 여러 발견"으로 노벨 물리학상을 수상하고, 1920년에 뢴트겐의 뒤를 이어 뮌헨 대학에 부임한 실험물리학 정교수였다.

학교의 정규 수업 외의 일도 있었다. 조머펠트는 괴팅겐에서 맡았 던《수리과학 백과사전》의 물리학 부분 편집 일을 뮌헨에 와서도 계속하고 있었다. 그가 기획하고 있는 내용 중에는 상대성 이론도 포함 되어 있었다. 상대성 이론에 관한 해설은 그 분야를 창조한 이에게 맡 기는 것이 최선이겠지만, 아인슈타인이 그런 귀찮은 일을 맡을 리가 없었다. 조머펠트 본인도 맡고 있는 분야가 많아서 직접 쓸 시간이 없 는데 아인슈타인이 집필을 사양하자, 조머펠트는 이 과제를 아직 20 대 초반의 학생에 불과한 파울리에게 맡겼다. 조머펠트가 파울리를 얼마나 높이 평가하고 있는지를 잘 보여주는 증거였다. 사실 빈에서 쓴 상대성 이론에 대한 첫 번째 논문이 1919년 1월에 출판되었으므 로, 파울리의 자격은 충분했다.

조머펠트의 기대에 어긋나지 않게 파울리는 곧 이 해설 논문을 완 성했다. 파울리가 써서 가져온 원고는 237페이지에 달했는데, 관련된 모든 문헌을 검토하고, 상대성 이론의 수학적 기초와 물리적 의미에 대해 명쾌하고 훌륭하게 설명하는 걸작이었다. 조머펠트는 원래는 파 울리의 초고를 자신이 보충하고 다듬어서 완성시키려고 생각했으나, 원고를 보고는 자신이 손댈 필요가 없다는 것을 알았다. 이 원고는 적 어도 그때까지 나온 그 어떤 논문이나 책보다도 완벽하게 상대성 이 론을 해설하는 글이었기 때문이다. 이 원고는 파울리가 박사 학위를 받은 두 달 뒤에 독자적으로 출판되었다.[09] 책에는 조머펠트의 다음 과 같은 서문이 붙어있다.

파울리는 스스로 연구한 바를 통해 상대성 이론의 가장 미묘한 논의에

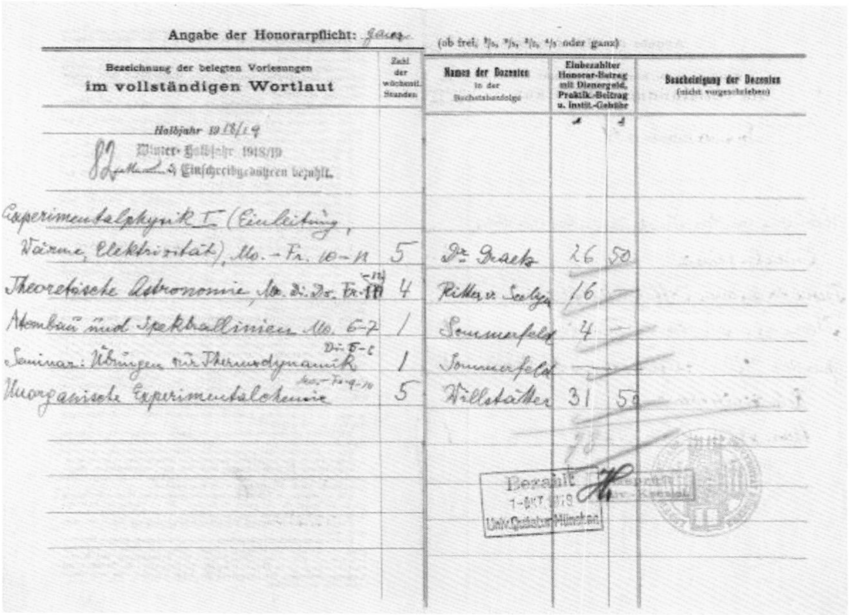

Angabe der Honorarpflicht: _ganz_ (ob frei, ⅕, ⅖, ⅗, ⅘ oder ganz)

Bezeichnung der belegten Vorlesungen im vollständigen Wortlaut	Zahl der wöchentl. Stunden	Namen der Dozenten in der Buchstabenfolge	Einbezahlter Honorar-Beitrag mit Dienergeld, Praktik.-Beitrag u. instit.-Gebühr		Bescheinigung der Dozenten (nicht vorgeschrieben)
			ℳ	₰	
Halbjahr 1918/19 Winter-Halbjahr 1918/19 ... Einschreibegebühren bezahlt.					
Experimentalphysik I (Einleitung, Wärme, Elektrizität), Mo. - Fr. 10-11	5	Dr. Graetz	26	50	
Theoretische Astronomie, Mo. 3. Do. Fr. 11	4	Ritter v. Seeliger	16		
Atombau und Spektrallinien Mo. 6-7 Di. 5-6	1	Sommerfeld	4		
Seminar: Übungen zur Thermodynamik Mo-Di-7-9-10	1	Sommerfeld			
Anorganische Experimentalchemie	5	Willstätter	31	50	

Bezahlt 1.OKT.1919 Univ.-Quästur München

파울리가 뮌헨 대학에서 첫 학기에 수강했던 과목이다. 실험물리학 I, 이론천문학, 원자 구조와 스펙트럼 선, 열역학 연습 세미나, 무기화학 실험.

123

Kapitel III
Relativitätstheorie und Feldbegriff

1

Wolfgang Pauli
Relativitätstheorie*
Grundlagen der speziellen Relativitätstheorie

„Paulis Encyklopädieartikel soll fertig sein und 2 1/2 kg Papiergewicht haben — woraus das geistige Gewicht zu ermessen ist. Der kleine Kerl ist doch nicht nur klug, sondern auch fleißig."
Born an Einstein, 12. Februar 1921

„Pauli ist ein feiner Kerl mit seinen 21 Jahren; er kann auf seinen Encyklopädie-Artikel stolz sein."
Einstein an Born, 30. Dezember 1921

„Wer dieses reife und groß angelegte Werk studiert, möchte nicht glauben, daß der Verfasser ein Mann von einundzwanzig Jahren ist. Man weiß nicht, was man am meisten bewundern soll, das psychologische Verständnis für die Ideenentwicklung, die Sicherheit der mathematischen Deduktion, den tiefen physikalischen Blick, das Vermögen übersichtlicher systematischer Darstellung, die Literaturkenntnis, die sachliche Vollständigkeit, die Sicherheit der Kritik. [...] Paulis Bearbeitung sollte jeder zu Rate ziehen, der auf dem Gebiete der Relativität schöpferisch arbeitet, ebenso jeder, der sich in prinzipiellen Fragen authentisch orientieren will."

Einstein (1922)

---

* Pauli [1921], Kap. I, S. 543—566

능숙할 뿐 아니라 이 주제를 담고 있는 문헌들 전체에 완전히 정통하고 있다. …… 이 책은 상대성 이론에 관해 1920년까지 나온 가치 있는 업적 전체를 포괄한다. 또한 이를 넘어서 저자 자신의 의견이 책 곳곳에 드러난다.

많은 사람들의 격찬이 이 책에 쏟아졌다. 아인슈타인도 1922년에 이 글을 평하며 "이토록 완숙하고, 웅대하게 구상된 작품을 공부하는 그 누구도 저자가 스물 한 살의 젊은이라는 걸 믿지 못할 것이다"라고 최고의 찬사를 보냈다. 이 책은 수십 년 동안 상대성 이론을 공부하는 학생들에게 가장 훌륭한 교과서로 명성을 떨치며 1960년대까지도 널리 읽혔고, 오늘날에도 여전히 출판되고 있다. 파울리는 당대 이론물리학의 총아였을 뿐 아니라 어떤 의미로는 이미 대가의 모습을 갖추고 있었던 것이다.

파울리는 이후 상대성 이론을 거의 연구하지 않았다. 그 뒤에 파울리가 상대성 이론에 대해 쓴 논문은 1930년대 초에 쓴 5차원 이론에 관한 논문과 1943년에 아인슈타인과 같이 발표한 논문뿐이다. 왜냐하면 이 당시 조머펠트가, 다음 장에서 보게 될 보어의 원자 이론을 발전시켜 더 정교하게 다듬는 일에 몰두하고 있었기 때문이다. 조머펠트는 가능하다면 학생들도 바로 연구에 참여하도록 했다. 그래서 파울리는 뮌헨에 오자마자 원래 자기가 하고 있던 상대성 이론의 연구와 함께 조머펠트가 시키는 원자의 양자론의 연구도 시작하게 되었다.

원자의 물리학은 파울리가 처음 배우는 주제였다. 이미 고전 물리학에 통달해 있던 파울리에게 원자 물리학은 무척이나 기괴하게 보여서, 파울리는 "나 역시 보어의 양자 원리를 처음 접했을 때 모든 물리학자들이 느끼는 것처럼 충격을 받았다"고 했다. 고전 물리학을 잘 이해하고 있었기에 파울리에게 양자론이 더 이상하게 느껴졌을지도 모른다. 파울리는 점차 이 새로운 주제에 깊이 파고들었다. 파울리가 첫해에 썼던 대학 노트를 보면 조머펠트의 강의가 열리는 월요일 저녁 6시가 가장 중요한 시간이라고 표시되어 있다고 한다.[10]

조머펠트는 파울리가 뮌헨에 와서 맞은 첫 학기인 1918년 겨울에 원자의 양자론과 스펙트럼에 관해 특강을 열었고, 이 강의를 기초로 1919년에 《원자 구조와 스펙트럼 선 *Atombau und Spektrallinien*》이라는 책을 펴냈다. 방대한 분광학 데이터를 상세하게 수록하고 이를 보어-조머펠트 이론으로 해석한 내용을 담고 있는 이 책은 완벽한 내용과 명쾌한 서술로 당대에 원자를 연구하는 모든 이에게 필수적인 교과서가 되었다. 분광학이 빠르게 발전함에 따라 조머펠트는 계속 개정판을 내야 했다. 이 책은 훗날 진짜 양자역학이 나오기 전까지 4판이 출판되었으며, 그 뒤에도 다시 네 차례나 개정판이 나왔고, 영어, 프랑스어, 러시아어로 각각 번역되었다. 새로운 세대는 모두 이 책을 통해서 원자에 대해 배웠고, 이 책을 공부한 후에 원자 연구에 뛰어들었다. 이책이야말로 보어-조머펠트가 구축한 초기 양자론Old Quantum Theory의 집대성이었다.

새로운 물리학을 단순히 공부하는 데 그치지 않고, 파울리는 특유의 날카로움으로 당시 이미 조머펠트에게 도움을 주었다. 조머펠트가 1919년 9월 2일에 쓴 그의 책 초판의 서문에는 다음과 같이 파울리가 언급된다. "또한 전술한 계산은 (W. 파울리가 개인적으로 알려준 대로) 경험과 모순된다는 것을 가리킨다. 이는 모델에 반한다는 말이다." 여기서 말하는 모델은 수소 분자 이온에 관한 것이다. 수소 분자는 두 개의 수소 원자로 이루어져 있는데, 여기서 전자 하나를 없애면 두 개의 양성자와 전자 하나로 이루어진 수소 분자 이온H_2^+이 된다. 이 연구는 훗날 파울리의 박사 학위 논문으로 발전한다. 파울리는 결국 이 시스템이 보어-조머펠트 이론으로는 불안정하다는 것을 밝히게 되는데, 이는 사실상 초기 양자론은 한계에 봉착했다는 것을 정량적으로 설명한 첫 번째 논문이라고 할 수 있다. 그래서 파울리의 박사 학위 논문은 실험 결과를 이론적으로 설명해내지 못한 실패한 연구인 셈이다. 파울리와 같은 사람의 박사 학위 논문이 정작 실패한 연구를 담은 것이라는 사실은 가끔 운명이 치는 심술궂은 장난 같은 일이다. 이 논문을 쓰면서, 파울리는 보어-조머펠트 이론으로는 원자를 완전히 설명하기에 부족하고, 뭔가 근본적으로 새로운 어떤 것이 와야 한다는 것을 확신하게 된다.

앞으로 보겠지만 뮌헨에서 파울리와 함께 공부한 사람들 중 여럿이 훗날 원자물리학에 중요한 기여를 한다. 특히 중요한 인물은 파울리가 뮌헨에 온 다음 해에 조머펠트의 연구소에 합류한 대학의 한 철학 교수의 둘째 아들이다. 들어오자마자 최신의 상대성 이론과 원자물리학에 관심이 있다는 이 학생에게 조머펠트는 "처음부터 너무 욕심을 부리지 말고 무얼 할 수 있는지 생각해보자"며 세미나에 들어오게 했다. 처음으로 들어간 세미나에서 이 학생은 조머펠트가 자신의 연구소에서 가장 뛰어난 학생이라고 소개한 파울리의 옆자리에 앉았다. 새로 온 친구에게 파울리는 카이저수염이 근사한 조머펠트 교수를 가리키며 "경기병 장교 같지?"라고 말을 걸었다. 김나지움에서부터 선생들의 특징을 파악해서 별명을 붙이는 것은 파울리의 특기였다. 별명을 붙이기는 했지만 파울리는 언제나 예의바르게 조머펠트를 대했다. 여담이지만, 조머펠트는 파울리가 스승과 제자 관계로 생각하는 유일한 사람이었다. 파울리가 나중에 취리히 연방 공과대학의 교수로 자리를 잡은 뒤에도 조머펠트 앞에서는 언제나 공손하게 인사하고, 깍듯이 "네 교수님", "아닙니다. 교수님"하고 대답하곤 했다. 권위를 우습게 알고 언제나 냉소적이던 파울리의 이런 모습은 동료들에게는 놀라운 것이었다.

파울리보다 한 살 어린 이 학생은 곧 원자물리학을 공부하는 데 좋은 동료가 되었고, 앞으로 평생 동안 파울리에게 중요한 동반자가 된다. 그의 이름은 베르너 하이젠베르크Werner Karl Heisenberg, 1901~1976였다.

1921년 7월 25일 파울리는 조머펠트와 빈에게 박사 학위 구두시험을 보았고, 모든 과목에서 최우수 등급을 받으며 통과했다. 그러나 독일 법에 따라 박사학위를 받으려면 더 기다려야 했다. 파울리와 오래 가깝게 지낸 핵물리학자 리제 마이트너Lise Meitner, 1878~1968는 파울리 사후에 미망인에게 보낸 편지에서 이렇게 회상했다.[11]

1921년 가을에 룬트Lund에서 조머펠트를 만났을 때 조머펠트는 자기한테 천재 학생이 있다고 말했습니다. 그 학생은 더 이상 자기한테 배울 게 없는데 독일의 법 때문에 박사학위를 받으려면 앞으로 여섯 학기나 더 남아있어야 한다고요. 그래서 그 학생에게 백과사전에 들어갈 논문을 맡겼다고 했죠. 내가 그 학생 이름을 물었더니 조머펠트는 볼프강 파울리라고 알려주었습니다. 나도 이미 아는 이름이었어요!

한편 파울리가 박사 학위 시험을 본 다음날, 역사는 뮌헨에서 또 하나의 작은 사건이 있었다고 기록하고 있다. 파울리처럼 빈에서 살다가 뮌헨으로 온 젊은이가 한 우익 정당에 복당한 것이다. 당시에는 전혀 알려져 있지 않은 인물이었고, 그가 복당한 정당도 아무도 신경 쓰지 않는 지방의 작은 정당이었으므로, 이날은 아무도 이것이 세계사의 커다란 사건이 되는 시발점이라는 것을 알지 못했다. 그는 7월이 채 가기도 전에 당권을 손에 넣고 자신의 정치적 비상을 시작했다. 그 정당의 이름은 국가사회주의 독일 노동자당, 보통 간단히 나치 Nazi 라고 불렸고, 그 젊은이의 이름은 아돌프 히틀러 Adolf Hitler, 1889~1945 였다.

괴팅겐의 파울리 박사

"과학의 도시 Stadt, die Wissen schafft"라는 이름답게, 지금도 괴팅겐은 12만의 인구 중에 약 2만 5천 명이 학생인 학구적인 분위기의 대학 도시다. 괴팅겐 대학은 대영제국의 왕 조지 2세 George II of Great Britain and Ireland 이자 하노버의 브룬스빅-뤼네부르크 Brunswick-Lüneburg 공작과 선제후를 겸했던 게오르그 아우구스트 Georg August, 1683~1760 공의 명에 의해 하노버의 장관이었던 뮌히하우젠 경 Gerlach Adolph Freiherr von Münchhausen, 1688~1770 이 1737년에 세웠다. 대학의 정식 이름은 선제후의 이름을 따서 게오르그-아우구스트 대학이다. 계몽 군주였던 아우구스트 공은 여러 나라 말에 능통하고 역사 등 다방면에 조예가 깊었으며, 음악가 헨델 George Frideric Handel, 1685~1759 의 후원자이기도 했다.

제후의 뜻에 따라 뮌히하우젠 경은 대학의 자연철학 연구가 교회의 검열을 받지 않도록 해주고 뛰어난 학자를 초빙하여 높은 교육 수준을 유지하는 등, 처음부터 학문적으로 탁월한 대학을 지향했다.

수많은 위대한 학자들이 괴팅겐 대학을 빛냈다. 특히 1807년 가우스Johann Carl Friedrich Gauss, 1777~1855가 교수로 임명된 이래, 수학 분야에서 괴팅겐은 디리클레와 리만, 20세기에는 힐베르트와 클라인이 교수로 재직했던 세계 수학의 진정한 중심이었고 모든 수학자들의 마음의 고향이었다. 또한 철학자 후설Edmund Gustav Albrecht Husserl, 1859~1938은 괴팅겐에서 현상학의 체계를 세웠고, 20세기의 가장 위대한 신학자 칼 바르트Karl Barth, 1886~1968도 괴팅겐에서 교수를 지냈다. 물리학 분야에서는 1831년 27세의 나이로 교수로 임용되었던 베버Wilhelm Eduard Weber, 1804~1891가 활약했다. 강의 잘하는 물리학 교수였던 베버는 가우스와 함께 자기magnetism에 관해 연구했고 전신기를 최초로 발명해서 약 1킬로미터 떨어진 대학의 물리학 연구소와 천문대 사이에 설치하기도 했다. 그리고 이제부터 보게 되듯이, 괴팅겐은 20세기의 전반부에 원자물리학과 양자역학의 또 하나의 중심지가 된다.

지금까지 노벨상 수상자 중에 이력서에 괴팅겐을 거쳐 갔다고 적은 사람은 40명이 넘는다. 이를 잘 보여주는 것이 괴팅겐의 거리에 붙어있는 수많은 과학자의 이름이다. 1921년 10월 13일, 그 중 한 사람이 될 볼프강 파울리가 괴팅겐을 향해 가고 있었다. 파울리가 찾아가는 사람은 역시 괴팅겐의 거리에 이름을 남겼으며 20세기의 괴팅겐을 대표하는 과학자 중 한 사람인 이론물리학 연구소 소장 막스 보른이었다.

1 괴팅겐 기차역에 걸려 있는 표지판. '지식을 창조하는 도시'라고 적혀 있다

2 볼프강 파울리의 이름이 남아 있는 괴팅겐 거리.

막스 보른은 현재 폴란드의 브로츠와프Wroclaw이며 당시 프로이센 제3의 도시였던 브레슬라우Breslau에서 태어나고 교육받았다. 발생학 자였던 보른의 아버지는 브레슬라우 대학의 교수였다. 브레슬라우 대학에 입학한 보른은 이후 하이델베르크와 취리히로 옮겨가며 공부했다. 1904년부터는 괴팅겐으로 옮겨서 힐베르트와 클라인, 민코프스키 밑에서 수학을 공부했고, 포이크트Woldemar Voigt, 1850~1919에게서 물리학을, 그리고 슈바르츠실트로부터는 천문학을 배웠다. 1907년에 괴팅겐에서 수학으로 학위를 받은 보른은 다시 케임브리지에서 물리학을, 브레슬라우 대학에서 상대성 이론을 공부했다. 1909년 민코프스키가 그의 연구에 관심을 가지고 보른을 다시 괴팅겐으로 불렀는데, 보른이 온지 얼마 되지 않은 그해 겨울, 민코프스키는 사망하고 말았다. 보른은 그대로 괴팅겐 대학에 남아서 민코프스키의 작업을 정리하는 일을 맡았고, 하빌리타치온을 제출하고 나서 대학의 강사가 되었다.

1914년에는 막스 플랑크가 초빙해서 보른은 베를린 대학의 부교수로 자리를 옮겼다. 같은 해 아인슈타인도 베를린 대학에 초빙되어 왔다. 이런 인연으로 두 사람은 가까워져서 평생에 걸쳐 편지를 주고받는 사이가 되었다. 그해 제1차 세계대전이 발발하자 보른은 징집되어 처음에는 공군의 무선 기사로, 다시 육군의 포병대에서 근무했는데, 운이 좋게도 베를린 근처에 주둔했기 때문에 대학의 세미나나 아인슈타인 집에서 열리는 저녁 모임에 가끔이나마 참가할 수 있었고, 1918년 전쟁이 끝나고 나서는 무사히 학교로 돌아올 수 있었다.

베를린에 돌아오고 싶어 했던 막스 폰 라우에Max Theodor Felix von Laue,

1879~1960 와 자리를 바꾸는 조건으로, 1919년 보른은 프랑크푸르트 대학으로 옮겨서 정교수가 되었다. 다음 해에 괴팅겐 대학의 물리학 연구소를 맡고 있던 디바이가 취리히 연방 공과대학 ETH의 실험물리학 정교수로서 물리학 연구소를 맡기 위해 괴팅겐을 떠나자 대학은 보른에게 이론물리학 정교수 자리를 제시했다. 이로써 보른은 괴팅겐으로 다시 돌아오게 되었다. 보른이 자리를 옮길 무렵, 제임스 프랑크James Franck, 1882~1964 도 괴팅겐에 와서 제2 실험물리학 연구소의 소장이 되었다. 바야흐로 괴팅겐의 물리학과는 이들의 시대를 맞고 있었다.

괴팅겐 대학의 이론물리학 정교수로서, 보른은 조머펠트처럼 새로 이론물리학 연구소를 세우고 소장이 되었다. 보른의 연구소는 조머펠트처럼 학교에서 든든한 지원을 받지는 못했으므로, 시작할 때는 작은 강의실 하나에다 보른이 데려온 조수 브로디Emmerich Brody 한 사람뿐인 아담한 연구소였다. 새로운 이론물리학 연구소를 제대로 된 곳으로 만들기 위해 보른이 맨 처음 주목한 사람이 바로 파울리였다. 당시 물리학 분야에서 파울리가 가장 뛰어난 인재라는 명성은 이미 전 유럽에 퍼져 있었다. 보른은 당장 파울리를 괴팅겐으로 데려오고 싶었지만, 파울리가 학위시험 준비를 해야 했으므로 일단 제안을 유보하고 기다렸다. 파울리가 학위시험을 통과하자마자 보른은 다시 뮌헨에 파울리를 원한다는 편지를 보냈다. 1921년 7월 25일 박사학위 구두시험을 보고 수료 증명서를 받은 파울리는, 조머펠트의 도움을 받아서, 박사학위 논문을 완성하기 전이었지만 뮌헨을 떠날 수 있게 되었다. 그래서 지금 파울리는 괴팅겐을 향해 가고 있는 것이다.

파울리가 도착하자 보른은 기뻐했다. 파울리가 도착하고 얼마 뒤

파울리의 귀를 잡고 있는 막스 보른.

에 아인슈타인에게 보낸 편지에 보면 보른이 얼마나 기뻐했는지를 잘 알 수 있다.[12]

꼬마 파울리는 아주 자극적입니다. 이렇게 훌륭한 조수는 다시 얻지 못할 겁니다.

그러나 파울리의 늦잠 자는 버릇은 여전해서, 보른은 파울리에게 오전 11시의 강의를 부탁했다가 몇 번이나 사람을 시켜서 파울리를 깨워야 했다고 기억했다. 옆의 우스꽝스러운 사진은 파울리의 그런 생활 습관을 이야기하면서 보른이 벌을 준다고 농담을 하는 모습이다.

파울리는 괴팅겐에 온 후에도 박사학위 논문을 마무리 짓는 일을 해야 했다. 파울리의 박사학위 논문이 완성되어 제출된 것은 다음 해 3월 4일이 되어서였다. 이제 그는 파울리 박사가 되었다. 그런데 이름이 같은 그의 아버지 역시 교수로 활동하고 있었으므로, 파울리는 아버지가 사망할 때까지는 계속 논문에 이름을 '볼프강 파울리 주니어 W. Pauli jr.'라고 썼다.

박사학위 논문 외에 파울리가 보른과 연구한 것은 원자에서 섭동 이론을 일반적인 형태로 확장하고 이를 헬륨 원자나 전기장 및 자기장 속의 원자에 적용하는 일이었다. 섭동 이론은 천체물리학에서 행성의 궤도를 계산할 때 태양 외의 다른 행성의 영향을 함께 고려하는 방법으로 잘 알려진 것을 보어가 1918년의 논문에서 원자에 처음 적용한 것이다. 보른과 파울리는 이를 더욱 일반적인 형식으로 발전시켰다.

파울리는 채 1년도 머무르지 않고 1922년 4월 함부르크 대학의 빌헬름 렌츠Wilhelm Lenz, 1888~1957의 조수로 임명되어 괴팅겐을 떠났다. 렌츠는 뮌헨에서 조머펠트의 지도로 박사학위를 받고 하블리타치온을 제출했던 사람이므로 파울리의 사형師兄이라고 할 수 있다. 보른은 파울리를 보내는 것을 애석해 했으나 그를 잡을 수는 없었다. 아인슈타인에게 보낸 1922년 4월 30일자의 편지에는 이렇게 적혀 있다.[13]

파울리가 유감스럽게도 함부르크의 렌츠에게 가버렸습니다. 저희는 최근 공동 논문을 시작했습니다. 이 공동 논문은 비조화 진동자의 양자화 문제를 두고 브로디와 함께 연구하여 발표한 적이 있었던 논문의 연장선상에 있는 작업입니다. 이 연구를 통해 개발한 근사법은 비섭동 체계가 준주기적이며, 동시에 흐름 함수를 매개변수의 범위 내에서 전개시킬 수 있는 모든 체계에 적용 가능합니다. …… 파울리가 이 논문을 들고 함부르크에 갔는데, 그곳에서 마무리 짓고 싶어 합니다.

파울리가 괴팅겐을 금방 떠난 이유는 물리학에 대해서 완벽주의자였던 파울리에게 수학적 형식을 중시하는 보른의 방식은 그다지 마음에 들지 않았고, 배울 것도 많지 않았기 때문이다. 보른은 아인슈타인이나 보어처럼 물리학의 심오한 문제를 예리하게 파악하는 사람은 못 되었다. 보른은 원래 수학자가 되려고 했었고, 그래서 기본적으로 문제를 수학적으로 처리하는 것을 선호하는 사람이었다. 다른 물리학자들이 낯설어 하는 수학을 이용해서 여러 문제에서 성공을 거두는 것이 보른의 장점이었다. (어쩌면 더 중요했을지도 모르는) 한 가지 이유를

더 들자면, 밤거리에서 놀기 좋아했던 파울리에게 조용한 대학 도시
인 괴팅겐보다 대도시 함부르크의 밤거리가 훨씬 더 매력적이었다.

파울리의 완벽주의자 성향은 그 자신과 주변 사람을 가리지 않았
다. 그래서 파울리는 여간해서는 논문을 발표하지 않았고, 다른 사람
들 같으면 논문으로 썼을 수많은 아이디어가 그가 평생 썼던 어마어
마한 양의 편지와 노트들 속에만 남아 있다. 또한 다른 사람의 일에도
그의 비평은 단호했으며, 그래서 그는 동료들로부터 신뢰와 두려움을
함께 받았다. 그의 지적 정직성과 높은 수준의 비판 능력 때문에 파울
리는 훗날 "물리학의 양심Das Gewissen der Physik"이라는 별명을 얻게 된
다. 우리는 뒤에 그 몇몇 예를 보게 될 것이다.

파울리의 괴팅겐 시절은 1921년 10월부터 1922년 4월까지 불과 7
개월에 불과하고, 괴팅겐에 머물 때 큰 족적을 남긴 것도 아니지만, 괴
팅겐 시절의 파울리에 대해서 많은 일화가 남아 있다. 파울리에 대해
서 기대가 컸던 보른이 파울리에 관해서 여러 차례 이야기했기 때문
이다. 파울리로서도 박사학위를 받고 한 사람의 물리학자로서의 인생
을 공식적으로 시작한 것이 괴팅겐이었다. 그리고 비록 떠나기는 했
지만, 앞으로도 파울리는 괴팅겐에 수없이 드나들게 될 것이다. 괴팅
겐은 이제 양자론이라는 무대의 중심이 되기 때문이다. 젊은 인재들
을 적극적으로 키우는 데 관심이 많았던 보른은 많은 젊은이들을 주
변에 끌어 모았고, 괴팅겐은 조머펠트의 뮌헨, 보어의 코펜하겐과 함
께 새로운 물리학의 거점이 된다. 그래서 파울리와 하이젠베르크 외
에도, 페르미, 디랙, 오펜하이머, 위그너, 텔러, 훈트, 바이스코프 등 수
많은 20세기의 주요 물리학자들이 괴팅겐을 거쳐 갈 것이다.

양자역학과 골드만 삭스

헨리 골드만.

보른이 프랑크푸르트부터 데려온 조수 브로디와 파울리, 하이젠베르크 등은 대학에서 고용한 조수가 아니라 보른이 개인적인 후원을 받아 고용한 사람들이었다. 이들을 고용하도록 후원한 것은 미국의 금융가 헨리 골드만 Henry Goldman, 1857~1937 이다. 그는 미국의 거대 투자은행 골드만삭스 Goldman, Sachs & Co. 의 창업자의 아들이자 사장이었다. 보른이 말하는 바에 따르면 골드만이 보른을 지원한 것은 아주 우연한 일이었다. 1차 세계대전 후에 독일이 심각한 인플레로 고통을 받을 때, 연구소 운영에 어려움을 겪던 보른이 미국에 간 친구에게 반 농담으로 연구소에 재정적 지원을 해줄 부유한 미국인을 찾아달라고 하자 그 친구가 정말로 골드만을 소개해준 것이다. 골드만의 집안은 독일 출신의 유대인이었고, 헨리 골드만은 1차 세계대전 후에 어려움을 겪는 독일을 어떻게든 돕고 싶어했다. 마침 그런 골드만이 우연히도 보른과 인연이 닿은 것이다. 이후 보른은 아인슈타인에게도 골드만을 소개했고, 골드만과 아인슈타인이 함께 괴팅겐을 방문하기도 했다. 보른 자신도 1926년에 미국으로 여행을 가서 골드만의 아파트에서 크리스마스를 보낸 적도 있다고 한다.

파울리는 괴팅겐을 떠난 지 두 달 후인 6월에 다시 괴팅겐을 방문했다. 파울리뿐 아니라 독일 전역에서 원자를 연구하는 물리학자들이 괴팅겐으로 몰려들었다. 중요한 행사가 있었기 때문이다. 그것은 당대 원자 이론의 중심인물이었던 닐스 보어의 원자물리학 강연이었다. 이 강연이야말로 초기 양자론의 절정을 이루는 사건이며, 또한 파울리의 일생에서도 또 하나의 새로운 장이 열리는 사건이었다. 과연 원자는 무엇인가? 보어의 강연을 듣기 전에, 원자 그 자체에 대해서, 그리고 이 시대에 원자에 대해 사람들이 알고 있었던 것에 대해서 먼저 살펴보도록 하자.

원자와 빛의 노래

원자가 특질Eigenschaften을 갖는다는 것은 원자의 개념에 모순된다.
그 까닭은 에피쿠로스가 말했듯이 모든 특질은 가변적이지만
원자란 변화하지 않는 것이기 때문이다. 그럼에도 불구하고
원자들이 특질을 갖는다는 것은 필연적인 귀결이다.
왜냐하면 감각적 공간에 의해 분리되는 많은 충돌하는 원자들은
직접적으로 서로 구분되어야 하고,
자신들의 순수한 본질로부터도 구분되어야만 하기 때문에,
다시 말해서 질들Qualitäten을 가져야만 하기 때문이다.

— 칼 마르크스 《데모크리토스와 에피쿠로스 자연철학의 차이》

원자, 개념에서 실체로

원자의 역사는 길다. 원자라는 개념과, 말 자체도 이미 2,000년도 더 전에 고대 그리스인들에 의해 고안된 것이다. 기원전 460년경 이 오니아의 식민도시인 아브데라에서 태어난 데모크리토스Democritus, c.460~c.370 BC가 바로 그 주인공이다. 데모크리토스는 이집트와 페르시아를 비롯해서 여러 지역을 여행하면서 많은 이들을 만나고 견문을 쌓은 당대 최고의 지식인 중 한 사람이었다. 그는 윤리학, 수학, 음악, 기술 등 다방면에 걸쳐 방대한 저작을 남겼는데, 오늘날 그의 이름은 주로 자연철학 분야에서 원자론을 주장한 사람으로서 널리 알려져 있다. 데모크리토스보다 조금 먼저 밀레투스에서 태어났고 흔히 데모크리토스의 스승이라고 여겨지는 레우키포스Leucippus, BC 5세기 경가 원자론을 최초로 설파한 사람이라고도 하지만, 데모크리토스를 이어받은 철학자 에피쿠로스Epicuros, BC 342~BC 270를 비롯한 몇몇 사람들은 레우키포스는 실존 인물이 아니라고 하기도 한다. 여하튼 레우키포스에 대한 자료는 오직 데모크리토스를 통해서만 알려졌기 때문에 두 사람을 따로 떼어놓고 이야기하는 것은 별로 의미가 없다.

원자atomos란 '나누다', '자르다'라는 뜻의 tomos에 부정을 뜻하는 접두사 a-를 붙여서 '쪼갤 수 없는 것'이라는 뜻을 나타낸다. 이들이 생각한 원자는 그 이름의 유래에서 알 수 있듯이, '더 이상 나눌 수 없는' 존재, 즉 가장 작은 물질이며 따라서 물질의 가장 기본적인 단위가 되는 존재였다. 데모크리토스의 원자론이 말하는 바는, 이 세상은 아무 것도 없는 허공과 그 속에서 움직이는 원자들로 이루어져 있고, 이 세상의 다양한 물질과 현상은 원자들의 상호작용에서 비롯된다는 것이다. 이에 따라 이들이 생각하는 세계는 목적이나 의도와는 무관한 자연법칙에 의해서 지배되는 세계였다. 심지어 데모크리토스의 견해로는 영혼도 원자로 이루어진 존재였고 감각이나 생각은 신체 활동의 하나에 불과했다. 따라서 그의 윤리학, 교육론 및 정치학 등도 근본적으로 원자론을 기반으로 형성된 것이다. 그런 의미에서 이들은 철저한 유물론자이자 기계론적인 결정론자였고 고대의, 그리고 그 이후 상당히 오랜 기간 동안의 그 어떤 학자보다도 근대의 과학에 가까운 견해를 가진 사람들이었다.

자연철학자로서 데모크리토스는 아리스토텔레스의 라이벌이었다. 하지만 데모크리토스의 주 활동 무대가 아테네가 아니었던 탓인지 데모크리토스는 아테네에서는 그다지 알려지지 않았다. 심지어 플라톤은 데모크리토스에 대해서 한 마디도 하지 않아서 그에 대해서 과연 알고 있었는지도 분명하지 않다. 그러나 적어도 플라톤이 원자론이라

는 사상은 알고 있었고 그에 대해서 비판적이었던 것은 분명하다. 플라톤의 철학에는 이상理想에의 지향이 바탕에 깔려있는데, 데모크리토스의 원자론은 이를 부정하는 것이기 때문이다. 한편 아리스토텔레스는 데모크리토스에 대해 잘 알고 있었고, 여러 차례 언급하고 있다. 이를테면 "생성과 소멸에 관하여"에서는 이렇게 말한다.[01]

일반적으로 (사물의 생성 소멸과 운동 변화에 관한 모든 문제들에 관해서) 데모크리토스 이외의 그 어떤 사람도 피상적인 것 이상으로 깊이 고찰하지 않았다. 그는 모든 문제에 대해 고찰했으며, 그 당시에 이미 고찰 방식에서 아주 남달랐던 것 같다.

하지만 아리스토텔레스 역시 데모크리토스의 원자론에는 비판적이었다. 아리스토텔레스의 자연철학은 물질세계를 말 그대로 '자연스럽게' 해석하고자 했고, 그래서 원자와 같은 극단적인 생각은 받아들이지 않았다. 더구나 아리스토텔레스의 '자연스러운' 해석은 플라톤과는 또 다른 관점에서 자연 법칙을 일정한 목적이 있는 것으로 생각했으므로 데모크리토스의 세계관과는 거리가 있었다. 결국 데모크리토스의 기계론적 세계관은 당대에 널리 받아들여지지는 못했으며, 목적론적인 사고방식에 기초를 둔 플라톤과 아리스토텔레스의 체계가 확고하게 자리를 잡으면서 후학들에게도 조명을 받지 못했다. 데모크리토스의 자연철학은 그저 세상을 바라보는 독자적인 한 방식으로 남아서 백 년 뒤의 에피쿠로스로, 그리고 다시 로마의 시인이자 철학자였던 루크레티우스 Lucretius, BC 99~BC 55 로이어졌다. 루크레티우스는 원자를 이렇게 묘사했다.[02]

이것들은 외부의 타격에 맞아 분해될 수도
없고, 또 깊이 꿰뚫어져 풀어질 수도 없으며,
어떤 다른 방법으로 공격받아 흔들릴 수도 없다.

… 이것은 당연히 부분 없이 존재하며
최소의 본성을 가지고 있고, 결코 그 자체로 분리된 적이
없으며, 이후로도 그럴 수가 없는 것으로서,
그 자체가 다른 것의 기본이 되는 하나의 부분이다.
…

… 최소의 것이 존재하지 않는다면, 각각의 가장 작은
몸체들은 무한한 부분들로 되어 있을 것이다.

다니엘 베르누이(왼쪽)와
로버트 보일.

　중세를 거치면서, 결정론적이고, 그렇기 때문에 무신론을 내포하고
있는 것으로 여겨진 원자론은 더욱 자연철학자들의 관심을 끌지 못했
다. 그러다가 중세가 끝나고 근대과학이 싹을 틔우면서 원자론의 사
고방식은 비로소 다시금 자연철학자들 사이에서 떠오르기 시작했다.
　17세기 영국의 지도적인 자연철학자 보일Robert Boyle, 1627~1691은 물
질의 상태와 속성을 체계적으로 탐구하기 시작해서 근대 화학의 초석
을 마련했다. 보일은 공기 펌프를 손수 만들고 그것을 이용해서 진공
과 공기의 성질을 연구했고 이로부터 공기의 압력과 부피와의 관계를
나타내는 보일의 법칙을 발견했다. 이렇게 물질들의 결합과 분해를
고찰하면서 보일은 원소에 대한 새로운 개념을 발전시켰다. 예컨대
어떤 물질이 다른 물질로 분해되면 그 물질은 기본 원소가 아니다. 즉
기본 원소와 화합물이라는 개념이 생겨나기 시작한 것이다. 스위스의
다니엘 베르누이Daniel Bernoulli, 1700~1782는 유체역학의 유명한 베르누
이 방정식을 만든 사람이며 많은 수학자와 물리학자를 배출한 베르누

이 집안에서도 아버지 요한과 함께 가장 유명한 수학자다. 다니엘은 1738년에 기체를 이루는 가상적인 작은 입자들의 진동을 이용해서 기체의 압력을 설명하려고 했는데, 널리 알려지지는 않았으나 이것은 기체에 대한 첫 번째의 원자론적 접근이라고 할만 했다.

19세기에 접어들며 세 가지 방향에서 원자를 향해 새로운 움직임이 생겨났다. 첫 번째는 화학의 관점이다. 즉 보일의 생각을 발전시켜 물질을 이루는 원소들에 가장 기본 단위가 되는 존재가 있다는 생각을 확립한 것이다. 영국 맨체스터에서 활약한 존 돌턴 John Dalton, 1766~1844이 이런 생각을 발전시킨 사람이다. 돌턴은 여러 가지 원소들을 이루는 기본 입자가 각각 존재한다고 생각하고, 이들을 데모크리토스의 atomos에서 이름을 가져와서 원자atom라고 불렀다. 돌턴의 원자론은 18세기 라부아지에 Antoine Laurent de Lavoisier, 1743~1794 등이 화학 반응에 대해 깊이 연구하고, 자연계에 존재하는 원소들의 체계적인 목록을 작성한 위에 이루어진 결론이다. 돌턴은 여러 화합물을 분류해 보면 구성 요소들의 양이 특정한 정수 비를 이룬다는 사실에 주목하고, 이는 구성 요소들에 기본 단위가 있다는 것을 의미한다고 결론을 내렸다. 예를 들면 산소와 수소가 화합하여 물을 이룰 때, 산소와 수소의 질량의 비는 언제나 8:1이다. 어느 한 쪽을 많이 넣어도 이 질량비에 해당하는 만큼만 반응이 일어나서 물이 되고 나머지는 그냥 남는다. 그렇다면 산소와 수소의 기본 단위가 되는 알갱이가 있어서 특정한 방식으로 결합할 때만 물이 된다고 생각하는 것이 자연스럽다. 이런 고찰을 통해 돌턴은 화학 결합에 대한 체계적인 법칙을 만들수 있었다.

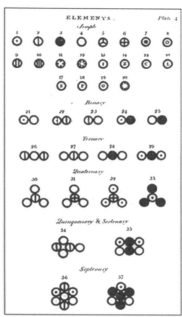

존 돌턴과 그가 제안한 원자와 분자 기호.

두 번째는 물리학의 관점이다. 18세기에서 19세기에 걸쳐 물리학에서는 열역학이라는 분야가 크게 발전했다. 열역학은 이름 그대로 열과 온도, 압력 등의 관계를 다루는 학문이다. 열역학이 이 시기에 크게 발전한 이유는, 18세기에 발명된 증기기관과 이에 힘입은 산업혁명 때문이다. 물을 끓여서 나오는 증기의 힘으로 기계를 돌리는 증기기관은 산업혁명의 핵심적인 요소였고, 따라서 더 좋은 증기기관을 만드는 일이 중요한 과제로 떠올랐다. 더 효율적인 증기기관을 만들기 위해서는 연료와 증기압, 온도, 부피 등의 관계를 정확히 알아야 한다. 그러므로 열과 기체의 행동 사이의 관계를 기술하는 열역학이 점점 중요해진 것이다. 더구나 증기기관을 통해서 열과 기체의 상태에 관한 많은 데이터가 축적되었으므로 열역학의 발전은 더욱 촉진되었다.

열에 따른 기체의 상태를 나타내는 데 중요한 물리량은 기체의 온도, 기체가 용기에 미치는 압력, 그리고 기체의 부피 등이다. 기체의 온도를 올리면 부피가 팽창하고 압력이 커져서 증기기관의 피스톤을 밀어올리고, 기관이 작동한다. 이럴 때 기체는 굉장히 보편적인 열역학적 성질을 가지는 것을 알게 되었다. 보편적인 열역학적 성질을 가진다는 말은 모든 기체가 열역학적으로 거의 똑같이 행동한다는 말이며, 따라서 하나의 식으로 거의 모든 기체의 열역학적 상태를 설명할 수 있다는 뜻이다. 이 방정식을 이상기체의 상태방정식이라고 한다.

기체에 원자의 개념을 적용하면 뉴턴의 운동법칙을 적용할 수 있다. 만약 작은 기체 알갱이들이 뉴턴의 법칙을 따라 운동한다면, 놀랍게도 이 운동 법칙으로부터 열역학의 많은 법칙들이 자연스럽게 유도된다는 것을 알 수 있었다. 이렇게 원자의 운동으로 열 현상을 설명하려는 사고방식을 기체 운동론이라고 한다. 기체운동론에서 생각하는 원자는 크기를 가지고 어떤 속도로 움직이며 특정한 위치를 점하는 물리적 실체다. 즉 돌턴의 원자가 특정한 원소의 기본 단위인 화학의 원자라면, 기체운동론의 원자는 원소의 종류는 중요하지 않고, 대신 크기를 가지고 움직이며 서로 부딪히고 튕겨나가는 물리학의 원자라고 하겠다.

이렇게 원자라는 개념은 자연철학에서 서서히 근대과학으로 편입되고 있었지만, 사실 마르크스가 그의 박사학위 논문인 《데모크리토스와 에피쿠로스 자연철학의 차이》를 썼던 1841년에만 해도, 원자 개념은 과학자들에게조차 그리 익숙한 것은 아니었다.

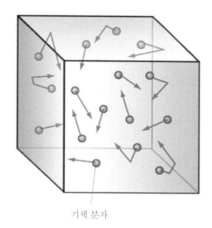

기체 분자

기체 분자는 무작위적으로 이동하고 부딪히고 튕긴다.

그래서 이제부터 이야기할 세 번째 방향의 연구 분야는 사실 처음에는 원자를 향한 것인 줄 알지 못했다. 그러나 이 세 번째의 방향은 앞으로 우리가 할 이야기에 특히 중요하다. 앞의 두 경우가 원자의 존재를 시사해주는 것이었다면, 이 방향은 원자의 내부 구조에 대해서 무언가를 말해주는 것이었기 때문이다. 그것은 분광학이라는 분야다.

분광학, 원자의 빛

오늘날 물리학이 연구하는 분야 가운데 가장 오래된 분야는 아마도 빛을 연구하는 분야인 광학일 것이다. 빛은 누구나 느낄 수 있으면서도 보면 볼수록 신기한 현상이기 때문이다. 고대 이집트에서 이미 인간은 거울을 만들어 사용했고, 고대 그리스의 철학자들은 빛의 본질에 대해서 논하고 있었다. 기원전 사람인 알렉산드리아의 헤론Heron of Alexandria, c.10-c.70 AD은 빛은 두 점 사이의 가장 짧은 경로로 지나간다는 법칙을 제안했고, 로마인들은 유리그릇에 물을 채워 렌즈로 사용했다. 17세기에, 다른 모든 과학이 그렇듯 광학도 크게 발전했다. 망원경이 발명되었고, 네덜란드 레이든 대학의 스넬Willebrord Snellius, 1580~1626은 빛의 굴절을 설명하는 법칙을 발견했다.

분광학은 위대한 뉴턴으로부터 시작했다고 할 수 있다. 뉴턴에게도 광학은 역학의 법칙과 중력의 법칙과 함께 중요한 주제였다. 뉴턴은 최초로 실용적인 반사 망원경을 제작했으며, 햇빛이 프리즘을 통과하면 백색의 빛이 여러 가지 색깔의 빛으로 나누어진다는 것을 발햇빛이 프리즘을 통과하면서 여러 색깔의 빛으로 갈라진다.

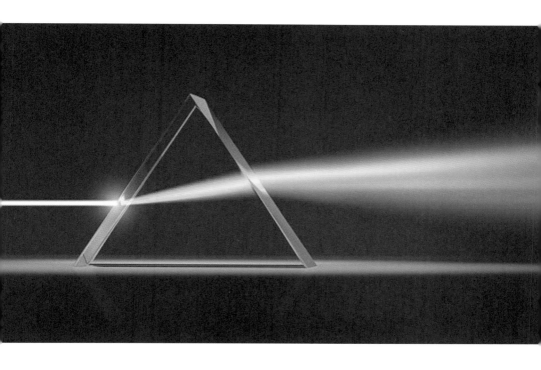

견했다. 즉 빛은 여러 색깔의 빛으로 이루어져 있었던 것이다. 이렇게 빛을 여러 색깔로 나누어 놓은 것을 빛의 스펙트럼, 혹은 분광分光이 라고 부른다. 뉴턴은 빛을 아주 작은 입자들의 모임이라고 생각하고, 자신의 역학을 이용해서 빛을 해명하려고 했다. 그러나 빛은 그렇게 단순한 문제가 아니었고, 뉴턴의 입자 가설로는 빛의 모든 성질을 다 설명할 수 없었다. 1803년 토머스 영Thomas Young, 1773~1829이 빛이 간섭 한다는 것을 실험적으로 검증함으로써, 빛은 뉴턴이 생각한 것처럼 입자가 아니라 파동 현상임이 결정적으로 확증되었다. 영의 실험 이 후 빛의 간섭 이론은 아라고와 프레넬 등에 의해 발전했고 더욱 다양 한 광학 기기가 개발되었다.

19세기 초 독일에서 가장 유명한 광학 제조 회사는 프라운호퍼의 회사였다. 이 회사의 주역인 요제프 폰 프라운호퍼Joseph von Fraunhofer, 1787~1826는 누구 못지않게 인생에서 전화위복이란 것을 실감나게 경 험한 사람이다. 뮌헨 근처의 평범한 유리가게의 열한 번째 아들로 태 어난 (그 중 일곱은 어려서 사망했다) 그는 열한 살 때 부모를 모두 잃고 고아가 되어서, 1799년부터 고향을 떠나 바이에른의 수도인 뮌헨에 있는 바이크젤버거Weichselberger라는 사람의 공방에서 도제 생활을 시 작했다. 당시 바이에른에서는 아직 의무교육이 시행되지 않고 있었으 므로 어린 요제프는 제대로 학교를 다닌 적이 없었다. 게다가 그를 맡 은 바이크젤버거는 엄한 주인이었다. 공방에서 요제프는 일을 배우는 한편, 당시 대부분의 집에서 그랬듯이 집안일도 도와야 했기 때문에 따 로 공부를 할 시간 따위는 없었다. 주인은 그가 일요일에도 학교에 가 지 못하게 했다. 요제프는 책을 읽고 공부를 하는 것만이 소원이었다.

   2년이 지났을 때 그의 인생을 송두리째 바꿔놓은 사건이 일어났다. 공방과 집이 무너져서 그 안에 있던 사람들이 모두 깔리는 사고가 일어난 것이다. 이 사고로 주인의 아내가 죽었고 요제프도 무너진 집 안에 갇혔는데, 기적적으로 요제프는 크게 다치지 않고 4시간 후에 구출되었다. 위험을 넘겼을 뿐 아니라, 이 사고 덕분에 요제프는 앞으로 그의 인생을 바꿔놓은 두 사람을 만나게 된다. 한 사람은 훗날 바이에른 왕국의 막시밀리안 1세가 되는 막시밀리안 요제프Maximilian Joseph, 1756~1825 왕자였고 다른 한 사람은 정부의 고위 관료였던 요제프 우츠슈나이더Joseph von Utzschneider, 1763~1840였다. 이들은 구조작업을 지휘하기 위해 현장에 나왔다가, 그들이 구조한 젊은이를 계속 돕게 된 것이다. 이 사건의 생존자로 요제프 프라운호퍼는 조금 유명해졌고, 덤으로 학교에 다닐 수 있게 되었다. 프라운호퍼의 청에 따라 그가 학교에 가는 것을 허락하도록 왕자가 주인에게 명했기 때문이다. 왕자는 프라운호퍼에게 돈도 보태주었는데, 이 돈을 모아 프라운호퍼는 나중에 유리 자르는 기계와 유리를 연마하는 기계를 샀다. 우츠슈나이더는 프라운호퍼의 인생에 더욱 중요한 역할을 한다. 훗날 요제프 프라운호퍼가 업적을 쌓은 회사가 바로 우츠슈나이더의 회사였기 때문이다. 우츠슈나이더는 프라운호퍼를 정밀 기기 사업을 하는 자기 회사에 데려와서 광학 사업을 키우게 된다.

   요제프 프라운호퍼의 도제 면허증을 보면 1804년 10월까지 바이크젤버거의 공방에 있었던 것으로 되어 있다. 이후 독립한 요제프는 가게를 열었다가 실패하고 다시 옛 주인 공방에 돌아가 객으로 지내는 우여곡절 끝에, 1806년부터 우츠슈나이더의 공방에 나가게 되었다.

요제프 프라운호퍼(가운데)가 자신이 만든 분광기를 우츠슈나이더와 라이엔바흐에게 시연하고 있다.

이 공방은 공학자인 라이헨바흐Georg Friedrich von Reichenbach, 1771~1826와 우츠슈나이더가 1802년에 지도를 만드는 지리 도구를 제작하기 위해 설립한 곳이었다. 만하임의 군사학교에서 공부한 라이헨바흐는 영국에 가서 제임스 와트 등과 교류하면서 정밀 기기를 만드는 법을 배워와서 공방을 열었다. 주 정부의 고위직인 우츠슈나이더가 합류하면서 이 공방은 바이에른 지도국과 과학 아카데미로부터 지원을 받을 수 있었다. 처음에는 공방에 광학 부서가 없었는데, 1806년 광학 부서를 새로 만들면서 프라운호퍼가 광학 기기를 담당하게 되었다.

프라운호퍼는 회사에서 렌즈를 깎고 연마했고, 한편으로는 광학 이론을 독학하며 기기를 개발했다. 프라운호퍼는 고등교육을 받지도 못했고, 가진 것이라고는 책 몇 권, 영국산 망원경 몇 개, 그리고 아욱스부르크의 장인 브란더Georg Friedrich Brander가 만든 도구들뿐이었다. 그러나 타고난 탐구열과 손재주를 가진 프라운호퍼는 스스로 연구하며 기술을 개발해 나갔다. 그는 렌즈를 만드는 과정을 하나하나 분석하고 새로운 기술을 도입했으며, 직공의 솜씨가 서툴러도 렌즈를 제대로 연마할 수 있도록 하는 기계를 개발했다. 연마한 재료를 조립하는 방법과 렌즈를 붙이는 접착제도 연구했고, 완전 평면 유리를 이용해서 연마된 렌즈의 모양과 정확한 초점을 검사하는 방법도 개발했다. 이런 우수한 재료와 제작 방법에 힘입어 불과 1년 만에 프라운호퍼가 제작하는 렌즈의 품질은 괄목하게 향상되었다.

이듬해 우츠슈나이더는 광학부를 분리해서 자신의 유리 제조 공방이 있는 베네딕트보이에른Benediktbeuern 근처의 수도원으로 옮겼다. 유리 공방은 광학부에서 제작하는 유리를 만들기 위해 우츠슈나이더가 여행 중에 만난 스위스인 유리 기술자 귀낭트Pierre Louis Guinand를 초빙해서 세운 곳이었다. 프라운호퍼는 유리의 재질과 광학 기구의 성능 사이의 관련성을 깨닫고 있었으므로 귀낭트로부터 유리 제조법을 배웠고, 스스로 연구해서 새로운 재질의 유리도 만들 수 있게 되었다. 우츠슈나이더로부터 기술적 재능을 충분히 인정받은 프라운호퍼는 빠르게 승진해서 1809년에는 광학부를 맡았고, 1811년에는 회사의 경영진이 되었다. 1814년 귀낭트가 스위스로 돌아가자, 이제 유리를 만드는 것까지 프라운호퍼의 책임 하에 놓이게 되었다. 이해에 라이헨바흐가 회사를 떠나 자신만의 회사를 차리자 우츠슈나이더는 자신의 회사의 명칭을 '유츠슈나이더-프라운호퍼'로 바꾸고 프라운호퍼를 공동 대표로 승격시켰다.

프라운호퍼는 경험에 의존하는 단순한 장인적인 방법보다 세심하고 체계적인 과학적 방법이 유리하다는 것을 이해하는 사람이었으므로, 기술뿐 아니라 이론 연구에도 힘썼다. 그의 재능과 노력에 힘입어, 프라운호퍼 회사의 광학 기기의 품질은 압도적이었으므로, 회사는 크게 발전했다. 당대에 광학 기기를 제조하는 데 있어 프라운호퍼의 회사에 필적할 곳이 없을 정도였다. 회사는 천문대를 위한 천체 망원경을 비롯한 여러 종류의 망원경과 현미경, 혜성 탐색기, 태양의, 프리즘, 확대경 등의 제품을 거의 자체적으로 생산했다.

한편으로 프라운호퍼는 광학 기기를 이용해서 직접 실험을 하고 연구도 했다. 여러 가지 형태의 슬릿에서의 회절 및 간섭 효과를 실험적으로 확립했고, 나아가서 촘촘히 붙은 수많은 슬릿으로 된 회절격자를 사용해서 빛의 간섭과 분산을 연구했다. 이 방법에 의하면 파장에 따른 효과를 정량적으로 조절할 수 있으면서 프리즘을 이용하는 것보다 분해능도 더 뛰어났다. 당시 프라운호퍼의 이런 연구 활동은 아주 이례적인 일이었다. 대학을 나오지 않았지만 바이에른 과학 아카데미는 프라운호퍼를 서신 회원으로 받아들여서 그의 논문을 발표할 수 있도록 해주었다. 그는 1824년에는 바이에른 왕국으로부터 작위를 받아서 이름에 폰von을 붙일 수 있게 되었고, 대학에서 강의를 하기도 했다.

다시 분광학으로 돌아가자. 뉴턴은 빛을 조그만 구멍을 통과시킨 후 프리즘을 지나게 해서 스펙트럼을 얻었기 때문에 이 방법으로 보게 되는 스펙트럼은 원 모양이었다. 영국의 윌리엄 월러스턴William Hyde Wollaston, 1766~1828은 슬릿이라는 가늘고 긴 구멍을 이용해서 스펙트럼을 관찰하는 방법을 개발했다. 월러스턴은 백금을 제련하는 실용적인 물리화학적 방법을 개발해서 돈을 많이 벌었고, 그 과정에서 얻은 화학 분석 방법을 이용해서 팔라듐Pd과 로듐Rh이라는 새로운 원소를 발견하기도 한, 모든 과학도들이 꿈꿀만한 인생을 보낸 과학자다. 그는 또한 아연판 전지를 발명하고, 전기 모터를 고안했으며, 볼타의 전지에서 나오는 전기가 마찰 전기와 같은 것이라는 것을 보이는 등 수많은 업적을 남겼다. 월러스턴은 광학 분야에도 많은 업적을 남겼는데, 슬릿을 이용하는 방법을 고안한 것도 그 하나다. 월러스턴은 햇빛을 프리즘에 통과시키기 전에 우선 슬릿을 통과시켜서, 요즘 우리가 흔히 보는 스펙트럼의 모습처럼 긴 직선에 여러 색깔이 나타나는 스펙트럼을 얻었다. 이렇게 하면 스펙트럼을 관찰하기가 훨씬 쉽기 때문에 더 정밀하게 분석할 수 있다.

월러스턴은 이 방법으로 햇빛의 스펙트럼을 분석하다가 의외의 현상을 발견했다. 스펙트럼의 일정한 위치에 몇 개의 검은색 줄이 수직으로 나타나는 것이었다(그림 참조). 스펙트럼의 다양한 색깔은 각각이 다른 파장의 빛임을 가리키는 것이고, 검은 색 필름에 생긴 검은색 줄은 그 부분에 햇빛이 오지 않았음을 가리키므로, 이 검은 선은 햇빛 속의 수많은 파장의 빛 중에서 특정한 파장의 빛만이 빠져있다는 뜻이다. 월러스턴은 더 깊이 파고들지 않았지만 몇몇 과학자들은 이 현상에 주목했다.

1813년 경 프라운호퍼는 월러스턴이 본 것을 더 자세히 연구했다. 훨씬 정밀하고 뛰어난 기술을 가진 프라운호퍼는 회절격자를 이용해서 태양의 스펙트럼을 더욱 정밀하게 관찰하고 실제로는 훨씬 더 많은 검은 선이 있음을 알게 되었다. 월러스턴이 태양 스펙트럼에서 발견한 것은 불과 몇 개의 선이었지만, 프라운호퍼가 관찰한 선은 574개에 이르렀다. 프라운호퍼는 이들의 위치와 파장을 체계적으로 정리하면서 세기에 따라 A에서 Z까지의 이름을 붙였는데, 이 이름은 지금도 쓰고 있다. 오늘날에는 이 검은 선을 프라운호퍼 선Fraunhofer line이라고 부른다.

한편 스코틀랜드의 데이비드 브루스터David Brewster, 1781~1868는 1822년 경 물질을 기화시킬 때 발생하는 빛을 연구해서 선 스펙트럼을 찾아냈다. 햇빛은 프리즘을 통과하며 연속적인 스펙트럼을 만들지만 이렇게 기체에서 나오는 빛은 프리즘을 통과하면 특정한 몇 가지 색깔만을 보여주었다. 윌리엄 탤봇William Talbot, 1800~1877은 여러 물질을 가지고 분광실험을 한 결과 스펙트럼 선의 색깔이 원소에 따라 다르다

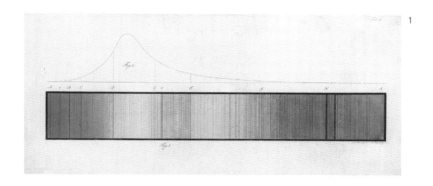

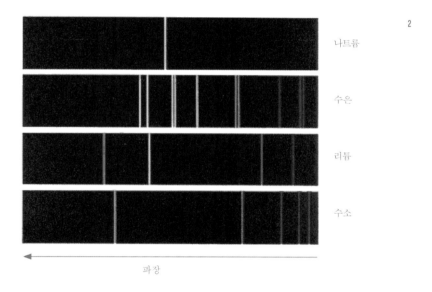

나트륨

수은

리튬

수소

파장

---

1 요제프 프라운호퍼가 직접 그리고 색칠한 태양광 스펙트럼. 색칠된 영역을 상하로 가로지르는 검은색 선들이 프라운호퍼 선이다.

2 모든 원소는 기화할 때 각각 독특한 파장의 빛을 발한다. 몇 가지 원소의 발광 스펙트럼(선 스펙트럼)이 나와 있다.

는 것을 알아냈다.

　프라운호퍼는 태양빛의 스펙트럼에 나타나는 검은 선 중 자신이 D라고 이름 붙인 두 개의 검은 선의 파장이 나트륨(소듐)의 분광실험에서 나타나는 선 스펙트럼의 파장과 정확하게 일치한다는 것을 발견했다. 또한 프랑스의 푸코Jean Bernard Leon Faucault, 1819~1868는 태양빛을 나트륨 기체에 통과시킨 후 프라운호퍼 선을 관측하면 D 스펙트럼의 검은 선이 더욱 뚜렷해진다는 것을 발견했다. 이 결과는 나트륨 기체를 통과하면서 D 스펙트럼에 해당하는 빛이 더욱 많이 사라졌음을, 즉 나트륨 기체가 D 스펙트럼을 흡수한다는 것을 의미한다. 1860년경에는 독일의 키르히호프와 분젠Robert Wilhelm Bunsen, 1811~1899이 이 결과를 더욱 깊이 연구해서 나트륨이 D 스펙트럼을 흡수할 뿐 아니라 발산하기도 한다는 것을 확인했다. 이들은 이 결과를 일반화시켜서, 모든 원소들은 각각 고유한 파장의 빛을 방출할 수도 있고 흡수할 수

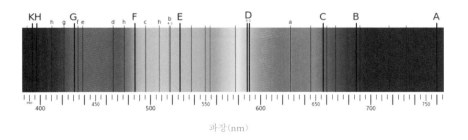

태양광 스펙트럼의 가시광선 영역에 프라운호퍼 선이 표시되어 있다. 파장 589nm 부근에 인접해 있는 두 개의 검은색 선이 프라운호퍼 D 선이다.

도 있다고 결론지었다.

스펙트럼 선의 패턴이 원소에 따라 다르기 때문에, 원자가 내는 스펙트럼 선은 원자가 무엇인지를 말해주는 지문이나 다름없다. 따라서 분광법은 화학에서 특정한 원소가 물질 속에 함유되었는지를 알아볼 때 대단히 유용한 분석 방법이 되었다. 또한 이 결과는 천문학에도 중요한 함의를 지니고 있었다. 별빛의 스펙트럼 선을 보면 빛이 어떤 기체를 통과해 온 것인지 알 수 있으므로, 별이 어떤 원소를 함유하고 있는지를 알 수 있는 것이다. 실제로 프라운호퍼는 태양빛이 반사된 행성의 빛은 태양의 스펙트럼과 유사하며, 다른 별에서 오는 빛은 스펙트럼이 태양과 다르다는 것을 확인했다.

프라운호퍼는 1826년 유럽을 휩쓴 결핵으로 사망했다. 1949년에 뮌헨에서 설립되어 현재 60개 이상의 연구소로 이루어진 독일의 거대 응용 연구소인 프라운호퍼 협회는 그의 이름을 딴 것이다.

이제 각각의 원자는 고유의 파장을 지닌 빛의 패턴과 연관된다는 것을 알게 되었다. 물질이 원자로 이루어져 있다면 이 빛의 패턴은 원자에 대한 어떤 정보를 담고 있는 것이다. 왜 특정한 원자는 특정한 파장의 빛만을 발하는 것일까? 물질과 스펙트럼 선은 어떤 관계가 있는 것일까?

제이만 효과, 빛과 자성

네덜란드의 피테르 제이만Pieter Zeeman, 1865~1943 은 스펙트럼 선에 대해 새롭고 더욱 심오한 발견을 한다. 1865년 네덜란드 작은 마을에서 목사의 아들로 태어난 제이만은 어려서부터 과학에 관심과 재능을 보여서, 큰 도시인 델프트로 나와서 김나지움을 다녔다. 델프트에서 제이만은 김나지움의 부교장인 렐리J.W. Lely 박사의 집에서 살았는데, 여기서 그보다 열 두 살 위인 카멜링 오네스Heike Kamerlingh Onnes, 1853~1926를 만나서 가까워졌다. 훗날 저온물리학의 대가가 되는 오네스는 당시 델프트 공과대학의 학장인 보샤Johannes Bosscha, 1831~1911의 조수였다. 나이는 어리지만 제이만이 폭 넓게 책을 읽고 과학 실험에 열정을 가지고 있는 데 대해 깊은 인상을 받은 오네스는 나이 차에도 불구하고 이 미래의 동료와 가까워졌다.

1882년 오네스는 네덜란드에서 가장 역사 깊은 대학인 레이든 대학으로 부임했다. 얼마 후 제이만도 레이든 대학에 입학해서 다시금 오네스 밑에서 공부하게 되었다. 레이든 대학에는 또 한 사람의 위대한 물리학자 헨드릭 로렌츠가 있었다. 제이만은 오네스와 로렌츠라는 뛰어난 두 물리학자로부터 물리학을 배우고, 그들과 함께 연구하기 시작했다.

1890년에 로렌츠의 조수로 있던 제이만은 빛과 자기가 서로 어떤 영향을 미치는지를 탐구하는 자기광학이라는 분야를 연구하기 시작했다. 제이만의 우상은 영국의 위대한 실험가 패러데이Michael Faraday, 1791~1867여서, 늘 패러데이의 책을 읽으며 영감을 얻곤 했다. 자성과

네덜란드 레이든 대학의 초저온 실험실에서 카멜링 오네스(오른쪽).

빛의 관계 역시 패러데이가 연구했던 분야였다. 여기서 연구하고자 하는 것은 빛이 물질과 상호작용을 할 때, 자성이 있으면 어떤 변화가 일어날까 하는 점이었다. 특히 편광된 빛이 자성을 띤 물체에 반사되면 편광의 방향이 회전하는데 이를 커 효과Kerr effect라고 부른다. 제이만은 커 효과를 연구해서 오네스를 지도교수로 1893년에 박사학위논문을 제출했다. 그러면서 그는 나트륨의 스펙트럼과 자성과의 관계를 연구해 보았으나 결과는 별로 신통치 않았다. 그래서 제이만은 이 실험을 덮어놓고 한동안은 잊고 있었다.

얼마 후 제이만은 《패러데이의 삶에 대한 맥스웰의 소묘》라는 책을 읽고 패러데이도 자기장과 나트륨의 스펙트럼에 대해 연구했음을 알았다. 패러데이 역시 1860년에 이 실험을 했으나 새로운 결과를 얻지 못하고 실패했던 것이다. 제이만은 패러데이가 사용했던 프리즘보다 더 발전된 프라운호퍼 격자 분광계를 이용하면 실험을 다시 해볼 만한 가치가 있다고 생각했다. 1896년 8월에 제이만이 하고 있던 일이 바로 그런 실험이었다. 제이만은 전자석 사이에 놓은 분젠 버너의 불꽃에다가 소금을 묻힌 석면 조각을 넣어서 나오는 복사선을 관찰했다. 이것은 소금 속의 나트륨의 스펙트럼을 관찰하기 위한 것이었다. 그때 제이만은 문득 이상한 현상을 발견했다. 전자석의 스위치를 넣자 선명했던 스펙트럼 선이 살짝 퍼져서 두꺼워지는 것이었다. 전자석의 스위치를 끄자 스펙트럼 선은 다시 원래 상태로 되돌아갔다. 제이만은 방금 관찰한 현상이 정말 맞는 건지 확인하려고 주의 깊게 실험을 반복했다. 분젠 버너 대신 가스등의 불꽃으로 실험을 하고, 다음에는 나트륨 대신 리튬을 이용해서 같은 실험을 했다. 어느 경우에나 전자석의 스위치를 켜면 스펙트럼 선은 분명히 두꺼워졌다.

빛이 자기장 속을 지나가면 퍼지는 것일까? 아니면 물질이 자기장에 의해 영향을 받은 것일까? 제이만은 이유를 알 수 없었다. 조사해 보았더니 1892년에 프링스하임 Ernst Pringsheim Sr., 1859~1917 이 같은 현상을 보고했음을 알았다. 자기장이 있으면 불꽃의 모양이 달라지기 때문에, 그에 따라 온도나 물질의 밀도 같은 것이 미세하게 달라질 지도 모른다. 제이만은 이런 효과를 배제하기 위해 더 복잡한 실험을 계획했다. 전자석의 두 극 사이에다 자기장의 방향과 수직으로 도자기로 만든 관을 설치하고, 관 안에 나트륨 조각을 넣은 다음 투명한 뚜껑을 관 양쪽 끝에 씌웠다. 분젠 버너를 켜면 관의 온도가 올라가게 하고, 전등 빛은 거울을 이용해서 관 전체를 가로지르도록 했다. 분젠 버너의 불꽃으로 나트륨이 기화하기 시작했다. 이 실험을 통해 제이만은 두 줄의 선명한 나트륨의 D 선을 얻었다. 이 장치에서는 나트륨 증기 밀도가 관의 위치에 따라 다르기 때문에 스펙트럼 선의 두께가 그에 따라 달라진다. 이제 제이만이 전자석의 스위치를 켜자 스펙트럼 선은 역시 두꺼워지고 흐려졌다. 전자석의 스위치를 끄자 스펙트럼 선은 다시 처음 상태로 되돌아갔다.

이렇게 하고도 제이만은 여전히 스펙트럼 선의 변화가 순전히 자기장의 직접 효과인지를 확신하지 못했다. 자기장이 관 속의 증기 밀도에 영향을 주는 것은 아닐까? 이를 검증하기 위해 제이만은 더 가는 관을 쓰고, 관을 가열하는 동안 회전시킴으로써 관의 위치에 따른 온도차를 없애 보았다. 그러나 자기장이 스펙트럼 선을 흐리고 두껍게 만드는 것은 마찬가지였다. 마침내 제이만은 자신의 결과에 대해 어

1 (위)자기장이 없을 때 나타난 두 줄의 나트륨 D선. (아래)자기장을 걸어주었을 때 갈라진
  나트륨의 스펙트럼 선.
2 제이만이 1896년 레이든 대학에서 자기장에 의한 스펙트럼 선의 변화를 실험하는 데 사용했던
  전자석.

느 정도 확신을 갖게 되었다. 자기장은 원자의 스펙트럼 선을 두껍게 만든다, 즉 자기장이 원자에서 나오는, 혹은 원자가 흡수하는 복사선에 영향을 미친다는 것이 분명했다.

그해 10월의 어느 토요일에 제이만은 네덜란드 왕립 예술 과학 아카데미에서 이 문제에 대해서 오네스와 이야기를 주고받았다. 옆에서는 로렌츠가 이 이야기를 듣고 있었다. 로렌츠는 돌아가서 몇 가지 계산을 해보고, 다음 주 월요일이 되자마자 제이만을 자기 방으로 불렀다. 그리고 자신의 전자기 복사 이론을 적용하면 제이만이 관찰한 것을 설명할 수 있음을 보여주었다.

로렌츠의 복사 이론은 모든 물질 속에는 전기를 띤 작은 입자가 있다고 가정하고, 이 입자의 운동에 의해서 물질의 전기적인 성질과 광학적인 성질이 결정된다는 것이었다. 이 이론에 따르면, 원자의 선 스펙트럼이란 이 입자가 진동해서 나오는 전자기 복사선이다. 그러므로 입자의 선 스펙트럼을 관찰하면 입자가 진동하는 양상을 알 수 있고, 결국 원자의 내부 상태에 대해서 알 수 있다. 또한 제이만의 실험처럼 원자가 자기장 속에 들어가면 입자의 진동이 자기장의 영향을 받아서 달라지므로 스펙트럼 선의 파장이 변하게 된다. 로렌츠의 예측에 의하면 진동하는 입자의 전하는 (-)이며 수소 원자보다 천배나 가벼워야 했다. 이 묘사에서 알 수 있듯이 로렌츠는 이때 사실상 전자를 생각하고 있었던 것이다. 아직 톰슨이 전자가 존재한다는 것을 밝히기 전의 일이다.

로렌츠의 전자 이론의 원형은 1875년 발표된 그의 박사 학위 논문에서부터 나타난다. 이후 여러 해에 걸쳐서 로렌츠는 전자 이론을 발

전시켰다. 로렌츠는 이 입자를 '전기의 이온 ions of electrolysis '이라고 불렀는데, 제이만의 실험 결과를 설명하면서 이 개념은 차츰 우리가 알고 있는 전자의 개념에 가까워져갔다. 실제로 제이만은 자신의 실험 결과를 로렌츠의 이론으로 설명하면서 로렌츠의 '이온'의 전하 대 질량비를 계산했는데, 이는 몇 달 뒤 톰슨이 측정한 결과와 비슷한 크기였다.

　제이만은 더 자세한 실험을 했다. 1897년에, 이번에는 나트륨이 아니라 카드뮴으로 실험을 하며 카드뮴의 푸른 스펙트럼 선을 자세히 관찰해보니 스펙트럼선은 두꺼워진 것이 아니라, 하나의 선이었던 것이 여러 개의 선으로 갈라진 것이었다. 자기장이 세면 셀수록 스펙트럼 선이 더 크게 갈라졌다. 이 모든 것은 로렌츠의 이론에 잘 부합하는 결과였다. 이렇게, 제이만이 발견한 자기장 속에서 원자의 선 스펙트럼이 갈라지는, 현상을 그의 이름을 따서 제이만 효과 Zeeman effect 라고 부른다. 제이만 효과는 선 스펙트럼에 더해 원자의 내부에 대해서 더욱 자세한 것을 알려주는 중요한 도구가 된다. 제이만과 로렌츠는 이 업적으로 1902년에 제 2회 노벨 물리학상을 받았다.

사실 모든 제이만 효과가 로렌츠의 이론으로 설명되는 것은 아니었다. 원자에 따라서 스펙트럼 선이 갈라지는 양상은 제각기 달라서, 어떤 스펙트럼 선은 두 개로, 어떤 선은 세 개로 갈라졌고, 그 이상으로 갈라지는 것도 있었다. 세 개로 갈라지는 현상은 로렌츠의 이론으로 설명되었지만, 짝수 개로 갈라지는 현상은 제대로 설명할 수 없었다. 그래서 사람들은 로렌츠의 이론으로 설명할 수 있는 경우를 정상 제이만 효과normal Zeeman effect, 설명할 수 없는 경우를 비정상 제이만 효과anomalous Zeeman effect 라고 불렀다. 비정상 제이만 효과를 설명하는 일이야말로 우리가 만나게 될 문제의 핵심에 이르는 열쇠가 된다. 그리고 일찍부터 비정상 제이만 효과에 주목했던 사람이 바로 파울리였다.

전자, 전기의 알갱이

전자 electron라는 이름을 처음으로 제안한 것은 아일랜드 출신의 물리학자 스토니 George Johnstone Stoney, 1826~1911 였다. 스토니는 1874년에 "전기분해 현상에서 보면 전기는 어떤 물질에 들어있든지 상관없이 일정한 양 단위로 주어지는 것 같다."고 지적하고, 1891년에는 이렇게 원자 속에 들어있는 전기의 기본 양을 전자라고 부르자고 제안했다. 스토니는 또한 전자는 원자의 화학 결합에 관여하고, 그 진동이 주변의 에테르에 전자기적인 힘을 전달한다고 생각했다. 여기까지 보면 우리가 알고 있는 전자와 스토니의 전자가 그리 다르지 않아 보인 다. 그런데 사실 스토니는 전자를 독립적인 입자로 생각한 것이 아니 라, 원자 속에서 전하가 일정한 값으로 뭉쳐있다고 생각한 것에 가까 웠다. 즉 그의 '전자'는 원자로부터 분리될 수 없는 것이었다.[03]

로렌츠와 제이만, 그리고 스토니의 예에서 보듯이 이즈음 과학자 들은 원자가 보여주는 여러 가지 현상을 이해하려고 노력하면서 원자 속에 있는 전자라는 존재에 점점 가까이 다가가고 있었다. 그리고 이 제 원자 바깥에서 자유로이 돌아다니는 전자를 발견하게 된다.

유리관 속에 매우 적은 양의 기체를 넣고 전극을 달아서 전기를 통 하게 하면 기체는 빛을 발하게 된다. 이 현상은 영국의 패러데이가 1833년에 처음 관찰해서 알려지게 되었다. 1876년 독일의 물리학자 골트슈타인Eugen Goldstein, 1850~1930은 기체의 방전이 음극에서 일어나 기 때문에 이 현상에 음극선cathode ray이라는 이름을 붙였다. 음극선은 19세기 물리학자들 사이에서 가장 중요한 연구 대상이 되었다. 특히 음극선의 본성에 관해서 논란이 있었는데, 재미있게도 의견이 나라별 로 나뉘어졌다. 하인리히 헤르츠와 다른 독일 학자들은 전자기파의 존재를 확증한 사람들답게 음극선 역시 전자기 파동이라고 주장한 반 면, 크룩스 경Sir William Crookes, 1832~1919이나 켈빈 경1st Baron Kelvin, William Thomson, 1824~1907 등의 영국 물리학자들은 음극선은 입자의 흐름이라 고 주장했던 것이다.

조지프 존 톰슨Joseph John Thomson, 1856~1940은 맨체스터 근방의 사업 가 집안에서 태어나서, 케임브리지의 트리니티 컬리지에서 공부하고, 1880년 우수한 성적으로 학위를 받았다. 케임브리지에서 우등졸업생

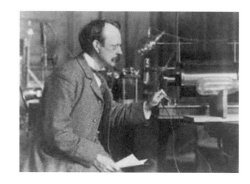

으로 선발된 사람을 랭글러wrangler라고 부르는데, 톰슨은 2등 랭글러
였다. 수학적 능력과 물리학에 대한 통찰이 뛰어났던 톰슨은 1884년
에 28세의 나이로 일약 케임브리지 캐번디시 연구소의 제 3대 소장이
된다. 캐번디시 연구소의 첫 소장은 맥스웰, 두 번째 소장은 레일리 경
이었다. 톰슨은 "레일리 경과 같은 거물의 뒤를 계승하는 일이 얼마나
어려운지 잘 알고 있다"고 겸손하게 말했으나, 실제로는 젊은 소장답
게 새로운 교육 방법을 도입하고 제도를 개편하여 연구소를 새롭게
만들었으며, 결국 물리학 역사상 가장 강력한 연구 그룹을 만들어 내
게 된다.

   톰슨은 실험을 창의적으로 설계하는 능력이 있는 대신, 손재주는
없어서 무언가를 자꾸 망가뜨렸기 때문에 조수들이 톰슨을 실험실 근
처에 오지 못하게 했다고 한다. 톰슨은 기체 이온을 연구하면서 음극
선의 정체를 해명하고자 했다. 그때까지 음극선에 대해 논란이 있었
던 것은 음극선이 자기장 속에서는 휘어지지만 전기장에 의해서는 영

전기장에서 휘는 음극선

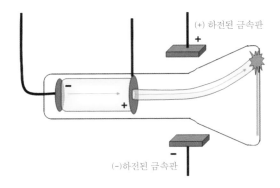

(+) 하전된 금속판

(-)하전된 금속판

향을 받지 않기 때문이었다. 음극선이 입자라면 두 경우 모두 휘어져
야 하고, 전자기파라면 두 경우 모두 휘어지지 않아야 할 것이므로 이
결과는 이해하기 어려운 것이었다. 그러던 중에, 1897년 톰슨은 전기
장으로도 음극선을 휘어지게 하는 데 성공했다. 무슨 일이 일어난 것
일까? 톰슨의 실험이 성공한 이유는 음극선관의 진공도가 이전의 실
험보다 좋았기 때문이었다. 지금까지의 실험은 진공도가 나빠서 전기
장 속에서 공기가 이온화되어 전기장을 중화시켜버렸기 때문에 음극
선에 영향을 미치지 못했던 것이다.

이제 음극선이 입자의 흐름이라고 생각할 수 있게 되었으므로, 톰
슨은 이들 입자가 일정한 질량과 전하를 가지는 공처럼 행동한다고
가정하고, 실험 결과를 분석해서 음극선의 전하와 질량의 비를 측정

했다. 예상대로 이 값은 일정했다. 이는 음극선이 입자로 이루어졌음을 더욱 공고히 확인해주는 결과였다. 그런데 놀랍게도 이 전하/질량 비는 가장 가벼운 수소 이온에서 측정한 것보다 수백 배 이상 큰 값이었다. 이는 이 입자가 수소 이온보다 전하가 훨씬 크던지, 질량이 훨씬 작다는 것을 의미했다. 톰슨은 입자의 전하가 수소 이온과 같고, 질량은 훨씬 작을 것이라고 생각했다. 나아가서 톰슨은 이 값이 전하의 최소 단위일 것이라고 추측하고 전하 값을 따로 측정하려고 시도해서 대략의 값을 얻었다.*

톰슨은 또한 음극과 양극의 구성 물질, 관 속의 기체 등을 바꿔도 이 값은 변함이 없음을 보였다. 이는 음극선을 이루는 입자가 물질에 따라 다르지 않고 모든 물질에 보편적임을 의미한다. 톰슨은 이 입자를 '미립자corpuscle'라고 불렀다. 지금 우리는 이 입자를 전자electron라고 부른다. 전자는 스토니가 처음 생각한 것과 달리 원자에서 나와서 따로 존재할 수도 있는 것이었다.

제이만 효과, 그리고 톰슨의 실험 결과에 따르면, 이제 우리는 전기의 알갱이인 전자가 존재하고, 전자는 원자 속에 들어있다고 말할 수 있게 됐다. 그런데 원자 자체는 전기적으로 중성이므로, 원자 속에는 전자의 (-) 전하를 상쇄시키는 (+) 전하 또한 들어있어야 했다. 그리고 이렇게 내부에 구조가 있다면, 사실 원자는 더 이상 기본 입자라고

---

* 톰슨은 물방울을 아주 작은 알갱이로 분사한 후 대전시키고 움직임을 관찰해서 전하를 측정하려고 했다. 훗날 미국의 밀리컨(Robert Andrews Millikan, 1868~1953)은 이 방법을 개량해서, 기름방울을 이용하고 방울 하나하나를 관찰하여 전자의 전하를 정확하게 측정하는 데 성공한다. 밀리컨은 이 업적으로 1923년 노벨 물리학상을 받았다.

는 할 수 없다. 즉, 비록 같은 이름을 쓰고 있지만 돌턴의 원자는 데모크리토스의 원자가 아닌 것이다. 돌턴의 원자론은 화학에 기반을 두고, 각 물질의 화학적 성질을 나타내는 기본 단위가 존재한다고 말하는 것이다. 분명 화학적인 방법으로는 원자는 생겨나지도 소멸하지도 않는 물질의 기본 단위로 보인다. 그러나 이제 원자 내부에도 구조가 있는 것으로 보이기 시작했다. 또한 기체운동론에 의하면 원자에는 분명 '크기'가 있는 것으로 보인다. 그러면 그 크기보다 작은 내부에는 무엇이 있을까? 아니, 원자에 '내부'란 존재할까? 만일 존재한다면 어떻게 생겼을까? 과연 우리가 원자의 내부를 알 수 있을까?

러더퍼드 원자 속을 들여다보다

원자의 내부 구조를 이해하는 데 있어서 결정적으로 중요한 한 걸음을 내딛은 것은 영국 맨체스터 대학의 물리학 연구소 실험실이었다. 이 연구소는 독일 출신의 아서 슈스터 Sir Franz Arthur Friedrich Schuster, 1851~1934가 1900년에 설립한 곳이다. 캐번디시 연구소에서 맥스웰과 레일리 경과 같이 일했던 슈스터는 1888년 맨체스터 대학의 물리학 교수가 되었고, 노력 끝에 자신의 물리학 연구소를 설립하는 데 성공했다. 이 연구소는 당시 세계에서 네 번째로 큰 규모였다. 그러나 슈스터는 건강 문제로 1907년에 물러나게 되었고, 연구소의 소장 자리를 당시 캐나다의 맥길 대학에 있던 어니스트 러더퍼드 Ernest Rutherford, 1871~1937에게 물려주었다. 이는 맨체스터 대학과 러더퍼드 양쪽에게 커다란 행운이었다.

러더퍼드는 뉴질랜드 넬슨 시 근처의 작은 마을인 브라이트워터에서 1871년에 태어났다. 영리하고 손재주 있던 그는 뉴질랜드 대학 캔터베리 칼리지에서 공부하면서 몇 가지 전기기구를 발명하는 등의 재능을 보였지만, 뉴질랜드에는 그가 할 만한 전문적인 일이 별로 없었기 때문에 이대로라면 고향에서 감자나 캐면서 평생을 지내게 될 것이었다. 그러던 러더퍼드에게 1851년 국제 박람회를 위한 왕립 위원회가 지원하는 영국 유학 장학금이라는 기회가 다가왔다. 장학금에 지원했던 러더퍼드는 안타깝게도 2등을 해서 일단 탈락했지만, 선발 시험에 1등을 한 학생이 그 자리를 포기해서 차례가 돌아왔다. 평생 그를 보살피게 될 행운의 여신이 손을 쓰기 시작한 것이다. 일단 고향으로 돌아갔다가 이 소식을 전하는 전보를 받은 러더퍼드는 뛸 듯이 기뻐하며 캐던 감자를 던져 버렸다.

케임브리지 대학에 온 러더퍼드는 톰슨 밑에서 공부하며 현대적인 물리학을 접했고 방사선에 대해서 배웠다. 러더퍼드의 자리는 일종의 연구 학위로서, 케임브리지 대학을 졸업하지 않은 다른 학교 출신의 학생들을 받아서, 2년 동안 연구하고 논문을 쓰면 케임브리지의 학위를 주는 제도였다. 이는 톰슨이 개혁적으로 시도한 제도였는데, 러더퍼드는 이 과정의 첫 번째 수혜자 중 한사람이다. 이 또한 러더퍼드의 행운이라 할 수 있다.

러더퍼드는 1898년 학위를 받았다. 우수한 연구자의 면모를 보였던 그였지만 본교 출신이 아니라는 벽은 무시할 수 없는 것이어서, 러더퍼드는 케임브리지에 남지 못하고 멀리 캐나다 몬트리올의 맥길 대학 교수로 부임했다. 마침 맥길 대학은 담배 사업으로 크게 성공한 맥도널드William Christopher Macdonald, 1831~1917가 1870년대부터 많은 돈을 기부해서, 물리학과 화학, 공학 분야에 국제적 수준의 훌륭한 시설을 갖추고 있었다. 이런 뒷받침을 받는 곳으로 갈 수 있었던 것 역시 러더퍼드의 행운이었다.

19세기가 저물어가던 이 시기는 물리학에 새로운 흐름이 거대하게 밀려오고 있던 시기였다. 앞장에서 보았듯이 러더퍼드의 스승인 톰슨은 1897년 음극선이 전자임을 확인했고, 같은 해 프랑스에서는 베크렐Antoine Henri Becquerel, 1852~1908이 우라늄에서 눈에 보이지 않는 무언가가 나온다는 것을 발견했다. 방사선이라고 이름 붙은 이 현상에 관심을 가진 러더퍼드는 곧 빛나는 업적을 내기 시작했다.

러더퍼드는 방사선에는 자기장에 다르게 반응하는 두 가지 종류가 있다는 것을 알아내고 각각을 알파선과 베타선이라고 이름 붙였다. 또한 그는 방사성 물질인 토륨에 의해 방사성 기체가 생겨나고, 방사성 기체에 의해 방사능이 다른 물질에 옮겨진다는 것도 발견했다.

파울리가 태어난 1900년은 러더퍼드에게도 중요한 해였다. 고향의 약혼자 메리Mary Georgina Newton, 1876~1945와 결혼을 했고, 옥스퍼드 출신의 젊은 화학자 소디Frederick Soddy, 1877~1956가 합류했다. 소디와 함께 러더퍼드는 방사성 기체가 얼마 전 발견된 아르곤 족에 속하는 기체라는 것을 발견했고, 방사선을 낸다는 것은 원자가 붕괴해서 다른 원자로 변하면서 일어나는 현상이라는 것을 확인했다. 원자가 다른 원자로 변할 수 있다는 사실로 돌턴의 원자는 데모크리토스의 원자가 아님이 결정적으로 확인되었다. 이들은 또한 방사성 물질이 방사선을 내면서 붕괴해서 줄어드는 비율은 물질마다 일정하다는 것을 발견했다. 즉 같은 물질이라면 처음의 양이 얼마였건 간에 물질의 양의 절반이 되는 시간은 항상 일정하다. 이 시간을 반감기half-life라고 부른다.

소디 외에 맥길 대학에서 러더퍼드와 함께 일했던 동료 및 조수들은 영국 물리학자인 아서 스튜어트 이브Arthur Stewart Eve, 캐나다 출신인 하워드 반즈Howard Barnes, 예일 대학을 졸업한 미국 물리학자 하워드 브론슨Howard Bronson, 폴란드 출신의 물리화학자 타데우시 고들레프스키Tadeusz Godlewski, 그리고 독일 출신으로 훗날 핵분열을 발견해서 노벨 화학상을 받게 되는 오토 한Otto Hahn 등이다. 그러나 캐나다는 아무래도 과학의 변방이었다. 연구하고자 하는 학생도 많지 않았고, 연구 조수도 부족했다. 아무리 러더퍼드라 할지라도 이곳을 케임브리지와 같은 물리학 연구의 중심으로 만드는 것은 어려웠다.

소디가 1903년 3월에 영국으로 돌아간 뒤에도 러더퍼드는 라듐에서 나오는 세 번째 종류의 방사선을 확인하고 이를 감마선이라고 이름 붙이는 등 많은 업적을 남겼다. 맥길 대학에서 지낸 9년 동안 러더퍼드가 방사선과 방사성 물질의 화학에 대해 쓴 논문은 약 70여 편에 달하며, 중요성에 있어서도 다른 사람과 비교하기 어려울 정도의 전설적인 업적이다. 이제는 스타 과학자가 된 러더퍼드에게 미국의 예일 대학을 비롯해서 여러 곳에서 스카우트 제의가 들어왔으나, 영국으로 돌아가는 것만을 염두에 두고 있던 러더퍼드는 모든 제의를 거절했다. 그러던 중에 마침내 맨체스터의 자리가 생긴 것이다.

슈스터의 후임으로 맨체스터 대학에 부임한 러더퍼드는 연구소의 충분한 자원과, 캐나다에서보다 훨씬 많은 우수한 학생들에 힘입어

1 1905년 맥길 대학에 있는 자신의 실험실에서 어니스트 러더퍼드.

2 1905~6년 맥길 대학에서 러더퍼드의 연구 동료와 조수들. 가운뎃줄 세 명 중 두 번째가 오토 한.
그 오른쪽이 아서 스튜어트 이브. 아랫줄 왼쪽 두 번째가 하워드 반즈. 가장 오른쪽이 어니스트 러더퍼드.

드디어 자신이 원하는 훌륭한 연구팀을 꾸릴 수 있었다. 연구소의 분위기도 러더퍼드의 마음에 꼭 들었다. 맨체스터에 도착해서 맥길 대학의 조수였던 이브에게 보낸 1907년 6월 11일자 편지를 보면 맨체스터에 대한 러더퍼드의 첫인상이 솔직하게 드러난다.*04

여기 분위기는 일하기에 좋고 나하고도 아주 잘 맞네. 사람들은 모두 유쾌하고 늘 도와주려고 하지. 관습이 없다는 게 제일 좋아. 솔직히 말해서 이런 면에서 몬트리올보다도 더 좋네.

러더퍼드는 영국으로 돌아오자마자 맥길 대학에서 남긴 업적으로 노벨 화학상을 받았다. 노벨상 수상 업적은 "원소의 붕괴와 방사성 물질의 화학에 관한 연구for his investigations into the disintegration of the elements, and the chemistry of radioactive substances"였다. 러더퍼드의 비상이 시작되었다. 노벨상을 받는 것으로 인생의 정점을 찍는 학자가 많지만, 러더퍼드는 예외 중의 예외였다. 이후로도 러더퍼드는 자신의 천재성과 강렬한 개성에 힘입은 카리스마를 바탕으로 시대를 대표하는 연구소를 계속해서 이끌어 가게 된다.

맥길 대학에서 러더퍼드가 소디와 했던 연구 중 중요한 한 가지는 알파선의 본질을 밝힌 것이다. 이들은 라듐에서 나오는 알파선을 강

---

* 러더퍼드의 조수였던 이브는 1905년에 맥길 대학의 조교수가 되고, 러더퍼드가 돌아간 후 부교수를 거쳐 교수가 되었다. 그는 훗날 캐나다 왕립학회 회장을 지내기도 했다. 러더퍼드는 맨체스터에 온 뒤부터 이브와 오랜 동안 수십 통의 편지를 주고받았다. 그런 까닭에 이브는 러더퍼드가 사망한 뒤 그의 전기를 썼다. 오해를 피하기 위해 말해두는데 이브는 남자다.

한 전기장으로 휘어지게 하는 데 성공해서, 알파선은 사실은 전기를 띤 입자라는 것을 알아냈다. 이후 알파선은 러더퍼드의 연구에서 중심이 되고, 나아가 자연을 탐구하는 데 가장 중요한 무기가 된다.

맨체스터에서 러더퍼드는 독일인 조수 한스 가이거Hans Geiger, 1882~1945 와 함께 알파선을 측정하는 섬광계수기 방법을 발전시키는 데 공을 들였다. 황화아연으로 된 섬광스크린에 알파 입자가 닿으면 반짝하고 섬광을 내게 된다. 이 방법을 통해 러더퍼드는 알파 입자의 개수를 셀 수 있게 되었다. 알파 입자의 개수를 알게 되자, 이제 전체 전하가 얼마나 변했는지 비교해서 알파 입자 하나의 전하는 전자 전하 크기의 두 배라는 것을 알아냈다. 나아가서 러더퍼드는 학생이던 토머스 로이즈Thomas Royds, 1884~1955 와 알파 입자가 헬륨에서 전자를 떼어낸 헬륨 이온이라는 것을 확인했다. 러더퍼드의 노벨상 수상 연설인 "방사성 물질에서 나오는 알파 입자의 화학적 본성The Chemical Nature of the Alpha Particles from Radioactive Substances"은 이런 배경에서 나온 것이다.[05]

러더퍼드는 알파 입자를 검출하는 계수기를 연구하면서, 또한 알파 입자가 물질 속을 통과할 때 어떤 일이 생기는지를 생각해 보았다. 이 실험을 이해하기 위해서는 물질을 이루는 원자의 내부가 어떤 모습인지를 생각해야 했다. 톰슨은 자신의 "미립자", 즉 전자가 원자 속에 들어있으므로 이것이 원자를 이루는 주성분이라고 생각했다. 그렇다면 전자는 가장 가벼운 수소 원자보다도 천 배 이상 가벼우므로, 원자 속에는 수천 개의 전자가 들어있어야 한다. 한편 원자 자체는 전기적으로 중성이므로 원자 속에는 (+) 전기도 포함되어 있어야 할 텐데, (+) 전기를 띤 미립자는 없으므로 (+) 전기는 원자 내부에 퍼져 있고,

수많은 전자는 (+) 전하 속에 잠겨있을 것이다. 이것이 톰슨이 1904년에 제안한 건포도 푸딩 원자 모형이다. (+) 전기는 푸딩처럼 원자를 이루고 거기에 전자가 건포도처럼 박혀있는 모습이다. 한편 로렌츠가 제이만 효과를 설명하기 위해 생각했던 원자는 선 스펙트럼에 해당하는 복사선을 방사하기 위해 전자들이 어딘가에 매달려 진동하고 있는 모습이다. 어떤 모형이 사실에 더 가까울까? 여기에 알파 입자가 충돌하면 어떤 일이 일어날까? 1909년에 러더퍼드가 가이거와 보려고 하고 있던 것은 그러한 현상이었다.

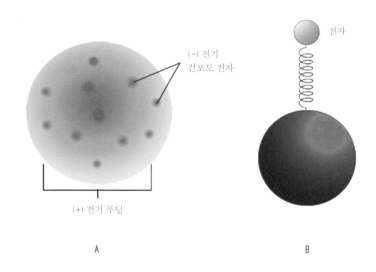

톰슨의 건포도 푸딩 원자 모델(A)과 로렌츠가 생각했던 원자의 모습(B).

아래 그림에서 보듯 알파 입자(D)가 나와서 섬광스크린(S)에 도달하는 것을 어두운 방에서 현미경으로 보면 알파 입자가 도달한 곳에 번쩍이는 섬광을 볼 수 있다. 이 중간에 금속 막(F)을 넣자 번쩍이는 섬광은 좀 더 퍼졌다. 금속 막을 금박으로 바꾸자 섬광은 더욱 많이 퍼져서 예상한 것보다 훨씬 많이 휘어지는 알파 입자가 나타났다. 톰슨의 모형에서는 원자 속의 전기장이 거의 일정하기 때문에 알파 입자가 많이 휘어진다는 것은 이해하기 어려운 현상이었다. 러더퍼드는 고향의 슈퍼스타인 자신을 찾아서 뉴질랜드에서 온 학생 마스덴Ernest

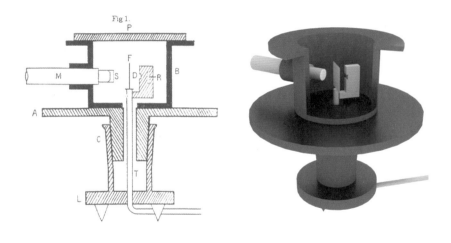

(왼쪽)1913년 논문에 발표된 가이거와 마스덴의 알파 입자 실험기기 모식도. 원통(B)에 달린 현미경(M)과 스크린(S)은 회전할 수 있지만, 금속 막(F)과 알파 입자 소스(D)는 축에 고정되어 있다. 통을 회전시키면 휘어지는 알파 입자를 관찰할 수 있다. (오른쪽)가이거-마스덴 실험기기의 컴퓨터 그래픽 모델링.

Marsden, 1889~1970을 실험에 합류시켜서 어디까지 알파 입자가 휘어질 수 있는지를 알아보도록 했다. 얼마 후 가이거와 마스덴이 보고한 실험 결과는 정말 놀라운 것이었다. 알파 입자가 심지어 되튀어 나오는 경우도 관찰되었던 것이다.

알파 입자는 (+) 전기를 가지고 있으므로 알파 입자를 튀어나오게 한 것은 원자 안에 있는 (+) 전하의 전기장이다. 그런데 알파 입자가 가벼운 물체에 부딪혔다면 되튀어 나올 수가 없다. 공을 세워놓고 같은 공으로 때려보면 맞은 공은 날아가지만 때린 공은 기껏해야 그 자

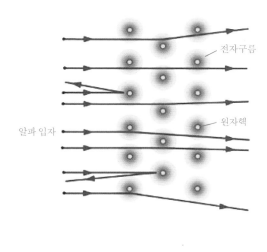

알파 입자 대부분은 원자의 빈 공간을 통과해 나간다.
하지만 원자핵에 의해 진행 방향이 휘어져 통과하는 알파 입자가 생기기도 한다.
원자핵에 정면으로 부딪친 극소수의 알파 입자는 들어온 방향으로 다시 튕겨 나간다.

리에 멈추게 될 뿐 되튀어 나오지는 않는다는 것을 알 수 있다. 그러므로 알파선이 되튀어 나왔다는 것은 마치 탁구공으로 농구공을 때렸을 때처럼, 원자 속의 (+) 전기장의 원천이 알파 입자보다 아주 무겁다는 것을 의미한다. 지금까지 사람들이 상상했던 톰슨이나 로렌츠의 원자 모형에서는 이런 일이 불가능했다. 그래서 러더퍼드는 늘 이 결과가 자신이 가장 놀랐던 실험 결과였다고 말하면서, 마치 종이에 대포를 쏘았는데 포탄이 튕겨 나온 것 같았다고 이야기했다.

물론 대부분의 알파 입자는 금박을 거의 그대로 통과해서 지나갔다. 많이 휘어지는 것은 드물었으며, 되튕기는 입자는 약 1만 개 중 하나 정도였다. 금박 대신 다른 금속을 사용해도 이런 현상은 마찬가지였고, 다만 되튕기는 입자의 수가 달라졌다. 러더퍼드는 이 문제를 신중하게 다루었다. 1910년 말이 되어서야 비로소 러더퍼드는 결론을 내릴 수 있었다. 원자 내부에는 원자의 모든 (+) 전기와 질량이 하나로 뭉쳐진 '원자핵 atomic nucleus'이 존재할 것이다. 가볍고 (-) 전기를 가진 전자는 그 주위를 돌아다니고 있을 것이다. 되튀어 나오는 알파 입자가 아주 드물다는 사실로부터 원자핵은 "성당 안에 날아다니는 파리처럼" 아주 작아야 했다. 러더퍼드는 1911년 3월에 이 결과를 처음 발표했고, 4월에 논문을 투고했다. 그런데 러더퍼드는 논문을 보내기 전에 몇 통의 편지를 받았다. 일본의 물리학자이며, 러더퍼드의 연구소에도 들린 일이 있는 나가오카 한타로Hantaro Nagaoka, 長岡半太郎, 1865~1950가 몇 년 전에 러더퍼드와 유사하게, 중심에 (+) 전기가 모여 있고 그 주변을 전자가 돌고 있는 원자 모형을 제안했다는 것이다. 물론 나가오카의 모형에서는 원자핵이 구형이 아니라 납작한 디스크 모양이고, 전자의 궤도가 토성의 테처럼 늘어서 있는 등 세부적으로는 다른 점이 많았고, 러더퍼드의 모형처럼 실험적인 뒷받침을 받은 것도 아니었다. 하지만 그 시대에 이미 일본의 물리학자가 원자핵과 비슷한 개념을 최초로 제안했다는 것은 놀랄 만하다. 그래서 러더퍼드도《필로소피컬 매거진 *Philosophical Magazine*》에 출판된 논문에서 나가오카의 원자 모형을 분명히 언급하고 있다.[06]

홍미롭게도 나가오카가 수학적으로 '토성형' 원자의 성질을 생각했었다는 데 주목한다. 그는 인력을 미치는 질량이 중앙에 있고 그 주위를 회전하는 전자가 고리 모양으로 둘러싸고 있는 것으로 원자를 생각했다.

무거운 원자핵을 중심으로 가벼운 전자가 주위를 돌고 있는 러더퍼드의 원자는 마치 무거운 태양을 중심으로 행성들이 돌고 있는 태양계의 모습을 연상시켰다. 극미의 세계에서 거대한 우주의 모습이 재현된다는 것은 놀랍고 감동적인 일이었다. 그러나 다른 한편으로 보면, 러더퍼드의 원자 모형은 이론적으로 불안정했다. 애초에 나가오카의 원자 모형이 그리 주목을 받지 못했던 것도 역학적인 불안정성 때문이었다. 이와 같은 구조는 조금만 외부의 영향을 받으면 부서지기 쉽고, 더구나 전자는 원운동을 하면서 내놓는 전자기파에 의해서 에너지를 잃게 되어 곧 원자핵으로 추락해버리고 만다. 특히 전자가 하나밖에 없는 수소 원자에서 이 문제는 치명적이었다.

러더퍼드는 태연했다. 그는 이 원자 모형의 안정성에 대해서는 신경 쓰지 않는다고 공개적으로 이야기하기도 했다. 어떻든 실험이 보

러더퍼드의 원자 모형.

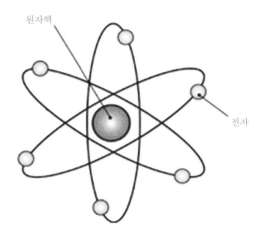

원자핵

전자

여주는 대로 무겁고 작고 (+) 전하를 가진 원자핵이 원자 속에 존재한다는 것은 틀림없었다. 그리고 러더퍼드는 이론가가 아니었다. 그는 원자핵의 존재를 실험을 통해 보여준 것으로 충분했다. 이제 이 문제는 다른 누군가가 해결하면 될 일이다. 그리고 앞으로 무거운 원자핵과 가벼운 전자로 이루어진 러더퍼드의 원자를 설명하게 될 사람이 정말로 1912년 초 러더퍼드의 연구소에 나타났다. 이즈음 러더퍼드가 미국에 있는 친구에게 보낸 편지를 인용하자면, "덴마크 사람 보어가 방사능 연구의 경험을 얻기 위해 이곳에 왔다."

닐스 보어 생각하다

1885년 코펜하겐에서 또 한사람의 위대한 물리학자가 태어났다. 닐스 헨리크 다비드 보어 Niels Henrik David Bohr, 1885~1962 의 아버지 크리스티안 보어 Christian Harald Lauritz Peter Emil Bohr, 1855~1911 는 노벨상에 두 차례 후보로 오르게 되는 코펜하겐 대학의 생리학 교수였고, 어머니 엘렌 Ellen Adler 의 집안은 은행가이면서 상원과 하원 의원을 여러 차례 지낸 유대인 가문으로, 덴마크에서 가장 부유한 집안 중 하나였다. 이렇게 부와 학식과 사회적 명성을 모두 갖춘 보어의 집에는 늘 덴마크의 유명한 학자 및 예술가들이 손님으로 찾아왔다. 그래서 보어는 어려서부터 언제나 지적인 토론이 오가는 모습을 보고 어른들이 과학에 대해 토론하는 것을 들으며 자라났다.

일곱 살 때 감멜홀름 라틴어 학교에 들어간 보어는 모든 과목에서 우수한 학생이었지만, 작문에서만은 고생을 했다. 보어가 쓴 에세이에는 빨간색의 지적 사항이 잔뜩 붙어있기 일쑤였다. 글을 쓸 때 겪는 어려움은 그 후로도 내내 보어를 따라다녔다. 하지만 다른 과목은 모두 매우 우수해서 보어는 언제나 반에서 일등을 했고, 학교에서 수학과 과학을 배우기 시작하면서 보어의 재능은 더욱 빛을 발했다. 결국얼마 지나지 않아 보어는 학교에서 배우는 것을 훨씬 넘어서는 내용을 공부하게 되었다.

1903년 보어는 코펜하겐 대학에 입학해서 물리학을 공부하기 시작했다. 당시 덴마크의 대학은 코펜하겐 대학 하나뿐이었고, 코펜하겐 대학의 물리학 교수는 크리스티안 크리스티안센 Christian Christiansen,

감멜홀름 라틴어 학교 시절 단체 사진. 첫 번째 줄 왼쪽 세 번째가 닐스 보어.

1843~1917 한 사람뿐이었다. 처음에는 철학적인 사색을 하거나 축구를 할 때를 제외하고는 내내 실험실에 붙어살았던 보어였지만, 점차 그에게는 실험의 자질이 없다는 것이 분명해졌다. 화학 실험 시간에 무수한 시험관을 깨뜨리고 실험 장치에 폭발을 일으키고 나서 보어는 이론 공부로 중심을 옮겼다. 1905년에는 왕립 덴마크 과학원이 내놓은 표면장력에 대한 과제에 도전해서 금메달을 받기도 했다. 예전에 이 대회에서 은메달을 받았던 적이 있는 보어의 아버지는 아들의 작은 성취를 크게 기뻐했다. 보어는 크리스티안센 밑에서 순탄하게 석사 및 박사 과정을 마치고 금속에 대한 이론을 연구해서 1911년 5월 박사 학위를 받았다.

덴마크는 학문적 야심이 있는 사람에게는 성에 차지 않는 작은 곳이었으므로, 학위를 받고 더 공부하기 위해 외국에 나가는 것은 그 당시 흔한 일이었다. 당시 덴마크에서 사람들이 많이 가던 곳은 독일의 대학이었지만, 보어는 영국의 케임브리지를 택했다. 보어는 학위논문과 관련이 있는 전자의 이론에 관심이 컸고, 케임브리지는 뉴턴과 맥스웰이 있었던 물리학자의 성지이자 전자를 발견한 톰슨이 있는 곳이었기 때문이다. 1911년 9월 보어는 케임브리지에 도착했다.

처음에는 가게 문에 적힌 케임브리지라는 주소만 봐도 웃음이 날 정도로 기대에 가득 차서 찾아온 보어였지만, 케임브리지에서의 나날은 그다지 만족스럽지 못했다. 톰슨은 친절했지만, 워낙 바쁘기도 했고 원래 제자들을 꼼꼼히 지도하는 스타일도 아니어서 보어에게도 그다지 자상하지 않았다. 영어에 익숙하지 않은 보어는 대체로 홀로 지내야 했다. 경험이 부족하고 의욕은 넘쳤던 보어는 톰슨과 만날 때 톰

슨의 논문에서 잘못을 지적하는 것으로 이야기를 시작하는 실수를 저지르기도 했다. 재능과 야심은 넘치지만 세상에 보여줄 것은 아직 아무 것도 이루지 못한 젊은이가 흔히 그렇듯 닐스 보어도 한편으로는 세상이 불만스럽고 다른 한편으로는 자신에 대한 확신을 갖지 못하고 불안해하고 있었다.

11월에 보어는 그해에 돌아가신 아버지의 지인이던 교수를 만나러 맨체스터를 방문했다가 마침 첫 번째 솔베이 학술회의를 참가하고 돌아온 러더퍼드를 소개받았다. 러더퍼드는 솔베이에서 느낀 과학의 전망에 대한 생생한 이야기로 처음 보는 덴마크 청년에게 깊은 감명을 주었다. 러더퍼드의 강렬한 개성과 방사선 연구에 흥미를 가지게 된 보어는 아예 케임브리지를 떠나서 러더퍼드에게 갈 수 있는지를 타진하기 시작했다. 톰슨과 러더퍼드에게 모두 동의를 얻은 보어는 결국 1912년 4월에 러더퍼드의 초청을 받아 맨체스터로 옮겼다.

러더퍼드는 문제의 핵심을 곧장 파악해서 간결한 실험을 통해서 중요한 결과에 곧바로 다다르는 능력을 가진 사람이었다. 그는 주위 사람들을 압도하는 카리스마와 강력한 추진력을 가지고 물리학 연구에만 매진했다. 목소리는 크고 우렁찼으며, 언제나 활기차고 적극적이었다. 뉴질랜드 출신이라는 점까지 더해서, 친구들은 그를 '고귀한 야만인'이라고 불렀다. 러더퍼드는 과학에 대해서도 명쾌한 관점을 가지고 있어서, 복잡한 현상의 이면을 들여다보고 명확한 사실을 밝히는 것만이 (즉 물리학만이) 진정한 과학이며, 수많은 현상을 기록해 놓는 것은 (즉 물리학을 제외한 나머지 분야는) 우표 수집 같은 거라고 농담을 하곤 했다. 또한 그는 이론가를 그다지 신뢰하지 않아서, "그들은 (즉 이론가들은) 게임을 하지만 우리는 (즉 실험가들은) 진리를 보여준다"라고 말하곤 했다.

반면 보어의 스타일은 문제의 이면에 숨은 심오한 진실을 끊임없이 묻고 또 물으며 파고드는 것이었다. 앞서 말했듯 보어는 글쓰기를 힘겨워했는데, 가장 큰 이유는 그가 자신의 생각을 계속 가다듬어야 했기 때문이다. 그래서 보어는 생각하면서 직접 글을 쓰는 것이 거의 불가능했고, 나중에도 논문을 쓸 때에는 누군가가 받아 적어야 했다. 처음에는 그의 부인이 그 일을 맡았고, 나중에는 조수들이 받아썼다. 그때에도 완성될 때까지 몇 번이고 고쳐 써야 했기 때문에, 같은 내용을 몇 번이고 다시 말하고 또 수정하곤 했다고 한다. 말을 할 때도 그런 식이었기 때문에, 심할 경우에는 시작할 때의 말과 끝날 때의 말이 달라져서 듣는 사람이 어리둥절해질 때도 있었다. 게다가 보어의 목소리는 작고 우물거리듯 말하는 스타일이었다.

겉으로 보기에 이처럼 다를 수 있을까 싶은 러더퍼드와 보어가 가까워진 것은 신기한 일이라고 할만 했다. 노벨상 수상자이며 현대 과학의 역사에 조예가 깊은 이탈리아 물리학자 세그레Emilio Gino Segrè, 1905~1989 는 대체 두 사람이 어떻게 대화를 했을지 상상하기도 어렵다고까지 했다. 그러나 두 사람은 커다란 연구 팀을 이끄는 교수와 갓 학위를 받은 젊은이, 복도 끝까지 들리는 큰 목소리의 소유자와 웅얼거리며 말하는 사람이라는 대조를 이루면서도, 앞으로 보게 될 것처럼 서로를 대단히 높이 평가하고 좋아하는 관계로 발전했다.

러더퍼드는 카리스마적인 리더면서도 주변의 모든 사람들이 하는 일에 모두 관심을 보이고 고무해주는 탁월한 능력이 있었다. 이것이 초조해하던 보어를 편안하게 해 주었다. 연구소에서 열리는 매일 오후의 티타임에서는 교수든 학생이든 누구든지 편하게 자기 생각을 이야기하고 토론을 벌일 수 있었다. 보어도 그 자리에 함께 어울리며 물리학의 최신 동향과 연구 내용을 배우고 의견을 나누는 것을 즐겼다. 비록 유창하게 떠들지는 못했고, 여전히 영어가 능숙치 못해 불편하기는 했지만,

보어는 연구소에서 헝가리에서 온 헤베시George Charles de Hevesy 혹은 Georg Karl von Hevesy, 1885~1966 와 가까워졌다. 부다페스트의 부유한 귀족 집안 출신으로 부다페스트 대학과 베를린 공과대학, 그리고 프라이부르크 대학에서 화학을 공부한 헤베시는 러더퍼드의 연구소에서 방사성 물질을 분리하는 문제를 연구하고 있었다. 보어와 헤베시는 외국인이라는 동질감으로 자주 같이 시간을 보내곤 했고, 이후에도 각별한 관계를 이어가게 된다. 보어는 헤베시 덕분에 방사성 원자에 대해 배웠고 관심을 기울이게 되었다.

1923년 6월 러더퍼드와 보어가 서로 등을 맞대고 앉아 옥스퍼드와 케임브리지 대학의
보트 경기를 관람하고 있다.

THE PERIODICITY OF THE ELEMENTS

The Elements	Their Properties in the Free State				The Composition of the Hydrogen and Organo-metallic Compounds RH_n or R(CH_3)_n [5]	Symbols and Atomic Weights		The Composition of the Saline Oxides R_2O_n [7]	The Properties of the Saline Oxides $d\frac{(2A+n'16)}{d'}$ V			Small Periods or Series
	t [1]	a [2]	d [3]	$\frac{A}{d}$ [4]	$m=1$	R	A [6]		[8]	[9]	[10]	[11]
Hydrogen	< -200°	—	< 0·05	20		H	1	1 = n	0·917	19·6	< -20	1
Lithium	180°	—	0·59	12		Li	7	1†	2·0	15	- 9	2
Beryllium	(900°)	—	1·64	5·5		Be	9	— 2	3·06	16·3	+ 2·6	
Boron	(1200°)	—	2·5	4·4	3 —	B	11	— — 3	1·8	39	10	
Carbon	(2500°)	—	< 2·0	> 6	4 — —	C	12	— — — 4	> 1·0	< 88	< 19	
Nitrogen	-203°	—	< 0·7	> 20	3 —	N	14	1 — 3* — 5*	1·64	66	< 5	
Oxygen	< -200°	—	< 1·0	> 16	2 —	O	16		—	—	—	
Fluorine	—	—	—	—	1	F	19		—	—	—	
Sodium	96°	071	0·98	23		Na	23	1†	Na_2O 2·6	24	- 22	3
Magnesium	500°	027	1·74	14	2 —	Mg	24	— 2†	3·6	22	- 3	
Aluminium	600°	023	2·6	11		Al	27	— — 3	Al_2O_3 4·0	26	+ 1·3	
Silicon	(1200°)	008	2·3	12	4 —	Si	28	— — 3 — 4	2·65	45	5·2	
Phosphorus	44°	128	2·2	14	3 —	P	31	— 2 — 4* 5*	2·39	59	6·2	
Sulphur	114°	067	2·07	15	2 —	S	32	— 2 — 4* 5* 6*	1·96	82	8·7	
Chlorine	-75°	—	1·3	27	1	Cl	35½	1 — 3* — 5* — 7*	—	—	—	
Potassium	58°	084	0·87	45		K	39	1†	2·7	35	- 55	4
Calcium	(800°)	—	1·6	25		Ca	40	— 2†	3·15	36	- 7	
Scandium	—	—	(2·5)	(18)		Sc	44	— — 3†	3·86	35	(0)	
Titanium	(2500°)	—	(5·1)	(9·4)		Ti	48	— — 3 — 4	4·2	38	(+ 5)	
Vanadium	(2000°)	—	5·5	9·2		V	51	— 2 3 4 5	3·49	52	6·7	
Chromium	(2000°)	—	5·5	8·0		Cr	52	— 2 3 — 6*	2·74	73	9·5	
Manganese	(1500°)	—	7·3	7·3		Mn	55	— 2† 3 4 — 6* 7*	—	—	—	
Iron	1400°	012	7·8	7·2		Fe	56	— 2† 3 4 — 6*	—	—	—	
Cobalt	(1400°)	013	8·6	6·8		Co	58½	— 2† 3	—	—	—	
Nickel	1350°	017	8·7	6·8		Ni	59	— 2† 3	—	—	—	
Copper	1054°	029	8·8	7·2		Cu	63	1† 2†	Cu_2O 5·9	24	9·8	5
Zinc	(432°)	—	7·1	9·2	2 —	Zn	65	— 2†	5·7	28	4·8	
Gallium	30°	—	5·96	12	3 —	Ga*	70	— — 3	Ga_2O_3 (5·1)	(36)	(4·0)	6
Germanium	900°	—	5·47	13	4 — —	Ge	72	— — — 4	4·7	44	4·6	
Arsenic	500°	006	5·7	13	3 —	As	75	— 2 — 4 — 5*	4·1	56	6·0	
Selenium	217°	—	4·8	16	2 —	Se	79	— 2 — 4 — 6*	—	—	—	
Bromine	-7°	—	3·1	26	1	Br	80	1 — 3 — 5* — 7*	—	—	—	
Rubidium	39°	—	1·5	57		Rb	85	1†	—	—	—	
Strontium	(600°)	—	2·5	35		Sr	87	— 2†	4·3	48	- 11	
Yttrium	—	—	(3·4)	(26)		Y	89	— — 3†	5·05	45	(- 2)	
Zirconium	(1500°)	—	(5·5)	16		Zr	90	— — — 4	5·7	43	- 0·2	
Niobium	—	—	7·1	13		Nb	94	— 2 3 — 5*	4·7	57	+ 6·2	
Molybdenum	—	—	8·6	12		Mo	96	— 2 3 — 6*	4·4	65	6·8	
					(1)							
Ruthenium	(2000°)	010	12·2	8·4		Ru	103	— 2 3 4 — 6 — 8	—	—	—	7
Rhodium	(1900°)	008	12·1	8·6		Rh	104	— 2 3 4 — 6	—	—	—	
Palladium	1500°	012	11·4	8·3		Pd	106	1† 2 — 4	—	—	—	
Silver	950°	019	10·5	10		Ag	108	1†	Ag_2O 7·5	31	11	
Cadmium	320°	031	8·6	13	2 —	Cd	112	— 2†	8·15	31	2·5	
Indium	176°	046	7·4	14		In	113	— — 3	In_2O_3 7·18	38	2·7	8
Tin	230°	012	7·2	18	4 — —	Sn	118	— 2 — 4	6·95	43	2·8	
Antimony	432°	012	6·7	18	3 —	Sb	120	— 2 3 4 — 5*	6·5	49	4·8	
Tellurium	455°	017	6·4	20	2 —	Te	125	— 2 — 4 — 6*	5·1	68	4·7	
Iodine	114°	—	4·9	26	1	I	127	1 — 3 — 5* — 7*	—	—	—	
Caesium	27°	—	1·88	71		Cs	133	1†	—	—	—	
Barium	—	—	3·75	36		Ba	137	— 2†	5·1	60	- 6·0	
Lanthanum	(600°)	—	6·1	23		La	138	— — 3†	6·5	50	+ 1·3	
Cerium	(700°)	—	6·6	21		Ce	140	— — 3	6·74	50	2·0	
Didymium	(800°)	—	6·5	22		Di	142	— 3 — 5	—	—	—	
					(14)							
Ytterbium	—	—	(6·9)	(25)		Yb	173	— — 3	9·18	43	(- 2)	10
					(1)							
Tantalum	—	—	10·4	18		Ta	182	— — — — 5	7·5	59	4·6	
Tungsten	(1500°)	—	19·1	9·6		W	184	— — — 4 — 6	6·9	67	8	
					(1)							
Osmium	(2500°)	007	22·5	8·5		Os	191	— — 3 4 — 6 — 8	—	—	—	11
Iridium	2000°	007	22·4	8·6		Ir	193	— — 3 4 — 6	—	—	—	
Platinum	1775°	005	21·5	9·2		Pt	196	— 2 — 4	—	—	—	
Gold	1045°	014	19·3	10		Au	196	1 — 3	Au_2O (12·5)	(33)	(13)	
Mercury	-39°	—	13·6	15	2 —	Hg	200	1† 2†	11·1	39	4·5	
Thallium	294°	031	11·8	17	3 —	Tl	204	1† — 3	Tl_2O_3 (9·7)	(47)	(4·3)	
Lead	326°	029	11·3	18	4 — —	Pb	206	— 2† — 4	8·9	53	4·2	
Bismuth	268°	014	9·8	21		Bi	208	— 2 3 — 5	—	—	—	
					(5)							
Thorium	—	—	11·1	21		Th	232	— — — 4	9·86	54	2·0	12
					(1)							
Uranium	(800°)	—	18·7	13		U	240	— — — 4 — 6	(7·2)	(80)	(9)	

1891년 발간된 멘델레예프의《화학원리》(5판) 영역판에 실린 주기율표. 왼쪽에서 네 번째 열을 보면 원자량을 기준으로 원소가 나열되어 있다.

이 당시 원자들의 주기율표는 지금 우리가 아는 것과는 사뭇 달랐다. 우선 원자를 판단하는 기준은 원자의 질량, 곧 원자량뿐이었다. 그래서 주기율표는 원자량에 따라 원자를 나열한 것이었다. 거기에다 러더퍼드와 같은 사람들이 찾아낸 수많은 방사성 원소가 같이 나열되어 폭발할 지경이었다. 이들 방사성 원소는 일반 원소와 비교해서, 물리적 성질과 화학적 성질이 일치하지 않았다. 예를 들면 헤베시가 분리하려고 애를 쓰던 납과 라듐-D, 러더퍼드의 조수였던 소디가 분리하려다 실패한 라듐과 토륨-X 등은 원자량은 달랐지만 화학적인 성질이 같아서 분리할 수가 없었다.

보어는 러더퍼드의 원자 모형을 가지고 원자의 주기율표와 방사성 원소들을 이해하려고 하기 시작했다. 이 모형에서 원자의 질량은 거의 전적으로 원자핵에 의해 정해지므로 톰슨의 모형처럼 전자가 수천 개나 있을 필요는 없다. 사실 톰슨의 발견 이후 여러 실험에 의해서 원자가 가지고 있는 전자는 그보다 훨씬 적다는 것이 알려져 있었다. 게다가 러더퍼드의 원자에서는 양전하가 원자핵에 들어있으므로, 전자의 수는 정확히 원자핵의 전하에 의해 정해져야 한다. 예를 들면 수소는 오직 하나의 전자만을 가지고 있다.

원래 원자핵의 전하에 처음으로 주목한 사람은 네덜란드 출신의 아마추어 물리학자 반 덴 브뢱Antonius Johannes van den Broek, 1870~1926 이었다. 법률가였던 반 덴 브뢱은 헤이그에서 몇 년간 법률 사무소를 열고 난 뒤 1903년경부터는 물리학에 빠져서 방사능과 주기율표 등을 연구하기 시작했고 학술지에 논문을 제출하기도 했다. 반 덴 브뢱은, 러더퍼드가 원자핵이 존재함을 보인 논문을 발표하고 불과 한 달 뒤에,

원자핵의 전하가 주기율표에서 중요한 역할을 한다고 주장하는 논문을 영국의 학술지《네이처 *Nature*》에 게재했다.

러더퍼드도 원자핵의 전하수[*]가 대략 원자량[**]의 절반이라는 것을 파악하고 있었다. 하지만 이 관계는 가벼운 원자에 대해서는 잘 맞았으나 무거운 원자로 가면 점점 차이가 났고, 방사성 원소까지 고려하면 문제가 더 복잡했다. 그래서 러더퍼드는 원자핵의 전하와 주기율표를 연결시키는 시도를 더 이상 하지 않고 손을 놓고 있었다. 그러나 아마추어인 반 덴 브뢰크은 훨씬 대담한 주장을 했던 것이다.

보어는 직관적으로 화학적 성질은 원자의 전자에 의해서 정해지는 것이므로, 화학적 성질이 같은 원소들은 원자핵의 전하가 같다는 생각을 했다. 이 기준에 비추어서 방사성 원소들을 바라보면, 원자를 분류하는 기준은 원자량이 아니라 원자핵의 전하여야 한다. 보어는 방사능이란 순전히 원자핵의 현상이며, 이를 통해서 이런 방사성 원소들과 방사성 붕괴의 관계를 추론할 수 있다고 생각했다.

하지만 방사성 원자핵에 관한 문제는 러더퍼드의 관심을 끌지 못해서 더 이상 진전되지 않았다. 이 문제는 거의 같은 시기에 예전 맥길 대학에서 러더퍼드의 조수였던 소디에 의해 중요한 진전을 보였다. 소디는 우라늄이 방사성 붕괴를 연속으로 일으켜서 납에 이르는 과정을 연구해서 동위원소 isotope의 개념을 확립하고 방사성 붕괴의 변위 법칙을 알아냈다. 동위원소라는 말은 소디와 가족 간에 교분이 있던

* 전하수는 전하량을 전자의 전하 크기를 단위로 해서 나타낸 값이다.

** 원자량은 원자의 질량을 탄소 원자 질량의 12분의 1을 단위로 해서 나타낸 값이다.

스코틀랜드 출신 의사 마가렛 토드Margaret Todd, 1859~1918가 소디의 설명을 듣고 제안한 이름이라고 한다. 소디는 이 업적으로 1921년에 노벨 화학상을 받는다.

연구에서 만족할 만한 결과를 얻지는 못했지만, 방사성 원자를 공부하면서 보어는 러더퍼드의 원자를 이해했고 특히 원자핵과 전자와의 관계에 더욱 관심을 가지게 되었다. 보어에게 영감을 준 또 다른 요소는 러더퍼드의 연구소의 부교수인 찰스 골턴 다윈Charles Galton Darwin, 1887~1962의 논문이었다. 다윈은 케임브리지의 트리니티 컬리지에서 수학을 공부하고 맨체스터에 온, 연구소의 유일한 이론물리학자였는데, (보어는 어디까지나 캐번디시 연구소에서 온 객이었으니까.) 바로 진화론을 제창한 찰스 다윈의 친손자였다. 다윈은 러더퍼드의 알파선 산란 실험에서 원자핵의 효과가 아니라 전자의 효과에 대해서 연구했다. 즉 크게 휘어지는 알파 입자가 아니라 금박을 통과하는 알파 입자에 대해서 연구한 것이다. 이때 알파 입자는 에너지를 잃게 되는데, 그 원인은 금 원자 속의 전자와의 상호작용일 것이다. 그는 러더퍼드의 원자 모형을 받아들여서 원자의 중심에 있는 원자핵은 아주 작으므로 무시하고 전자가 원자 전체에 고르게 퍼져있다고 가정했다. 다윈의 연구가 별로 좋은 결과를 내지는 못했으나, 보어는 이로부터 러더퍼드의 원자를 이해하는 데 중요한 것은 원자핵이 있을 때 전자의 상태가 어떠한가라는 점이라는 것을 새삼 깨달았다.

다시금 보어의 직관이 번득였다. 보어의 머릿속에는 원자의 모습이 희미하게 그려지는 것 같았다. 보어는 이 시기에 동생에게 쓴 편지에서 이렇게 말하고 있다.[07]

내가 아마도 원자의 구조에 대해서 뭔가를 발견한 것 같아 …… 만약 내가 옳다면 이것은 (J. J. 톰슨의 이론처럼) 있을 수 있는 자연의 모습을 가리키는 게 아니라 아마도 진실의 한 조각일 거야.

그러나 이제 맨체스터에 체류할 시간은 끝나가고 있었다. 맨체스터에서의 4개월을 보내고 보어는 7월에 덴마크로 돌아왔다. 중요한 일이 있었던 것이다. 다름이 아니라 결혼식이었다. 8월 1일 보어는 코펜하겐에서 약 100킬로미터 떨어진 작은 마을인 슬라겔세Slagelse 시청에서 마르그리트 뇌를룬트Margrethe Nørlund와 결혼식을 올리고 노르웨이로 신혼여행을 떠났다. 그곳에서 보어는 맨체스터에서 시작한 알파 입자에 관한 논문을 마무리 지었다. 보어가 논문을 구술하면 새신부가 이를 받아 적었다. 마르그리트의 글씨는 깨끗하고 읽기 쉬웠으며, 심지어 보어의 영어를 고쳐주기도 했다. 완벽한 분업이었다. 이렇게 신혼여행 때부터 시작해서, 한동안 마르그리트는 보어의 논문을 받아쓰는 비서 역할을 했다.

부부는 노르웨이에서 잉글랜드와 스코틀랜드를 거치는 긴 신혼여행을 마치고 덴마크로 돌아왔다. 그해(1912년) 9월부터 보어는 코펜하겐 대학에서 강의를 하게 되었다. 그리고 본격적으로 원자 구조에 대한 그의 생각을 발전시키기 시작했다. 러더퍼드의 원자를 믿지 않는 사람들에게는 러더퍼드 원자가 역학적으로, 그리고 전자기적으로 불안정하다는 것이 이 원자 모형이 잘못되었다는 증거로 여겨졌다. 그러나 보어는 뭐가 어쨌든 러더퍼드의 원자는 옳은 것이므로, 이를 설명하지 못하는 역학이 뭔가 부족한 점이 있다, 우리는 아직 원자의 구조를 설명하는 방법을 모르고 있다고 생각했다. 따라서 지금까지 알고 있던 역학과 전자기학을 넘어서는 원리를 찾아야 한다. 진짜 옳은 것과 해결해야 하는 부분을 구별해내는 눈, 이것이야말로 새로운 일을 해내는 사람들이 가지는 진정한 능력이다. 에테르와 빛의 문제를 생각하면서, 맥스웰 방정식은 어쨌든 옳고 시간과 공간 쪽을 다시 생각해봐야 한다는 것을 파악해서 특수 상대성 이론을 만들어낸 아인슈타인도 그랬다.

보어는 막스 플랑크가 도입한 '작용 양자'라는 물리량이 어떤 식으로든 원자의 문제와 관련이 있지 않을까 생각했다. 그러나 안타깝게도 연구에 진전은 느리고, 강사 일은 시간을 많이 잡아먹었다. 그렇게 진전없이 그해가 저물어갈 무렵 보어는 존 니컬슨John William Nicholson, 1881~1955의 논문을 발견했다.

니컬슨은 보어가 케임브리지에 짧게 머물렀던 시절에 캐번디시 연구소의 강사였고 지금은 킹스 칼리지의 교수였다. 니컬슨은 천체물리학에서 코로나와 성운의 스펙트럼을 설명하기 위해서 원자 모형을 연구하며 1911년부터 일련의 논문을 펴냈다. 그의 원자 모형은 작은 핵 주위를 전자가 행성처럼 회전하고, 동시에 회전하는 방향에 수직으로 진동하고 있는 것이었다. 니컬슨은 이 진동으로 코로나와 성운의 스펙트럼을 설명하려 했고, 어느 정도 성공을 거두기도 했다. 그중 보어의 눈에 띈 것은 1912년 6월에 발표된 세 번째 논문에 등장하는, 원자의 에너지와 전자의 회전 진동수의 비가 작용 양자를 나타내는 플랑크 상수의 정수배인 값만을 가질 수 있다는 주장이었다. 이는 바꿔 말하면 전자의 각운동량이 플랑크 상수에 따라 정해진다는 말이다. 각운동량은 물체가 회전하는 정도를 나타내는 물리량이다. 빨리 회전할수록, 크게 원을 그릴수록, 그리고 무거운 물체가 회전할수록 각운동량은 커진다. 보통의 경우에는 이 값에 아무 제한이 없고, 물체는 어떤 크기로, 어떤 속도로든 회전할 수 있다. 그러나 니컬슨은 원자의 특정한 스펙트럼을 만들기 위해 전자에 이러한 제한을 준 것이다.

이 가정을 접하자 보어의 직관에 불이 켜졌다. 플랑크의 상수가 나타내는 작용이라는 물리량은 각운동량과 같은 단위를 가지는, 동등한 양이다. 따라서 니컬슨의 가정은 아주 타당성이 있었다. 보어는 연구에 박차를 가했다. 1913년 1월 31일에 러더퍼드에게 보낸 편지에서 보어는 "진전이 있었습니다. 곧 원자에 대한 논문을 보내드릴 수 있기를 바랍니다. 생각했던 것보다 훨씬 더 오래 걸렸습니다"라고 적었다. 보어가 처음에 목표로 했던 '안정된 원자'에 관한 모형이 거의 완성되었다. 그리고 이제 마지막 중요한 발걸음이 남아 있었다.

그해 2월 보어가 학생이었을 때부터의 친구인 한스 한센 Hans M. Hansen 이 괴팅겐에서 공부를 마치고 코펜하겐으로 돌아왔다. 옛 친구를 만난 보어는 그에게 자신의 원자 모형의 아이디어를 이야기했다. 괴팅겐에서 분광학을 연구했던 한센은 보어에게 이 모형이 분광학에서 다루는 원자의 선 스펙트럼과 관련이 있는지를 물었다. 이에 대해 한 번도 생각해보지 않았던 보어는 대답할 말이 없었다. 한센은 보어에게 수소 원자의 선 스펙트럼에 대한 발머의 공식을 설명해 주었다. 보어는 이런저런 이야기를 나누다가 그 공식을 보았다. 그리고 깨달았다! 자신의 원자 모형에 마침내 마지막 퍼즐 조각이 채워졌음을.

발머의 공식을 보자마자, 즉시 모든 것이 명확해졌다!

보어의 원자 모형이 완성되었다.

수소 원자의 양자론

수소 水素, hydrogen 라는 이름은 그리스어에서 '물'을 뜻하는 hydro-와, '낳다, 만들어 내다'라는 뜻의 -genes이 합쳐져서 만들어진 것으로 '물을 만드는 원소'라는 뜻이다. 수소를 태우면 물이 만들어지기 때문에 이런 이름이 붙었고, 그래서 동아시아에서도 이름에 물을 뜻하는 글자인 水를 써서 '수소'라고 부른다. 이 이름을 지은 것은 프랑스의 위대한 화학자 라부아지에지만, 라부아지에가 수소를 발견한 최초의 사람은 아니다. 연금술 시대에 이미 묽은 산에 금속을 녹이면 어떤 기체가 나온다는 것을 관찰한 사람들이 있고, 근대 화학을 시작한 로버트 보일도 수소의 발생을 관찰하고 기록했다. 수소를 처음으로 독립적인 존재로 확실하게 인식한 것은 영국의 귀족 출신 과학자 헨리 캐번디시 Henry Cavendish, 1731~1810 다.* 캐번디시는 1766년 묽은 산과 금속이 반응해서 나오는 기체를 따로 모아서 불이 붙는다는 걸 알아내어 '불붙는 공기 flammable air'라고 불렀으며, 1781년에는 이 기체가 탈 때 물이 나온다는 것도 발견했다.

---

* 케임브리지 대학의 캐번디시 연구소는 훗날 이 가문에서 기부해서 만들어진 기관이다.

화학자에게 수소는 원자번호 1번인 원소다. 따라서 수소의 원자는 원자량도 가장 작으며, 전자도 단 하나만 가지고 있다. 물리학자의 입장에서 보면, 수소 원자란 (+) 전기를 띤 원자핵과 (-) 전기를 띤 전자 하나가 전기력으로 결합해 있는 상태다. 이는 마치 지구와 달이 중력으로 서로 묶여 있는 것과 같다. 더구나 전기력을 나타내는 쿨롱의 법칙은 전기력의 세기가 거리의 제곱에 반비례하고 각각의 전하의 크기에 비례하므로 뉴턴의 중력 법칙과 완전히 똑같은 형태다. 따라서 달이 지구 주위를 어떻게 도는지 정확히 알 수 있는 것처럼 전자가 원자핵 주변에서 어떻게 행동하는지도 정확히 알 수 있을 것 같다.

한편 맥스웰의 전자기 이론에 따르면 회전하는 전자는 또한 전자기파를 방출하게 된다. 전자가 전자기파를 방출하면 전자기파에 의해 에너지가 방출되고, 그러면 전자는 에너지를 점점 잃어서 결국은 원자핵으로 떨어지고 더 이상 수소 원자로 남아있을 수 없게 된다. 방출되는 전자기파의 에너지를 계산해 보면 수소 원자가 이렇게 되는데 걸리는 시간은 불과 1경 분의 1($=10^{-16}$)초에 지나지 않는다. 즉 수소 원자란 존재할 수가 없다.

이 모순은 어디에서 오는 것일까? 원자에서는 맥스웰의 전기역학이 성립하지 않는 것일까? 아니면 애초에 뉴턴의 고전역학은 원자에 적용될 수 있는 것일까? 우리는 원자에 대해서 과연 무엇인가를 제대로 알고 있는 것일까?

보어는 원자에 대해서 근본적으로 새로운 물리법칙이 필요하다고 믿었다. 그리고 플랑크의 작용 양자 이론이 이 문제에 해답을 줄 수 있다고 여겼다. 보어는 우선 가장 간단한 원자인 수소 원자를 가지고 생각했다. 보어의 이론을 담은 논문 "원자와 분자의 구성에 관하여"의 제1편은 1913년 초에 완성되었는데, 이 논문에서 보어는 이렇게 말하고 있다.[08]

이 질문에 대해 논의해 본 결과, 원자 크기의 계를 기술하는 데는 고전 전기역학은 적용될 수 없는 듯하다. 전자의 움직임에 대한 물리법칙을 어떻게 바꾸건 간에, 문제가 되는 법칙에 고전 전자기학에는 낯선 물리량, 즉 플랑크 상수, 혹은 종종 작용 양자라 불리는 양을 도입하는 것이 필요한 것 같다. 이 물리량을 도입하게 되면, 이 상수가 작용이라는 차원을 가지고 있고, 입자의 질량과 전하와 함께 해당되는 길이의 자릿수를 정할 수 있으므로, 원자 속 전자의 안정된 배치에 관한 질문은 본질적으로 달라진다.

전자기파에 의해서 원자가 에너지를 서서히 잃는다면 고전 물리학의 결론을 피할 수 없다. 그러나 이는 우리가 잘 알고 있는 원자의 안정성과는 상충된다. 플랑크의 이론을 고려하면 이를 다르게 생각할 수 있다.[09]

그런 시스템의 작용은 자연에서 나타나는 원자와는 명백히 다르다. 우선 실제 원자는 정해진 크기와 진동수를 가지는 영구적으로 안정된 상태에 있다. 또한 어떤 물리적 과정에서 원자 고유의 에너지가 방사되고 난 후에도 원자는 다시 이전과 같은 정도의 크기를 가지는 안정된 상태가 된다.

플랑크의 복사 에너지 이론의 핵심은 원자에서 방출되는 에너지는 보통의 전기역학에서 생각하는 것처럼 연속적이지 않고, 오히려 개개가 분리되어 따로따로 방출되며, 하나가 진동수 ν로 진동할 때 방출되는 전체 에너지는 $\tau\nu h$로 주어진다는 것이다. 여기서 τ는 방출되는 복사의 총 수이며, h는 언제나 일정한 물리학 상수다.

보어는 원자 속에서 전자가 정상상태stationary state에 있으면 전자기파를 방출하지 않는다고 가정하고, 정상상태의 에너지는 플랑크의 복사 이론에 따라 $W = \tau h\omega/2$로 가정했다. 보어가 쓴 기호를 따라서 에너지 값을 W로, 복사의 수에 해당하는 양을 τ로 썼다. τ는 복사의 수이므로 1, 2, 3, ⋯ 식으로 양의 정수 값을 가진다. ω는 단위 시간 당 전자가 원자핵 주위를 회전하는 수다. 이렇게 되면 ω는 쿨롱 힘에 의해 결정될 것이므로, 원자의 에너지 값은 다음과 같다.*

$$W = \frac{2\pi^2 ke^4 m}{\tau^2 h^2} = \frac{2\pi^2 ke^4 m}{h^2} \cdot \frac{1}{\tau^2}$$

e는 전자의 (그리고 수소 원자핵의) 전하의 크기이며, m은 전자의 질량, k는 쿨롱 힘에서 나타나는 힘의 상수고, h는 위에서 언급한 대로 플랑크의 작용 양자를 나타내는 상수다. (보어의 원논문에는 $k = 1$이다. 이 값은 유한한 상수이므로, 이론의 구조와는 관계없고 구체적인 값을 계산할 때만 주의하면 된다.) 그러므로 이 식의 우변은 마지막에 쓴 표현처럼 $1/\tau^2$

* 여기에 보이는 식은 보어의 논문에 나오는 표현 그대로이므로 요즘 교과서에 나오는 식과는 기호가 좀 다르다.

부분을 제외하면 온전히 변하지 않는 상수로만 표현되었음을 알 수 있다. 즉 보어의 결론에 따르면 원자의 에너지는 방출되는 복사 에너지처럼 연속적인 값이 아니라 τ의 값에 따라 특정한 값만 가능하게 된다. 특히 보어는 τ가 1이면 이 값이 수소의 결합에너지인 약 13전자볼트임을 보였다.

보어의 이론을 요약하면 다음의 두 원리로 나타낼 수 있다.

1. 전자는 쿨롱 법칙으로 표현되는 전기력에 의해 원자핵과 결합되어 있다.
2. 전자는 정상상태에 있을 때는 전자기파를 내지 않는다. 정상상태는 각운동량의 크기가 플랑크 상수를 2π로 나눈 값의 정수배일 때다.

이 두 원리로부터 위의 에너지에 대한 식을 얻을 수 있다. 1번은 당연한 원칙이라고 할 수 있다. 그러나 2번은 다른 물리적인 원리와는 무관한 순수한 가정이다. 그리고 이 가정은 니콜슨이 했던 가정과 본질적으로 비슷한 것이었다.

이 가정의 의미를 찾는 일은 훗날로 미루어 놓는다 해도, 이 가정이 옳은지는 확인을 해야 한다. 여기서부터가 보어 이론의 다음 부분이다. 보어가 얻은 식의 중요성은 에너지가 τ의 제곱에 반비례한다는 것이다. 이 형태가 바로 보어로 하여금 발머의 공식을 보고 나서 모든 것이 명확해졌다고 자신 있게 말하도록 해준 원인이었다.

한센이 보여준 발머의 공식이란 스위스의 한 수학 교사가 발견한, 수소 원자의 선 스펙트럼 빛의 파장 값을 정하는 공식이다. 요한 발

수소 원자 선 스펙트럼의 가시광선 파장에 대한
계산식을 만들어낸 요한 발머.

머 Johann Jakob Balmer, 1825~1898 는 스위스의 라우센 Lausen 에서 태어나서
독일 칼스루헤 대학과 베를린 대학에서 공부하고 스위스의 바젤 대학
에서 사이클로이드에 대한 논문을 써서 수학으로 박사학위를 받았다.
그는 여생을 바젤에 있는 한 여학교의 수학 교사로 지냈으며, 가끔 바
젤 대학에서 강의를 하기도 했다. 그는 수학과 수를 좋아하고 계산하
는 것을 즐겼지만, 수학 분야에서 특별히 남긴 업적은 없다. 그러나 그
는 엉뚱하게도 물리학 분야에서 영원히 이름을 남기는 발견을 하게
된다.

어느 날 발머의 한 물리학자 친구가 숫자 계산을 좋아하는 발머에
게 농담처럼 수소의 선 스펙트럼을 나타내는 숫자를 계산해 보라고
했다. 앞에서 말한 대로 원자의 선 스펙트럼은 원자마다 고유한 값을
가진다. 이 스펙트럼을 이용해서 원소를 확인하는 일은 화학에서 중
요한 분석 방법이었지만 스펙트럼의 의미를 아는 사람은 아무도 없
었다. 수소의 스펙트럼은 나노미터 (10억 분의 1 미터) 단위로 410.2,

434.1, 486.1, 656.3이라는 값이다. 이 숫자들에서 의미를 찾아낼 수 있는 사람이 있을까? 별다른 관계를 찾기 힘든 이 숫자를 가지고 발머는 이리저리 계산을 해보다가 놀랍게도 재미있는 관계식을 발견했다. 그 식은 다음과 같다.

$$\lambda = 364.5 \left(\frac{m^2}{m^2 - 2^2} \right)$$

이 식의 m에 정수 3, 4, 5, 6을 넣으면,

$$410.2 \approx 364.5 \times \frac{9}{8} = 364.5 \left(\frac{6^2}{6^2 - 2^2} \right)$$

$$434.2 \approx 364.5 \times \frac{25}{21} = 364.5 \left(\frac{5^2}{5^2 - 2^2} \right)$$

$$486.1 \approx 364.5 \times \frac{4}{3} = 364.5 \left(\frac{4^2}{4^2 - 2^2} \right)$$

$$656.3 \approx 364.5 \times \frac{9}{5} = 364.5 \left(\frac{3^2}{3^2 - 2^2} \right)$$

과 같이 수소 스펙트럼의 파장 값이 되는 것이다. 대단하지 않은가! 이 결과는 1885년 6월에 바젤의 지방 학술지에 발표되었다.[10] 닐스 보어

수소 원자의 가시광선 파장 영역 선 스펙트럼.

410.2 nm
434.1 nm
486.1 nm
656.3 nm

가 태어나기 약 석 달 전이었고, 발머는 막 60세가 되려던 참이었다.

이 식에서 주목할 점은 스펙트럼 선의 파장이 각각 정수에 의해 정해진다는 것과 364.5나노미터라는 값이 공통으로 나타난다는 점이다. 발머는 논문에서 위의 식에 나타나는 364.5나노미터라는 공통된 숫자에 대해 이렇게 말했다.

이 숫자는 수소의 기본 상수라고 부를 만하다. 만약 다른 원소에 대해서도 이런 기본 상수를 찾아낼 수 있다면 이들 기본 상수와 원자량 사이에 어떤 관계가 존재할 수도 있을 것이다.

기본 상수는 위의 식에서 m을 무한대로 보냈을 때의 파장 값에 해당한다.

이 식의 의미에 대해서는 여전히 발머를 비롯한 그 누구도 알지 못했다. 그러나 의미를 모르던 숫자들이 잘 정리된 수식으로 표현되었다는 것은 여기에 원소의 구조에 대한 비밀을 밝힐 수 있는 진리의 조

수소 원자의 선 스펙트럼 파장 공식을 유도한 요하네스 뤼드베리(왼쪽)와 뤼드베리 식이 적힌 노트.

각이 담겨 있음을 의미함에 틀림없을 것이다. 사실 발머뿐 아니라 많은 과학자들이 원소의 선 스펙트럼을 해명하고자 애써 왔다. 그중 한 사람이 스웨덴의 물리학자 뤼드베리 Johannes Robert Rydberg, 1854~1919 였다.

뤼드베리는 발머의 공식이 나오기 전부터 나트륨, 아연, 칼슘, 칼륨 등의 스펙트럼을 가지고, 발머처럼 정수로 이들을 표현하려고 애쓰고 있었다. 특히 리베잉 George D. Liveing 과 드워 James Dewar 가 정리한 알칼리 금속의 스펙트럼에 대한 데이터를 가지고 스펙트럼의 파장의 역수를 다음과 같은 식으로 나타내고자 했다.

$$\frac{1}{\lambda_i} = n_0 - \frac{N_0}{(m+p_i)^2}$$

여기서 m은 정수고 n_0, N_0, p_i는 스펙트럼에 따른 상수다. 발머의 공식을 접하게 된 뤼드베리는 자신의 식과 발머의 식을 비교하여 수소 스펙트럼의 파장을 다음과 같은 일반적인 형태로 표현했다.

$$\frac{1}{\lambda} = R \left(\frac{1}{n^2} - \frac{1}{m^2} \right)$$

여기서 $n = 2$이면 발머의 공식이 된다. 이 표현에 나타나는 공통 상수 R을 그의 이름을 따서 뤼드베리 상수라고 한다. 뤼드베리 상수는 곧 매우 정확하게 측정되었다. 또한 이 식의 위력은 n을 2 대신 1과 3 등을 넣으면서 재차 확인되었다. $n = 1$일 때에는 파장이 자외선 영역이 되는데, 미국 하버드 대학의 물리학자 라이만Theodore Lyman, 1874~1954 이 1906년에 처음 발견했다. $n = 3$인 경우에는 파장이 적외선 영역에 있게 되고, 이는 독일의 물리학자 파셴Louis Karl Heinrich Friedrich Paschen, 1865~1947 이 1908년 발견했다. 그래서 $n = 1, 2, 3$에 해당하는 스펙트럼을 각각 라이만 계열, 발머 계열, 파셴 계열이라고 부른다. 훗날 $n = 4$, 5, 6인 경우의 스펙트럼도 모두 발견되어 뤼드베리의 식이 잘 맞는다는 것이 확인되었다.

뤼드베리는 수소 외의 다른 원소들에 대해서도 이 이론을 발전시키려고 노력했다. 그 결과로 그는 1900년에 앞의 식과 같이 스펙트럼 선은 항상 어떤 두 항의 차로 나타낼 수 있는 것 같다는 통찰을 이야기했다. 사실 수소가 아닌 다른 원소에 대한 식에서는 앞의 식에 나타나는 정수 자리에 정수가 아닌 수가 오기도 한다. 그래도 적절한 형태로 변형시키면, 스펙트럼 선의 파장의 역수는 항상 위의 식과 같이 공통된 상수를 가지는 두 항의 차 형태로 표현할 수 있다.

보어는 아마도 저 뤼드베리의 식을 보았을 것이다. 이제 우리도 보어가 무엇을 깨달았는지를 알 수 있다. 뤼드베리 식의 두 스펙트럼 항은 바로 정수의 제곱 분의 1 (즉, $1/m^2$)에 비례하는데, 이는 바로 보어가 구한 정상상태의 에너지의 형태다. 플랑크의 복사 법칙에 따르면 복사선의 에너지(E)는 플랑크 상수와 진동수의 곱($h\nu$)이므로 파수($1/\lambda$)에 비례한다($E=h\nu=hc/\lambda$). 따라서 뤼드베리 공식의 의미는 복사선의 에너지가 보어 모형에 나오는 두 정상상태의 에너지의 '차이'라는 것이다. 발머 계열의 경우에 이를 식으로 쓰면

$$E = h\nu = \frac{hc}{\lambda} = hcR\left(\frac{1}{2^2} - \frac{1}{m^2}\right) = W_2 - W_m$$

이다. 따라서 보어는 수소의 선 스펙트럼이란 전자가 한 정상상태에서 다른 정상상태로 바뀔 때 그 에너지 차이를 복사선이라는 형태로 방출하는 현상이라고 결론을 내렸다. 이것이 보어 이론의 마지막 부분이다. 이를 확인하기 위해서 보어는 필요한 상수 값을 모두 넣어 계산해서 뤼드베리 상수를 계산했다. 실험적으로 측정한 값인 뤼드베리 상수를 보어는 이론적으로 유도해낸 것이다. 계산 결과는 측정된 값과 수 퍼센트 이내에서 잘 맞는 것으로 확인되었다.

보어는 3월 6일에 이 논문을 러더퍼드에게 보내어 출판을 상의했다. 러더퍼드는 전반적으로 논문을 칭찬하고 몇 가지 문제를 지적했다. 그리고 무엇보다 논문의 길이를 줄일 것을 주문했다. 이에 대한 보어의 반응은 적극적이었다. 바로 배를 타고 맨체스터에 나타난 것이다. 그리고 러더퍼드와 독대하며 자신의 논문을 한줄 한줄 설명했다. 러더퍼드의 충고를 받아들이기는 했으나, 논문의 문장은 거의 손대지 않았으며, 그 결과 길이는 전혀 줄어들지 않았다. 러더퍼드도 결국 손을 들고 말았다. 이 논문은 그해 7월에 《필로소피컬 매거진》에 출판되었다.

보어는 이 논문 4절의 결론부에서 이렇게 말한다.

(이 논문의) 목적은 정상상태의 이론을 이와 같이 일반화하면 보통의 전기역학으로는 설명할 수 없는 여러 실험적 사실을 이해하는 간단한 기초

를 마련할 수 있다는 것을 보이고, 또한 여기서 도입한 가정이 고전역학과 빛이 파동 이론에 의해서 충분히 설명되는 현상에 대한 실험과 모순되지 않는 것처럼 보인다는 것을 나타내고자 함이다.

논문의 내용이 완전히 새로운 것인 만큼 보어는 극히 조심스럽게 말하고 있다.

보어의 원자를 요약하면, 무거운 원자핵과 가벼운 전자로 이루어진 러더퍼드의 원자 모형에서, 원자가 안정되어 있을 조건을 플랑크의 복사법칙에 나오는 작용 양자를 통해 가정하고, 이렇게 해서 얻어지는 불연속적인 전자 궤도 사이의 에너지 차이를 이용해서 분광학의 선 스펙트럼을 설명하는 것이다. 이렇게 러더퍼드의 원자 모형과 플랑크의 양자, 그리고 분광학의 선 스펙트럼이라는 전혀 다른 근원을 가지는 일들을 하나로 모은 것이 바로 보어의 원자다. 아인슈타인은 이를 두고 "마술 같은 솜씨"라고 칭찬을 아끼지 않았다. 이로써 양자론이라는 거대한 문이 소리 없이 열리기 시작했다.

보어의 원자 이론은 이전에는 한 번도 보지 못하고 알지 못한 세계를 열었다는 점에서 아인슈타인의 상대성 이론에나 비견할만한 거대한 일이었다. 다른 점이라면 아인슈타인이 열어놓은 세계는 그 자체로 이미 거의 완성된 것이었지만, 보어는 말 그대로 문을 열어놓기만 했다는 점이다. 아직 진짜 양자역학이 모습을 드러낸 것은 아니었다. 이제 보어가 열어놓은 문으로 젊은이들이 들어가서 새로운 세계를 건설하게 될 것이다. 그래서 양자역학은 "소년의 물리학Knabenphysik"이라고 불리기도 했다. 양자역학을 그렇게 부른 사람은 바로 파울리였다.

숫자, 이론, 그리고 주기율표

이 우주가 무엇을 위해 있고, 또 왜 이곳에 있는지를
누군가가 정확하게 알아낸다면,
그 순간 이 우주는 당장 사라져버리고
그 대신 더욱 기괴하고 더욱 설명 불가능한 우주로 대체된다고
주장하는 이론이 있다.

— 더글러스 애덤스《우주의 끝에 있는 레스토랑》

보어 모형의 성공
- 피커링 계열

보어의 논문은 3부작으로 구성되어 "원자와 분자의 구성에 관하여 I, II, III On the constitution of Atoms and Molecules I, II, III"라는 제목으로 발표되었다. 수소 원자 안에서의 전자의 상태를 논한 역사적인 첫 번째 논문이 1913년 4월 5일에 완성되어 7월에 출판되었고, 잇달아 두 번째와 세 번째 논문도 각각 9월과 11월에 발표되었다. 첫 번째 논문에서 보어는 선 스펙트럼이란 전자가 다른 에너지 상태 사이를 이동한 결과라고 설명했고, 두 번째와 세 번째 논문에서는 자신의 이론을 일반화시켜서, 전자가 더 많이 있는 원자의 경우에 대해 논의하고, 안쪽의 전자가 음극선 등에 의해 에너지를 받아서 들뜨게 되면 가시광선 스펙트럼 대신 에너지가 더 높은 X선이 발생하게 될 것이라고 예측했다. X선은 뢴트겐이 1895년에 발견한 이후 매우 자세히 연구되어서, 이 즈

음에는 X선이란 파장이 가시광선보다 매우 짧은 전자기파라는 사실이 밝혀졌고 파장도 측정되어 있었던 것이다.

　보어의 원자 모형을 뒷받침하는 증거가 하늘에서 나왔다. 하버드 대학 천문대 대장 에드워드 피커링Edward Charles Pickering, 1846~1919은 1896년에 태양보다 훨씬 뜨거운 별인 나오스Naos (혹은 고물자리 제타 Zeta Puppis라고도 부른다)의 스펙트럼에서 일련의 새로운 흡수 스펙트럼을 관측했다. 455.1나노미터, 541.1나노미터, 1012.3나노미터 등의 파장을 가지는 이 스펙트럼은 그의 이름을 따서 피커링 계열Pickering series이라고 불렸다. 이 파장의 패턴은 재미있게도 발머 계열에서 $n=3$, 4, 5대신 2.5, 3.5, 4.5를 넣은 값과 일치했으므로 피커링은 이를 우리가 아직 알지 못하는 수소의 새로운 상태에서 나온 것이라고 생각했다. 하지만 실험실에서 수소의 선 스펙트럼을 아무리 관찰해도 피커링이 발견한 흡수 스펙트럼은 발견되지 않았다. 또한 피커링 계열에서도 468.6나노미터를 비롯한 몇몇 다른 스펙트럼은 그런 식으로

n 값을 바꾸어서는 얻을 수 없었다.

런던 임페리얼 컬리지의 천문학자 파울러Alfred Fowler, 1868-1940 역시 헬륨과 수소를 섞어서 방전시킨 기체의 선 스펙트럼으로부터 피커링이 관찰한 흡수 스펙트럼을 관찰했다. 파울러도 이 스펙트럼은 헬륨이 모종의 역할을 해서 나오는 수소의 특별한 스펙트럼이라고 생각했다. 하지만 보어의 원자 모형의 해석에 따르면 수소에서 그런 스펙트럼은 나올 수 없다.

피커링 계열을 설명하기 위해 보어는 피커링의 식을 다음과 같이 변형했다.

$$\frac{1}{2^2} - \frac{1}{2.5^2} = 4\left(\frac{1}{4^2} - \frac{1}{5^2}\right)$$

즉 이 스펙트럼 선은 뤼드베리 상수가 4배이고 $m=5$인 상태에서 $n=4$인 상태로 전이할 때 나오는 빛의 파장이라고 볼 수 있는 것이다. 뤼드베리 상수가 4배가 되는 것은 무슨 까닭인가? 보어는 이 스펙트럼은 헬륨이 전자 하나를 잃고 이온화된 상태에서 내놓는 것이라고 해석했다. 헬륨이 전자 하나를 잃으면 전자 하나만 남으므로 이온화된 헬륨은 수소와 같은 형태가 된다. 한 가지 다른 점은 헬륨이므로 원자핵의 전하가 수소의 2배라는 점이다. 그런데 앞에서 보어가 유도한 결과를 보면 뤼드베리 상수는 원자핵의 전하의 제곱에 비례하기 때문에, 전하가 2배인 헬륨의 경우에 뤼드베리 상수는 4배가 되어야 한다. 이런 식으로, 보어는 피커링 계열은 이온화된 헬륨이 $m=5, 7, 9$인 상태에서 $n=4$로 전이할 때의 스펙트럼에 해당한다고 결론지었다. 재미 있게도 위의 식에 따르면 m이 짝수가 되면 이 스펙트럼은 발머 계열 과 겹치게 되어 따로 발견하지 못하게 된다.

또한 보어에 따르면, 파울러가 발견했지만 새로운 식으로 설명하 지 못했던 468.6나노미터, 320.3나노미터, 273.4나노미터의 스펙트럼 도 설명할 수 있다. 이들은 각각 이온화된 헬륨이 $m=4$, 5, 6에서 $n=3$ 으로 전이할 때의 스펙트럼이다. (한 번 계산기를 들고 계산해 보기 바란다.)

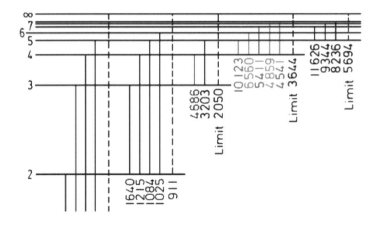

헬륨 이온에서 전자의 궤도에 따른 스펙트럼 파장(단위는 Å, 10Å은 1nm).
붉은 색으로 표시된 부분이 피커링 계열이다.

보어가 자신의 원자 모형을 이용해서 내놓은 이 대담한 해석은 얼마 후 러더퍼드의 연구실에서 헬륨의 스펙트럼을 관찰한 결과 확인되었다. 이런 성공을 배경으로 보어의 원자 모형은 1913년 9월 12일에 열린 영국과학협회The British Association for the Advancement of Science, BAAS, 현재는 BSA 학술회의에서 처음으로 공개적으로 논의되었다.

보어의 원자 모형은 커다란 관심을 끌었지만, 처음부터 보어의 이론을 지지한 사람은 많지 않았다. 이 이론이 완전히 새로운 물리학을 담고 있었기 때문에, 어쩌면 당연한 일이었는지도 모른다. 레일리 경, 톰슨, 로렌츠, 막스 폰 라우에 등 당대의 많은 전문가들은 자연이 그런 식으로 행동한다는 것은 믿기 어렵다는 반응을 보였다. 레일리 경의 이 말이 여러 사람의 생각을 어느 정도 대변해주고 있다.

보어의 논문을 보았지만 나에게는 쓸모가 없었다. 발견이라는 것이 그런 방식으로 이루어져서는 안 된다는 것은 아니지만, 그럴 수도 있다고 생각하지만, 하여튼 내게는 맞지 않는다.

레일리 경은 이때 나이가 71세였고, 물리학의 새로운 발견에 대해 관여하지 않은 지 이미 오래였다는 것은 감안해야 한다.

젊은 사람들도 보어의 원자를 쉽게 받아들이진 못했다. 닐스 보어의 동생인 하랄 보어Harald August Bohr, 1887~1951 는 당시 괴팅겐에 머물고 있었는데, 보어의 논문이 처음 나왔을 때 보어에게 보낸 편지에 "사람들이 형 논문에 관심이 많아. 그런데, 힐베르트는 그렇지 않지만, 대부분 사람들은 그 생각이 객관적으로 옳다고는 믿지 않는 것 같아. 특히 제일 젊은 축인 보른과 마델룽Erwin Madelung, 1881~1972이 불만이 많아. 그들은 논문의 가정이 너무 대담하고 공상적이라고 해"라고 적어 보냈던 것이다. 그러나 공교롭게도 보른은 곧 보어의 모형을 받아들일 뿐 아니라, 파울리와 하이젠베르크 등을 데려와서 이 분야의 연구에 중심인물이 된다.

한편 러더퍼드나 헤베시처럼 보어와 가까운 사람들은 보어의 원자 모형을 보고 매우 기뻐했다. 또한 아인슈타인도 보어의 이론을 지지했다. 당시 빈에 있던 헤베시가 새로 지어진 빈 대학의 물리학과 건물에서 열린 제85회 독일 자연과학 및 의학 학회에서 아인슈타인을 만나서 보어의 이론에 대해서 이야기를 나누고 보어에게 소식을 전했는데 그 내용은 다음과 같다.[01]

오늘 저녁에 아인슈타인과 이야기를 했어.…… 그때 네 이론에 대해 어떻게 생각하느냐고 물어봤지. 아인슈타인은 아주 흥미롭고, 이론이 옳다면 대단히 중요할 거라면서, 자신도 몇 년 전에 비슷한 아이디어가 있었는데 더 개발시킬 용기가 없었다고 하더군. 내가 네 이론이 피커링-파울러의 스펙트럼이 헬륨에 의한 것임을 밝힘으로써 확실히 증명되었다고 했지. 그 말을 들더니 엄청나게 놀라면서 이렇게 말했어. "그러면 스펙트럼 빛의 진동수는 전자의 진동수와는 전혀 무관하군요." (내가 이해하기엔 이렇게 말했는데 어떤지?) 그러면서 이건 엄청난 업적이다, 보어의 이론은 맞는 것임에 틀림없다고 했어. 그 말을 듣고 얼마나 기뻤는지 말로 할 수가 없네. 아인슈타인이 그렇게 판단한 것보다 더 기쁜 일은 없을 거야.

그 밖에 조머펠트, 하스Arthur Erich Haas, 1884~1941, 태양계형 원자 모형을 처음 제창한 일본의 나가오카 한타로 등도 보어의 이론에 호의적이었다.

– 모즐리의 X선 스펙트럼

보어의 원자 모형을 결정적으로 받아들여지도록 만든 실험은 러더퍼드의 연구실에서 나왔다. 그 실험을 수행한 헨리 모즐리Henry Gwyn Jeffreys Moseley, 1887~1915는 1910년에 옥스퍼드 대학을 졸업하고 맨체스터 대학의 러더퍼드 연구소에 합류한 실험가였다. 보어가 경험했듯이 러더퍼드의 실험실은 젊은이들도 언제든지 자기 의견을 말할 수 있는 개방적인 분위기였다. 그렇다 하더라도 러더퍼드의 개성이 워낙 강렬했고, 또 뛰어난 성과를 올리고 있었으므로, 대부분의 연구원과 대학원생은 사실상 러더퍼드를 따라서 방사능에 관한 연구를 하고 있었다. 그러나 자의식 강한 모즐리는 러더퍼드의 만류에도 개의치 않고 얼마 후부터 독자적으로 자신이 구상한 실험을 하기 시작했다.

모즐리의 할아버지는 왕립학회 회원이자 런던 대학의 교수였으며, 아버지는 챌린저호 항해에 참가했던 생물학자로서 옥스퍼드 대학의 해부학 및 생리학 교수였다. 모즐리 본인은 영국의 가장 유명한 퍼블릭 스쿨 중 하나인 이튼에서 물리학과 화학의 우등상을 휩쓸었으며 옥스퍼드의 트리니티 컬리지에서 물리학을 공부했다. 이런 배경, 이런 경력이 말해주듯이 모즐리는 말수는 적지만 상류계급 특유의 자신감이 온몸에 배어있는 젊은이였다. 어떤 의미에서 모즐리는 뉴질랜드 출신에다가 어디서나 격의 없는 태도로 큰 소리로 떠드는 러더퍼드를, 어떤 면에서는 우습게 여겼는지도 모른다. 그래서 갓 학위를 받은 젊은이에 불과하면서도 러더퍼드의 교수라는 지위와 카리스마에 눌리지 않았는지도 모른다.

모즐리가 시작한 실험은 보어가 두 번째 논문에서 언급한 대로, 전자빔을 원소에 쏘아서 나오는 X선 스펙트럼을 연구하는 것이었다. 당시 X선은 물리학 연구의 중요한 도구가 되고 있었다. 막스 폰 라우에는 X선이 원자의 결정 구조를 만나면 회절을 일으킬 것이라는 것을 예견했고, 아버지 윌리엄 헨리 브래그와 아들 윌리엄 로런스 브래그 부자는 라우에의 연구를 바탕으로 해서 X선 분광기를 만들어서 X선의 회절 법칙을 밝혀내고 있었다.

1913년에 모즐리는 맨체스터를 방문한 보어와 만나서 그의 원자 모형에 대해서 얘기를 나누었다. 전자빔이 원자를 때리면, 원자 속에 안정된 상태로 있던 전자가 에너지를 받고 더 높은 에너지 상태로 전이해서 들뜬 상태의 원자가 되었다가, 다시 안정된 상태로 돌아간다. 이 때 보어가 간파한 대로, 전이하는 전자 상태의 에너지 차이에 해당하는 전자기파를 방출해서 선 스펙트럼을 만든다. 원자의 가장 바깥쪽 궤도에 있던 전자를 전이시킬 때는 수 전자볼트*의 에너지가 들기 때문에, 이 원자가 안정된 상태로 돌아갈 때는 이만큼의 에너지에 해당하는 전자기파인 가시광선 스펙트럼을 방출한다. 하지만 원자의 안쪽 궤도에 있던 전자가 전이하는 데에는 수백 전자볼트의 에너지가

* eV. 에너지의 단위 중 하나로 1볼트의 전압으로 전자가 얻는 에너지가 1전자볼트다.

필요하므로, 전자가 비어 있는 안쪽 궤도로 돌아갈 때는 그에 해당하는 전자기파인 X선을 방출해서 새로운 스펙트럼을 만들게 된다. 모즐리는 이 X선 스펙트럼을 연구하고자 한 것이었다.

모즐리는 매일 15시간씩 실험실에서 지내면서 당시 구할 수 있는 모든 원소에 전자빔을 쏘아서 체계적으로 X선 스펙트럼을 조사했다. 연구 결과 모즐리는 X선 스펙트럼이 가시광선과는 다른 규칙성을 보인다는 것을 발견했다. 특히 X선 스펙트럼에서 가장 낮은 진동수는 원자핵의 전하의 제곱에 비례했다.** 예전에 보어가 직관적으로 느꼈던 것처럼, 원자의 성질을 연구할 때 원자의 무게보다 원자핵의 전하가 더 중요한 기준이라는 것을 잘 보여주는 일이었다. 그러므로 주기율표를 구성할 때, 이전에 반 덴 브뢱이 제안한 것처럼, 그리고 보어도 눈치챈 것처럼 원자량이 아니라 원자핵의 전하, 즉 원자번호를 기준으로 해야 한다는 것이 이제 모즐리의 실험으로 명백해졌다.

이렇게 원자번호로 재구성한 주기율표를 관찰하자 중간에 비어있는 원자번호가 있다는 것을 알게 되었다. 모즐리는 스펙트럼으로부터 원자번호 43번, 61번, 72번, 75번의 자리가 비어 있다는 것을 보였다. 이들 원소는 훗날 모두 발견되거나, 인공적으로 만들어졌다. 72번 원소는 1923년 보어의 친구인 헤베시가 보어 연구소에서 발견해서 하프늄Hafnium 이라고 불리게 되었으며, 75번은 1925년 베를린에서 이다 노닥Ida Noddack, 1896~1978 과 월터 노닥Walter Noddack, 1893~1960 이 발견해서 레늄Rhenium 이라는 이름을 붙였다. 43번과 61번은 자연 상

** 정확히는 안쪽에 남아있는 전자의 효과 때문에 원자핵의 전하수보다 하나 작은 값의 제곱에 비례한다.

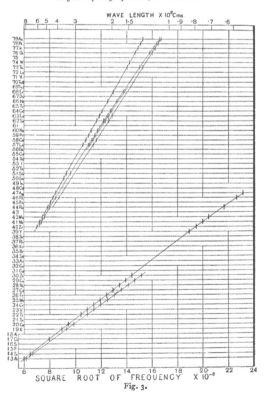

High-Frequency Spectra of the Elements.

Fig. 3.

태로는 존재하지 않는다. 이탈리아의 세그레는 1937년 핵반응을 통해 43번 원소를 만들어 테크네튬Technetium 이라 불렀고, 1945년 미국 오크리지 국립연구소의 마린스키Jacob Akiba Marinsky, 1918~2005, 글렌데닌Lawrence Elgin Glendenin, 1918~2008, 코리엘Charles DuBois Coryell, 1912~1971 등은 61번 원소를 만들어 내어 프로메튬Promethium 이라는 이름을 붙였다.

모즐리는 불과 3년 남짓한 기간에 실험을 통해 주기율표를 체계화시켰다. 이로써 원자의 주기율표가 지금 우리가 아는 형태로 자리 잡게 되었고, 주기율표를 둘러싸고 오랫동안 화학자들을 괴롭히던 많은 문제들이 갑자기 해결되었다. 한 가지 예로, 당시 화학자들을 특히 괴롭히던 문제 중 하나는 희토류 원소를 분석하는 일이었는데, 희토류 원소의 원자번호도 모즐리의 방식을 이용하면 쉽게 결정할 수 있었다. 희토류의 전문가인 프랑스의 화학자 조르주 위르뱅Georges Urbain 은 네 종류의 희토류 원소가 섞여 있는 시료를 모즐리에게 가져다주었는데, 자기가 몇 년을 고생해서 연구했던 결과를 모즐리가 불과 몇 시간 만에 분석해서 보여주자 놀란 입을 다물지 못했다고 한다.

모즐리의 업적을 통해 러더퍼드의 원자핵과 보어의 양자론에 기반을 둔 원자 모형은 강력한 실험적 뒷받침을 받게 되었다. 보어는 훗날 모즐리의 업적에 대해서 이렇게 말했다. "사실 그때까지 러더퍼드의 원자핵을 가진 원자 모형은 중요하게 받아들여지지 않았다. 오늘날에는 이해되지 않지만 하여튼 그랬다. 아무도, 어디에서도 그 얘기를 하지 않았다. 모즐리가 모든 것을 크게 바꿔놓은 것이다."

모즐리는 1차 세계대전이 발발하자 자원해서 입대했다. 공병 소위로 임관되어 통신병으로 일하던 모즐리는 1915년 6월에 악명 높은 갈리폴리 전투에 증원군으로 투입되었다. 터키의 갈리폴리 반도를 연합군이 공격해서 벌어진 이 전투는 제1차 세계대전 중에서도 가장 참혹했던 것으로 유명하다. 8월 10일, 모즐리는 전투 중에 총에 맞아 사망했다. 불과 만 27세의 나이였다. 파견되기 직전에 모즐리는 자신의 모든 것을 왕립협회에 기증한다고 밝힌 유서를 남겼다.

– 프랑크-헤르츠 실험

보어 모형을 뒷받침하는 또 다른 실험적 증거가 독일에서도 나와 있었다. 베를린 대학에서 제임스 프랑크와 구스타프 헤르츠Gustav Ludwig Hertz, 1887~1975가 한 실험에서였다. 함부르크 출신의 프랑크는 처음에 법학을 공부하기 위해 하이델베르크 대학에 입학했다. 그러나 생각과 달리 법학은 무척이나 재미가 없었고, 그는 대신 과학에 흥미를 가지게 되었다. 때마침 프랑크는 여름학기를 들으러 온 막스 보른을 만나서 가까워졌고, 보른의 도움을 받아 부모를 설득해서, 물리학과 화학으로 전공을 바꿨다. 프랑크와 보른은 얼마 후 괴팅겐에서 다시 만나게 되고 평생 가까운 사이로 지냈다. 프랑크는 전공을 바꾸고 난 후 칸토르Georg Ferdinand Ludwig Philipp Cantor, 1845~1918에게 수학을 배우는 등 과학 과목을 공부하기 시작했으나, 당시 하이델베르크 대학의 과학 분야는 그다지 수준이 높지 않았다. 그래서 프랑크는 베를린의 훔볼트 대학으로 옮겨서 1906년에 박사 학위를 받았다.

역시 함부르크 출신의 헤르츠는 괴팅겐에서 수학을 공부하고 뮌헨에서 조머펠트와 뢴트겐으로부터 한 학기 동안 물리학을 배웠다.

그러다 어느 비 오는 일요일 오후에 베를린에서 온 베스트팔Wilhelm Heinrich Westphal, 1882~1978과 뮌헨 박물관을 관람하며 이야기를 나누다 설득을 당해서 1908년에 베를린으로 옮겼다. 베를린에서 헤르츠는 프랑크와 베스트팔과 의기투합했다. 헤르츠는 1911년에 학위를 받고 대학 물리학 연구소의 조수가 되었고, 프랑크와 함께 여러 실험을 했다.

프랑크와 헤르츠는 1911년부터 기체 상태의 여러 원소에 전자를 충돌시키는 실험을 시작했다. 이 실험의 원래 목적은 전자가 기체 분자에 충돌해서 기체를 이온화시키는 것을 관찰하는 것이었다. 이 과정은 영국 캐번디시 연구소의 타운센드Sir John Sealy Edward Townsend, 1868~1957가 제안한 이론이었다. 프랑크와 헤르츠는 처음에는 비활성 기체인 헬륨과 네온을 가지고 실험을 하면서 이온화 에너지와 평균자유이동경로 등을 측정했다. 전자는 원자보다 매우 가볍기 때문에 이온화 에너지에 이르기 전에는 기체를 통과하면서 충돌해도 다음 그림에서 보듯 전자들은 거의 에너지를 잃지 않는다.

1914년에 이들은 수은 증기를 가지고 실험을 계속했다. 그런데 가속 전압이 4.9볼트가 되자 전자들이 급격하게 에너지를 잃는 것이 관찰되었다. 전압을 높여서 전자를 더욱 가속시켜 에너지를 높이면서 실험을 계속하자, 이와 같이 전자가 에너지를 크게 잃는 현상이 다음 장의 아래 그림에서 보듯이 4.9볼트마다 반복해서 나타났다. 예기치 못한 결과였다. 프랑크와 헤르츠는 곧바로 전자가 잃는 에너지인 4.9 전자볼트가 수은의 스펙트럼에서 자외선 영역인 파장 253.6나노미터의 스펙트럼 선에 해당한다는 것을 알아챘다. 그러므로 이 실험 결과는 수은 원자가 4.9전자볼트의 에너지를 전자로부터 쉽게 흡수한다

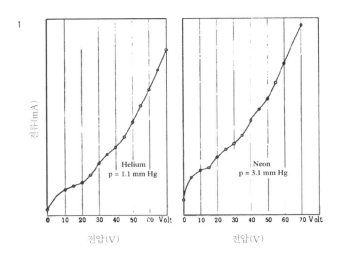

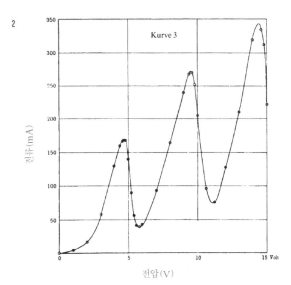

프랑크-헤르츠 실험
1 헬륨과 네온 2 수은

174

는 것을 가리킨다.

이들이 실험을 시작한 것이 보어 모형이 나오기도 전이었던 만큼 이들의 실험은 원래는 보어 모형과는 무관한 것이었고, 사실 이들은 보어 모형에 대해서 알지도 못했다. 그래서 이들은 1914년에 수은에서의 실험 결과를 발표하는 논문에서 톰슨의 원자 모형을 염두에 두고 특정한 파장의 스펙트럼 선에 해당하는 에너지를 수은 원자가 흡수한 것으로 이해하려고 애썼다. 어쨌든 이들의 실험은 보어의 원자 모형에서 예측하듯이 원자의 에너지 상태가 양자화되어 있어서, 원자 속에서 전자가 한 상태에서 다른 상태로 전이할 때 특정 에너지를 흡수하거나 방출한다고 생각하면 모든 것이 잘 맞아 들어간다. 이렇게 프랑크-헤르츠의 실험은 선 스펙트럼과는 전혀 독립적인 방법으로 보어의 원자 모형을 뒷받침해 주었다.

여러 실험적 증거의 뒷받침을 받아 보어가 제시한 원자의 양자론은 원자를 설명하는 이론으로 자리를 잡아갔고, 무거운 원자핵과 가벼운 전자로 이루어진 러더퍼드의 원자 모형은 확고하게 받아들여지게 되었다.

코펜하겐의 새 연구소

보어는 첫 번째 논문을 발표한 뒤인 1913년 7월에 코펜하겐 대학의 강사가 되었는데, 빠르게 그의 명성이 높아지면서 1914년부터는 코펜하겐 대학에 독일의 대학처럼 이론물리학 정교수 자리를 만들고자 노력하기 시작했다. 강사로서는 기초적인 물리학을 가르치는 일만 할 수 있었기 때문이다. 러더퍼드의 강력한 추천서도 받았다. 대학의 교수들도 국제적으로 이름을 떨치기 시작한 젊은 교수에 대해 호의를 보였다. 그러나 덴마크에서는 이론물리학을 독자적인 영역으로 인정했던 일이 없었기 때문에 일이 쉽게 풀리지는 않았다. 그해 9월에 대학 당국은 결국 이론물리학 교수 자리를 새로 만드는 결정을 연기하고 말았다. 보어는 일단 대학에 휴직을 신청했다. 마침 러더퍼드 연구소의 이론물리학자였던 다윈이 임기를 마치고 떠났고, 러더퍼드는 후임자로 보어를 원했다. 보어는 10월에 맨체스터로 떠났다.

1916년 7월 코펜하겐 대학은 마침내 이론물리학 정교수 자리를 신설해서 보어를 교수로 임명했다. 오로지 보어를 위해서 생긴 자리나 마찬가지였다. 보어는 귀국해서 강의를 시작하는 한편, 다음 해부터 대학 당국에 이론물리학 연구소를 세워줄 것을 재차 요구했다. 이번에는 드디어 대학이 그의 요청을 받아들였다. 우여곡절을 겪으면서도 연구소가 승인되고 기금이 모이고 부지가 결정되었다. 1918년 말에는 제안서가 의회에 상정되었다. 이제 그가 꿈꾸던 일이 막 실현되려고 하고 있었다.

그때 러더퍼드로부터 놀라운 제안이 날아왔다. 보어에게 맨체스터 대학교의 이론물리학 종신 교수직을 제안하는 편지였다. 러더퍼드는 보어에게 맨체스터에서 함께 물리학의 붐을 일으키자고 말했다. 다른 사람이 아닌 러더퍼드의 제안이었기에 보어는 괴로운 결정을 내리기 위해 고심해야 했다. 그러나 그가 시작한 이 모든 것을 두고 이제 와서 보어가 덴마크를 떠날 수는 없었다. 보어가 러더퍼드의 제안을 사양

En ny Læreanstalt.

Side 7

Vi bringer her et Billede af det nye Institut for teoretisk Fysik paa
Blegdamsvej, der nu staar omtrent færdigt til at tages i Brug.

1921년 닐스 보어 연구소의 설립을 알리는
신문기사.

하고 나서 얼마 후 러더퍼드도 맨체스터를 떠났다. 톰슨의 뒤를 이어
캐번디시 연구소 소장으로 부임하기 위해 케임브리지로 자리를 옮긴
것이다.

만지트 쿠마르는 그의 책에서 "만약 보어가 맨체스터로 갔더라면,
러더퍼드도 맨체스터를 떠나지 않았을 것이다"라고 썼다.[02] 그랬을지
도 모른다. 그랬다면, 20세기 전반 케임브리지의 황금시대도, 코펜하
겐이 양자역학의 성지가 되는 일도 없었을 것이다. 그 대신 맨체스터
에서 무슨 일인가가 일어났을 것이다. 역사에 만약을 대입하는 일은
언제나 부질없지만 흥미롭다.

보어의 연구소는 1921년 3월 3일 블레담스베이 Blegdamsvej 17번지
에 공식적으로 문을 열었다. 덴마크의 대표적 맥주회사인 칼스버
그 Carlsberg가 지원을 결정한 것이 큰 도움이 되었다. 보어 가족도 연구
소 건물로 이사를 왔다. 보어의 부인 마르그리트는 연구소의 젊은이
들을 따뜻하게 보살폈고, 보어의 세 아들은 물리학자 '삼촌'들과 같이

놀았다.

보어는 처음부터 연구소를 국제적인 장소로 만들 생각이었다. 보어의 명성과 특유의 리더십은 물리학의 세계에 새로 뛰어든 젊은 물리학자들을 매료시켰고, 그렇게 몰려든 젊은이들은 또다시 연구소를 매력적인 장소로 만들었다. 그럼으로써 이곳은 20세기 전반의 뛰어난 젊은 물리학자들이 반드시 거쳐 가는 장소가 되고, 실질적으로 양자역학을 탄생시킨 곳으로 역사에 남는다. 또한 역사상 가장 유명한 연구소 중 하나로서 코펜하겐이라는 도시의 이름을 물리학의 역사에 영원히 새기게 된다.

연구소의 원이름은 '코펜하겐 대학 이론물리학 연구소'였지만, 누구나 이곳을 닐스 보어 연구소라고 불렀고, 훗날 보어 사후인 1965년, 닐스 보어 탄생 80주년을 기념해서 정식으로 '닐스 보어 연구소'로 명명되었다. 현재는 코펜하겐 대학의 천문대, 외르스테드 연구소Ørsted Laboratory, 지구물리학 연구소 등이 모두 '닐스 보어 연구소'의 이름 아래 연합하여 거대 물리학 연구소를 이루고 있다.

조머펠트의 새로운 숫자들

조머펠트는 1911년경부터 플랑크와 아인슈타인의 양자 이론에 관심을 가지기 시작했다. 한편으로 조머펠트는 보어의 이론에도 관심이 있었고, 보어의 논문이 나왔을 때 보어로부터 직접 논문의 사본을 받기도 했다. 조머펠트는 사본을 받고 보어에게 이렇게 답했다.[03]

아주 흥미로운 논문을 보내주셔서 감사합니다. 이 논문이《필로소피컬 매거진》에 실린 것을 이미 보았습니다. 플랑크 상수로 뤼드베리-리츠 상수를 나타내어 보려는 생각을 저도 오래전부터 갖고 있었고 몇 년 전에는 디바이와 이에 대해 논의한 일도 있습니다. 모델 자체에 대해서는 아직 더 생각해 보아야겠지만 뤼드베리 상수를 계산한 것은 의문의 여지없이 훌륭한 업적입니다. 여담입니다만, 새로 측정된 플랑크 상수 값을 쓰니 더 잘 맞더군요.

그리고 조머펠트는 보어에게 이 모델로 제이만 효과를 계산해볼 계획이 있는지 물었다. 보어는 "곧 자기 현상과 제이만 효과에 대한 짧은 노트를 하나 출판하려고 합니다. 이 문제를 오랫동안 연구하고 있는데, 전자의 각운동량과 자기 이론 사이의 밀접한 유비 관계에 의하면 대단히 가능성이 있는 것 같습니다"라고 답했다.[04]

조머펠트의 질문은 의미심장한 것이었다. 원자에 대한 보어의 양자 이론은 이전에는 존재하지 않던 그 무엇이다. 이 이론은 원자의 구조와 분광학의 선 스펙트럼을 전혀 새로운 방식으로 연결했고, 수소 원자의 발머 계열 스펙트럼을 설명하는 데 놀랄만한 성공을 거두었다. 전혀 관계없던 것들이 결합되고, 전혀 이해할 수 없던 숫자들이 설명되었다. 그러므로 그 안에 무언가 진실이 들어 있음은 틀림없었다. 보어는 완전히 새로운 방법으로 원자의 모습을 스케치해 보여준 셈이다. 그것은 생소하다는 말로도 부족한 세계였다. 하지만 보어의 이론이 수소 원자를 설명할 수 있고 원자와 분광학에 대해 새로운 관점을 제시해 줄는지는 몰라도, 모든 원자 현상을 설명하는 완전한 이론이 될 수는 없었다. 당장 수소 다음으로 간단한 헬륨을 비롯해서, 전자가 하나 이상인 다른 원자에는 보어의 이론이 맞지 않았다.

또한 수소의 발머 계열의 선 스펙트럼에도 1892년에 처음 발견되었으나 설명할 수 없었던 미세구조fine structure가 있었다. 미세구조란 하나의 선이라고 생각했었던 스펙트럼 선이 높은 해상도로 보면 미세하게 갈라진 여러 개의 선으로 되어있는 것을 말한다. 보어는 처음에 이를 실험에서 생긴 문제일 거라고 무시했었으나, 선 스펙트럼의 측정이 날로 정교해지면서 미세구조는 실제로 존재한다는 것이 확인되었다. 그리고 앞 장에서 소개한, 원자가 자기장 속에 들어가면 선 스펙트럼이 갈라지는 제이만 효과를 설명하는 일도 남아있었다. 특히 튀빙겐의 파셴Louis Karl Heinrich Friedrich Paschen, 1865~1947 과 그의 학생이던 에밀 백Ernst Emil Alexander Back, 1881~1959 은 자기장이 더욱 강해지면 제이만 효과에서 스펙트럼이 갈라지는 패턴이 바뀌는 것을 관찰했다. 이를 따로 구별해서 파셴-백 효과라고 부르기도 한다. 이런 식으로 실험이 발전함에 따라 여러 가지 새로이 설명할 일이 많았다.

그런 새로운 결과 중 하나는 보어의 이론이 발표되던 해에 독일의 슈타르크Johannes Stark, 1874~1957 가 발견한 현상이다. 슈타르크는 수소 원자가 전기장 속에서도 제이만 효과처럼 선 스펙트럼이 갈라진다는 것을 발견했다. 이 현상은 슈타르크 효과라는 이름으로 부른다.* 이 역시 제이만 효과처럼 원자의 내부에 대해서 무언가를 말해주는 것이

* 거의 같은 시기에 독립적으로 이탈리아의 로 수르도(Antonino Lo Surdo, 1880-1949)도 같은 현상을 발견했기 때문에 이탈리아에서는 슈타르크-로 수르도 효과라고도 부른다고 한다.

요하네스 슈타르크.

틀림없었다.

　보어는 이런 문제들이 결국은 해결될 것이라고 믿었다. 실제로 몇 가지 아이디어도 가지고 있었고 연구 결과를 일부 발표하기도 했다. 예를 들면 수소 스펙트럼의 미세구조는 전자의 움직임을 아인슈타인의 상대성 이론의 효과를 고려하면 나타나지 않을까 하는 것이었다. 그러나 이를 정량적으로 설명하는 이론을 실제로 만들지는 못했다.

　조머펠트는 처음에는 로렌츠의 이론을 일반화해서 제이만 효과와 슈타르크 효과를 설명해 보려고 했다. 그러다가 차츰 보어의 원자 모델에 관심을 쏟기 시작했다. 1914년에서 1915년으로 넘어가는 겨울 학기에 조머펠트는 '제이만 효과와 스펙트럼 선'이라는 제목으로 강의를 개설해서 보어의 이론을 강의하면서, 보어의 이론을 더 깊이 연구하기 시작했다. 조머펠트가 고려한 것은 두 가지 방향이었다. 하나는 원자 속에서 전자의 운동을 원이 아니라 타원 궤도로 일반화하는 것, 다른 하나는 상대성 이론의 효과를 고려하는 것.

슈타르크 효과. 수소 원자의 스펙트럼이 전기장의 세기에 따라 갈라진다.

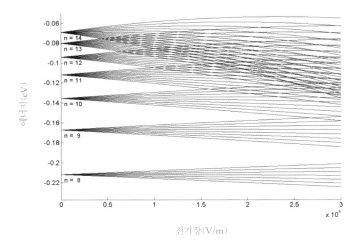

전기장(V/m)

쿨롱 힘처럼 거리의 제곱에 반비례하는 힘이 작용할 때 타원 궤도
가 원 궤도보다 더 일반적인 결과임은 이미 17세기에 케플러가 행
성의 궤도를 연구하면서 발견하고, 뉴턴이 수학적으로 증명했던 결
과다. 사실 보어도 논문의 처음 부분에서는 전자가 타원 궤도를 가
질 것이라고 말하고 있다. 그러나 문제를 간단하게 다루기 위해서 계
산을 할 때는 원 궤도를 가정했던 것이다. 그래서 보어의 이론을 타
원 궤도로 확장하려고 했던 사람은 조머펠트 외에도 있었다. 영국
출신으로 러더퍼드 밑에서 공부했고 니컬슨과도 교류가 있던 윌리
엄 윌슨William Wilson, 1887~1948 과 유럽에 유학해서 조머펠트 밑에서
도 공부한 적이 있던 일본 도호쿠 대학의 이시와라 준Jun Ishiwara, 石原純.

1881~1947 등이 그런 사람들이다. 그러나 이들은 모두 조머펠트가 얻은 것과 같은 성공적인 결과를 이끌어내지는 못했다.

원을 나타내는 데는 단 하나의 숫자, 반지름이면 충분하다. 그래서 보어의 논문에서 양자화 조건은 궤도의 반지름의 양자화로 나타난다. 즉 특정 반지름의 궤도만 가능하게 된다. 그런데 타원 궤도가 되면 타원의 모양을 정해주기 위한 변수가 하나 더 필요하게 된다. 그래서 조머펠트는 하나의 변수를 더 도입하고 그에 따라 양자화 조건도 하나 더 도입했다. 그래서 이제 타원 모양의 전자의 궤도는 두 개의 숫자로 표시되었다. 그런데 여기서 끝이 아니었다.

태양계를 생각해 보자. 모든 행성의 궤도는 거의 하나의 평면 위에 있고 같은 방향으로 태양 주위를 돌고 있다. 따라서 타원의 모양만 정해주면 되고 두 개의 숫자로 궤도를 나타낼 수 있다. 그러나 행성 궤도가 하나의 평면 위에 있다는 사실은, 전문적인 표현으로 쓰면 모든 행성의 각운동량이 거의 같은 방향이라는 사실은 태양계가 하나의 근원으로 만들어졌음을 의미하는 역사적인 우연성의 결과이지 중력 이론이 예측하는 일이 아니다. 당연히도 원자에서 전자의 궤도는 그럴 필요가 전혀 없으며, 우리는 전자의 궤도를 일반적으로 3차원 공간에서 생각해야 한다. 따라서 궤도의 모양뿐 아니라 방향을 결정해 주는 변수가 하나 더 필요하고, 그에 따라 양자화 조건도 하나 더 필요하다.

결론적으로 원자 속에서 전자의 궤도를 기술하기 위해서는 세 개의 양자화 조건이 필요하고 그에 따라 전자의 상태는 세 개의 숫자로 표현된다. 이 숫자들을 양자수quantum number라고 한다. 조머펠트는 양자수를 n, k, m이라는 문자로 나타냈는데, 이 중 앞에서 r라고 썼던,

보어가 제안한 양자화 조건에서 나오는 숫자를 n으로 표시하고, 주양자수principal quantum number 라고 부른다. 조머펠트가 추가한 숫자는 k와 m으로 표시하고 각각 부양자수subordinate quantum number 와 자기 양자수magnetic quantum number 라고 부른다.

주양자수는 전자의 에너지에 직접 관련되는 양이며 전자의 위치가 원자핵에서 얼마나 떨어져 있는가를 말해주는 정수 값으로 1, 2, 3, … 의 값을 갖는다. 부양자수는 전자의 각운동량을 나타내는 값이므로, 각 궤도에서 전자가 어떻게 회전하는지를 말해준다. 부양자수의 값은 어떤 주양자수 값에 대해서 그보다 작거나 같은 양의 정수다. 예를 들

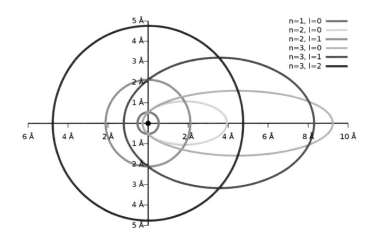

보어-조머펠트 원자 모형으로 나타낸 수소 원자의 전자 궤도. 그림의 방위 양자수 l을 조머펠트의 k라고 빗대 생각해 볼 수 있다.

어 주양자수가 3인 궤도에서 부양자수는 1, 2, 3이 될 수 있다. 간단히 말하자면 주양자수는 각 전자 궤도의 크기를 나타내고, 부양자수는 전자 궤도의 모양을 나타낸다고 할 수 있다. 자기 양자수는 각운동량 의 방향을 나타내는 값으로, 각 부양자수에 대해서 그보다 크기가 작 거나 같은 정수 값을 갖는다. 즉 부양자수가 2라면 자기 양자수는 -2, -1, 0, 1, 2가 될 수 있다. 부양자수와 자기 양자수가 특정한 정수 값 만을 갖는다는 것은 아래 그림과 같이 전자가 회전하는 크기와 방향 이 특정한 값만 가능하다는 뜻이다. 이를 각운동량의 공간 양자화space quantization of angular momentum 라고 한다.

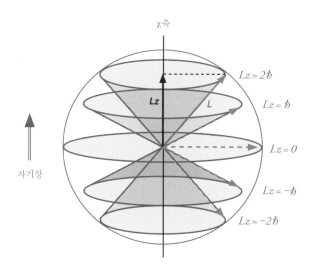

각운동량의 공간 양자화 개념도. 부양자수가 2라면 자기 양자수는 -2, -1, 0, 1, 2가 될 수 있다.

조머펠트는 또한 전자의 움직임에 특수 상대성 이론을 적용해서 에너지 준위를 계산했다. 원래의 보어 이론에서는 전자의 에너지가 오로지 주양자수에 의해 결정되므로, 같은 에너지를 가지는 상태가 여러 개 존재한다. 즉 예를 들자면 주양자수가 2인 상태의 부양자수 는 1, 2가 가능하므로 (n, k)가 $(2, 1)$과 $(2, 2)$인데 이 두 상태의 에너지 는 같다. (물론 각각의 경우에 자기 양자수만 다른 상태가 또 여럿 존재한다.) 그런데 부양자수에 따라 전자의 궤도의 모양이 달라지므로, 전자의 속도도 궤도마다 다르게 되고 이에 따라 상대성 이론의 효과도 다르 다. 따라서 상대성 이론의 효과를 포함한 전자의 에너지 준위 값은 부 양자수에 따라 조금 달라지게 된다. 에너지 준위들 사이의 에너지 차 이에 의해 정해지는 스펙트럼이 달라지는 것이다. 이렇게 달라지는 정도는 다음과 같은 상수에 비례하게 된다. (현대의 표준적인 물리상수로 표현했다.)

$$\alpha = \frac{1}{4\pi\varepsilon_0} \frac{e^2}{\hbar c} \approx \frac{1}{137}$$

이 상수를 미세구조 상수fine structure constant, 혹은 조머펠트의 상수라고 부른다. 여기 나타나는 137이라는 수는 원자와 물리학의 근본 법칙을 담은 근본적인 수라고 여겨져서 많은 물리학자들을 매혹시켰다.

조머펠트는 강의를 개설하고 난 1915년에 보어의 원자 이론에 대 한 확장 작업을 마치고도 논문을 발표하지 않고 미루고 있었다. 그 이 유는 당시 베를린 대학에 있던 아인슈타인이 상대성 이론에 대해서 새로운 이론을 내놓을 준비를 하고 있었기 때문이다. 이론물리학에 정통한 조머펠트는 아인슈타인의 이론의 추이를 면밀히 주시하면서, 아인슈타인의 새로운 중력 이론이 그의 이론에 어떤 영향을 줄 것인가를 지켜보았고, 아인슈타인이 드디어 일반 상대성 이론을 발표하자 자신의 논문을 그에게 보내서 의견을 물었다. 아인슈타인은 1915년 12월 9일에 보낸 답장에서 "일반 상대성 이론은 당신에게는 도움이 안 될 겁니다. 이 문제에 대해서는 일반 상대성 이론의 결과나 특수 상대성 이론의 결과나 마찬가지입니다"라고 답했다. 조머펠트는 이 답장을 받고서야 마음을 놓고 곧 그의 논문을 발표했다.

보어는 조머펠트의 논문을 읽고 열광적인 반응을 보였다. "이렇게 아름답고 흥미로운 논문을 보내주어 대단히 감사합니다. 이렇게 커다란 즐거움을 주는 논문을 읽게 되리라고는 생각도 못했습니다." 또한 파센도 "이 논문은 분광학에 새로운 기초를 가져다주었다"라고 찬사를 보냈다.

보어의 원자 이론은 이제 더욱 발전한 보어-조머펠트 이론이 되었다. 그리고 이 이론의 위력을 보여주는 결과가 곧 나타났다. 당시 러시아 제국 치하에 있던 폴란드 바르샤바에서 태어나고 뮌헨 대학에서 조머펠트의 지도로 박사학위를 받은 파울 엡스타인Paul Sophus Epstein, 1883~1966이 보어-조머펠트 이론을 이용해서 슈타르크가 발견한 수소 원자의 스펙트럼이 갈라지는 현상인 슈타르크 효과를 설명하는 데 성공한 것이다. 엡스타인은 논문의 말미에 이렇게 썼다.[05]

여기 보고된 결과는 보수적인 사람도 부인할 수 없을 만큼 설득력 있는

파울리와 137이라는 숫자

137

미세구조 상수는 물리학에서 특히 주목을 받고 많은 물리학자들을 매료시켜온 숫자다. 이 숫자가 그토록 매혹적인 이유 중 하나는, 이 숫자는 물리학에서 가장 기본적인 상수인 플랑크 상수와 빛의 속력, 그리고 전자의 전하로 이루어져 있으며, 단위가 없는 순수한 숫자라서 어떤 단위계에서도 크기가 변하지 않기 때문이다. 특히 이 상수를 평생 가장 깊이 생각했던 인물은 바로 파울리다. 파울리는 특유의 강렬한 개성으로 많은 일화와 함께 그를 소재로 하는 여러 가지 농담들을 남겼는데, 그중 미세구조 상수에 관한 농담 하나를 프린스턴 대학의 데이비드 그로스가 소개한 적이 있다.[06]

파울리가 죽어서 천국에 갔다. (정말?) 천국에서는 새로 온 영혼들에게 한 가지씩 소원을 들어주게 되어 있어서 파울리에게도 소원 한 가지를 말해보라고 했다. 파울리는 신에게 전기력의 크기를 나타내는 미세구조 상수가 왜 $0.00729735\cdots$ (=1/137)인지 설명해 달라고 했다. 신은 칠판 앞에 나가서 열심히 식을 쓰기 시작했다. 기쁜 얼굴로 칠판을 바라보던 파울리의 얼굴이 점점 흐려지더니 고개를 내젓기 시작했다. 발표가 마음에 들지 않을 때 파울리가 보여주는 전형적인 모습이었다. 신조차도 파울리의 기준을 만족시켜주지 못했던 것이다.

파울리가 췌장암으로 쓰러졌을 때 입원했던 병실 번호가 137호였다. 방 번호를 본 파울리는 평생 그를 따라다녔던 운명이 이제 자신을 붙잡았다는 느낌이 들었다고 말했다. 파울리는 그곳에서 수술 후 3일 만에 사망했다.

놀라운 증거에 의해 보어의 원자 모델이 옳다는 것을 증명했다고 믿는다. 이 모델에 적용된 양자 이론의 잠재력은 거의 기적적이며, 무한한 가능성을 가지고 있다.

이 성공은 보어-조머펠트 이론을 강력히 지지하는 결과로서 많은 사람들의 찬사를 받았다.

한편 이 연구가 발표된 시기가 한참 1차 세계대전이 진행 중이던 1916년임을 보기 바란다. 1차 세계대전의 와중에 적국인 러시아인을 아무렇지도 않게 학생으로 데리고 있었다는 사실은, 심지어 막스 플랑크마저도 저 악명 높은 93인 선언에 이름을 올려놓았던 이 시기에도 조머펠트가 민족주의에 눈이 멀지 않았던 흔치 않은 독일 과학자였음을 잘 보여준다.

거의 같은 시기에, 포츠담 천문대 대장이었던 카를 슈바르츠실트Karl Schwarzschild, 1873~1916 도 엡스타인과는 전혀 독립적으로 슈타르크 효과를 계산했다. 슈바르츠실트는 아인슈타인의 일반 상대성 이론 방정식을 처음으로 구한 그 사람이다. 슈바르츠실트의 논문은 1916년 4월에 발표되었고, 잘 알려진 대로 그는 바로 다음 달에 자가면역 질환인 천포창으로 사망했다.

파울리가 뮌헨에 도착했던 시기는 원자의 이론이 이렇게 조머펠트에 의해 활발하게 꽃을 피우기 시작했을 때였다. 파울리는 원자의 이론을 연구하는 심장부에 도착했던 셈이다. 보어-조머펠트 이론은 양자화라는 새로운 규칙을 가지고 원자의 내부를 들여다보는 일이었다. 의심할 여지없이 이 이론은 놀라운 성공을 거두었다. 이전에는 생각지 못한 개념이 생겨났고, 상상치 못한 것을 볼 수 있었으며, 많은 것을 설명할 수 있게 되었다. 그러나 이 이론은 어디까지나 고전적인 관점으로 원자를 보고 있었다. 아주 예민한 몇몇 정신은 이것이 진짜가 아니라는 것을, 어딘가 더 근본적인 데에 문제가 있다는 것을 느끼고 있었다. 그중에서도 가장 예민한 사람은 바로 파울리였다. 파울리는 조머펠트 이론이 현재 가장 나은 방법이라는 것은 인정하면서도, 전체적으로는 "일종의 수비학에 가까운 원자 신비주의"라고 불렀다.

머지않아서 진짜 이론을 향한, 원자 속의 진짜 풍경을 보기 위한 거대한 움직임이 꿈틀거리기 시작한다. 괴팅겐에서 파울리가 막 떠난 뒤인 1922년 6월에 일어난 일은 그런 움직임의 시작을 상징하는 중요한 사건이다. 이 일은 훗날 '보어 축제'라고 불리게 된다.

보어 축제

1994년 10월 24일 당시 프린스턴 대학의 수학자 앤드류 와일즈Sir Andrew John Wiles, 1953~ 는 7년 동안 고투하며 연구한 결과로 나온 두 편의 논문을 프린스턴 대학에서 발행하는《수학 연보 Annals of Mathematics》에 투고했다. 이 논문들은 다음 해 5월에 출판되었으며, 수학자들은 이로써, 아마도 수학사에서 가장 유명한 문제 중 하나였을 페르마의 마지막 정리가 358년 만에 증명되었다고 공식적으로 인정했다. 와일즈는 불멸의 명성을 얻었고, 작위를 비롯해서 여러 명예와 상을 받았는데, 그중 가장 유명한 상은 독일의 볼프스켈Wolfskehl 재단이 수여한 볼프스켈 상이다. 이 상은 독일의 아마추어 수학자였던 볼프스켈의 유언에 따라 페르마 정리를 증명한 사람에게 수여하기 위해 1908년에 제정된 상이다.

파울 볼프스켈Paul Friedrich Wolfskehl, 1856~1906은 부유한 유대인 은행가 집안의 둘째 아들이었다. 의학을 공부해서 박사학위까지 받았던 파울 볼프스켈은 다발성 경화증에 걸리게 되어 의사를 포기해야 했고, 불편한 몸으로 할 수 있을 만한 일로 수학을 택했다. 그는 본과 베를린 등에서 수학을 공부했고 학위를 받지는 않았지만 나중에는 다름슈타트의 공업학교에서 수학 강의를 하기도 했다. 수학을 공부하면서 페르마의 마지막 정리에 매료된 그는 자기 힘으로 정리를 증명해 보려고 애썼고, 죽기 전에는 10만 마르크의 유산을 괴팅겐 아카데미에 기부해서 페르마 정리를 해결하는 사람에게 상을 주도록 했다. 이것이 와일즈가 받은 볼프스켈 상이다. 와일즈는 1997년 6월 27일 괴팅겐 대학에서 5만 달러의 상금과 함께 이 상을 수상했다.

그의 유산을 관리하는 볼프스켈 재단은 볼프스켈 상 말고도, 유산의 일부를 이용해서 1908년부터 괴팅겐 대학에 뛰어난 과학자를 불러서 강연을 하는 프로그램을 운영했다. 이 프로그램은 볼프스켈 강의Wolfskehl-Stiftung라고 불렸다. 과학자를 초청하는 일을 주도한 것은 괴팅겐 대학 교수면서 당대 수학의 지도자였던 힐베르트였다. 힐베르트는 물리학의 발전에 대한 자신의 관심사를 반영해서 많은 이론 물리학자를 초청했다. 첫 볼프스켈 강의에는 1909년 푸앵카레가 초청되어 "새로운 역학La mecanique nuovelle"라는 제목으로 강연을 했고, 이듬해의 2회 강의에서는 로렌츠가 초청되어 "물리학의 옛 문제와 새로

운 문제들 Old and new problems in physics"이라는 제목으로 강연했다. 아인슈타인이 일반 상대성 이론을 완성하기 직전인 1915년 6월 28일부터 7월 5일까지, 힐베르트를 비롯한 괴팅겐의 수학자들 앞에서 "중력에 관하여 On Gravitation"라는 제목으로 했던 강연도 바로 이 볼프스켈 강의였다. 이 강의 후 베를린으로 돌아간 아인슈타인과 괴팅겐의 힐베르트는 각각 중력을 기술하는 장 방정식을 유도해서 일반 상대성 이론을 완성하게 된다.

언제나 물리학의 기초에 관한 이론에 관심이 많았던 힐베르트는 1910년대 후반, 보어-조머펠트 이론에 관심을 기울였다. 그의 학생 중 한 사람에게 이와 관련된 문제를 연구하도록 시키기도 했다. 괴팅겐에서는 이미 조머펠트 밑에서 진작 보어의 원자 이론을 접했던 피터 디바이가 이 이론을 연구했고, 디바이의 뒤를 이어서 괴팅겐에 온 보른과 프랑크는 더욱더 보어-조머펠트 이론과 원자의 연구에 주력하고 있었다. 이런 분위기에서 이론의 최신 결과를 알고 싶었던 힐베르트는 볼프스켈 강의를 재개하고, 닐스 보어를 볼프스켈 강의에 초청할 것을 괴팅겐 아카데미에 제안했다. 보어는 당시 보어-조머펠트 이론의 성공으로 명성이 점점 치솟아서, 조머펠트의 표현에 따르면 '원자물리학의 지도자'로 여겨지고 있었다. 1920년 11월 10일, 힐베르트를 비롯해서 펠릭스 클라인, 비케르트, 리하르트 쿠란트 등으로 구성된 볼프스켈 위원회가 1921년 볼프스켈 강의의 연사로 닐스 보어에게 초청장을 보냈다. 보어는 강의를 기꺼이 수락했으나, 건강상의 이유로 강의는 1년 뒤로 연기할 것을 요청했다.

볼프스켈 강의는 공개되는 것이 원칙이었으므로, 괴팅겐뿐 아니라 독일의 모든 대학에 보어의 강의 소식이 공고되었다. 독일 전역에서 원자를 연구하는 물리학자들이 모여들었다. 프랑크푸르트에서 알프레드 란데 Alfred Landé, 1888~1976, 발터 게를라흐 Walther Gerlach, 1889~1979, 에르빈 마델룽 Erwin Madelung, 1881~1972 등이, 네덜란드 레이든에서는 에른페스트가 왔다. 뮌헨에서는 조머펠트가 아직 학생이었던 하이젠베르크를 데리고 왔다. 그리고 함부르크에서는 파울리가 렌츠를 대신해서 혼자 왔다. 파울리는 두 달 만에 괴팅겐에 돌아온 것이다.

1922년 6월 닐스 보어가 조수 오스카르 클라인 Oskar Benjamin Klein, 1894~1977 과 함께 괴팅겐에 도착했다. 보어는 6월 12일부터 22일까지 11일 동안 원자의 구조에 대해 일곱 차례의 강연을 했다. 외부에서 온 학자들과 함께 괴팅겐의 물리학자들과 수학자들이 강연장을 가득 메웠다. 힐베르트와 쿠란트, 막스 보른과 제임스 프랑크를 비롯한 여러 교수들이 모두 참석했고 그들의 조수와 학생들도 자리를 지켰다. 그중에는 훗날 원자의 이론에 큰 공헌을 하는 파스쿠알 요르

1922년 보어 축제에 참가한 과학자들. 왼쪽부터. 카를 오센, 닐스 보어, 제임스 프랑크, 오스카르 클라인. 의자에 앉은 사람은 막스 보른.

단Ernst Pascual Jordan, 1902~1980이나 프리드리히 훈트Friedrich Hermann Hund, 1896~1997, 그 밖에 에리히 휘켈Erich Armand Arthur Joseph Hückel, 1896~1980, 루돌프 민코프스키Rudolph Minkowski, 1895~1976* 등도 있었다.

훈트는 나중에 이 강의에 대해서 이렇게 기억했다.[07]

강의는 내 생각에 강의동의 15번 강의실에서 열렸다. 내가 기억하기에 그 강의실에는 150석이 있었는데 분명 꽉 찼다. 앞쪽 몇 줄은 독일 물리 학회 사람들을 위해 예약되어 있었던 것이 아직도 생각난다.

6월 12일은 월요일이었다. 강연이 열린 곳은 강의동의 15번 강의실 이었다. 강의실에 준비된 150석이 입추의 여지없이 가득 차 있었다. 앞쪽 줄에는 교수들이 자리했으므로 학생들은 뒤쪽에 자리를 잡았다. 학생이던 루돌프 민코프스키와 휘켈이 강의 노트의 준비를 맡아서, 강의 내용을 타이프로 친 원고를 청중들에게 나누어 주었다. 마침내 보어가 이렇게 강의를 시작했다.[08]

물리학의 현재 상태에 대해 중요한 점은 우리가 원자의 실재성에 대해 확신할 뿐 아니라 그 구성 요소에 대해서 상세한 지식을 가지고 있다고 믿 는다는 사실입니다. 저는 여기서 이 구성 요소 개념의 발전이나 물리학에 새로운 전기를 마련한 러더퍼드의 원자핵 발견에 대해서는 논하지 않을 것입니다.

* 헤르만 민코프스키의 조카다.

보어는 이어서 원자핵과 전자로 이루어진 러더퍼드의 원자를 설명하고, 고전 전기역학으로는 이러한 원자를 설명할 수 없음을 이야기했다. 이는 양자론이 도입되어야 할 필요성을 말해주는 것이다. 그리고 보어는 양자론의 두 기본 가정을 설명했다. 첫 번째 가정은 전자가 복사를 방출하지 않는 정상상태stationary state가 존재한다는 것이고, 두 번째 가정은 원자의 에너지 상태가 변하는 것은 오직 전자가 하나의 정상상태에서 다른 정상상태로 이동하는 것으로서, 이 과정에서 에너지 차이에 해당하는 진동수의 복사가 방출되거나 흡수된다는 것이다. 보어는 이 가정이 수소 원자와 헬륨 이온에 잘 적용됨을 보였다.

다음 날의 두 번째 강의에서는 좀 더 구체적으로 원자와 방출되거나 흡수되는 복사 스펙트럼의 역학적인 기초에 대해 강의했고, 그 다음 날의 세 번째 강의에서는 전기장과 자기장이 있을 경우에 이론을 적용시켰다. 특히 전기장 속의 원자에 대한 엡스타인과 슈바르츠실트의 결과를 발전시킨 크라메르스Hendrik Anthony "Hans" Kramers, 1894~1952의 결과를 소개했다. 크라메르스는 속어로 말하자면 보어의 오른팔, 혹은 보어의 그림자라고 불렸던 사람이다. 이 말은 반드시 그를 비꼬거나 비하하는 의미는 아니다. 네덜란드의 로테르담에서 태어난 그는 보어가 막 교수가 되었을 때 첫 번째 학생이 되어 지도를 받았고, (그러나 박사학위 자체는 네덜란드 레이든 대학의 에른페스트에게서 받았다) 역시 보어의 첫 번째 조수가 되어 거의 10년간 코펜하겐에서 보어와 함께 일했다. 1923년에 코펜하겐 대학의 강사가 된 크라메르스는 1925년까지 코펜하겐에서 보어의 뒤를 잇는 2인자였다. 과학자로서의 초기에 크라메르스가 보어의 정신에 지배되었다면, 보어는 크라메르스

에게 연구를 의지했다고 할 수 있다. 이 시기 보어가 했던 대부분의 연구는 실제로 수학적 능력이 뛰어난 크라메르스의 도움을 받아 이루어졌기 때문이다. 1926년에 크라메르스는 네덜란드 위트레흐트 대학의 교수가 되어 코펜하겐을 떠났지만, 보어의 그림자가 너무 강해서 결국 과학자로서 받아야 할 평가를 충분히 받지 못했다고 해야 공평한 말일 것이다. 파울리는 농담으로 "보어는 알라이고 크라메르스는 그의 마호메트야"라고 말하기도 했다.

강의는 4일간의 휴식을 가진 후 19일 월요일에 재개되었다. 이 강의부터 보어는 여러 개의 전자를 가진 원자에 대해 논의하기 시작했다. 이날은 먼저 헬륨의 스펙트럼에 대해서 이야기 했는데, 이 내용은 크라메르스와 오랫동안 함께 연구한 결과였다. 다음날에는 나트륨 원자의 구조와 제 2주기 원소들의 구조에 대해서 논했고, 6일째에는 그 밖의 원소들에 관해 이야기했다. 마지막 날에는 X선 스펙트럼과 크립톤, 제논 등의 에너지 준위에 대해서 논했다.

매번 강의를 마치고 난 뒤에는 숙소와 커피하우스, 산책로를 가리지 않고 보어와 다른 참가자들 간에 끝없는 토론이 벌어졌다. 나중에 보어의 이 강의는 '보어 축제Bohrfest 혹은 Bohr Festspiele'라고 불리게 된다.

이 강의의 중요한 의의 중 하나는 보어와 파울리의 개인적인 관계가 여기서 시작되었다는 점이다. 파울리는 물론 강의 중에 벌어진 토론에 열심히 참가했지만, 이때의 토론에서 파울리가 무슨 말을 했는지는 기록에 남아 있지 않다. 그런데 강의 중의 어느 날, 보어가 클라인과 함께 파울리에게 찾아왔다. 두 사람의 첫 만남이었다. 그리고 이 만남에서 보어는 파울리에게 코펜하겐에 1년간 방문할 것을 제안했다. 보어가 덴마크어로 된 연구 결과를 독일어로 출판하는 데 편집해 줄 사람이 필요하다는 이유였다. 파울리는 크게 놀랐다. 그리고 잠시 생각한 다음 대답했다. "선생님이 시키려는 일 중에서 과학에 대한 요구는 조금도 어려울 게 없습니다만, 덴마크어와 같은 외국어를 배우는 일은 제 능력을 넘어섭니다." 이 건방진 대답에 보어와 클라인은 폭소를 터뜨렸고, 파울리의 코펜하겐행을 확정지었다. 그런데 훗날 파울리는 이렇게 말했다. "코펜하겐에서 내가 말한 두 가지는 모두 틀렸음이 밝혀졌다."

보어 축제에서 만난 오스카르 클라인과 파울 에렌페스트, 크라메르스는 모두 파울리의 친한 친구가 된다. 그리고 닐스 보어, 무엇보다도 중요한 사람은 닐스 보어였다. 14살의 나이 차이를 넘어서 두 사람은 서로 간에 깊은 우정을 느꼈다. 훗날 파울리가 보어에게 보낸 편지들에는 파울리로서는 드물게도 부드러운 감정과 깊은 호의가 담겨 있었고, 이는 보어가 파울리에게 보낸 편지에서도 마찬가지였다. 보어 축제 직후인 7월 3일에 보어가 파울리에게 쓴 첫 편지에는 "괴팅겐에서 자네를 알게 된 것은 내게 엄청난 기쁨이었네. 자네가 코펜하겐에 오면 즐거울 거야. 자네도 즐겁기를 바라고."[09] 이 편지를 받고 파울리는 마음속 깊이 감동했다. 파울리는 훗날 보어와의 첫 만남을 "내 과학 인생에 새로운 국면이 시작되었다"라고 표현했다.

조머펠트가 데리고 온 뮌헨 대학 학생 하이젠베르크에게도 이 강연은 특별한 사건이었다. 그는 말년에 지은 《부분과 전체 *Der Teil und das Ganze*》에서 이 사건에 대해서 특히 애정이 넘치게 서술하고 있다.[10]

1922년의 초여름이었다. 하인베르크의 비탈은 소극장과 정원들로 덮여 있었으며, 쾌적한 소도시 괴팅겐은 수없이 피어나는 숲들과 장미꽃, 그리고 화단으로 장식되어 있었다. 우리는 후에 이 행사를 괴팅겐의 "보어 축제"라고 불렀다.

......

그가 자기 이론의 가정을 하나하나 설명할 때는 조머펠트 교수의 말씨보다 훨씬 주의 깊고 조심성 있게 신중하게 말하는 것이었다. 조심성 있게 표현되는 한 마디 한 마디 뒤에는 긴 사색의 흔적을 엿볼 수 있었다. … 보어의 입에서 직접 듣는 강의의 내용은 조머펠트 교수를 통해 듣는 것과는 다르게 들렸다. 보어는 그 결과를 계산과 증명을 통해서가 아니라 직관과 추측을 통해서 얻은 것이라는 것, 그리고 괴팅겐의 고도로 앞서 있는 수학자들의 아성 앞에서 자기의 이론을 변호하는 것이 그에게는 매우 어려운 과제였다는 것을 나는 비로소 감지할 수 있었다.

하이젠베르크는 보어의 세 번째 강의가 끝난 후 보어가 이야기한 크라메르스의 결과에 대해 반론을 제기해서 보어의 관심을 끌었다. 하이젠베르크는 조머펠트의 세미나에서 이 논문을 발표한 적이 있어서 그 내용을 면밀히 검토했고 나름의 의문점을 가지고 있었던 것이다. 강의가 끝난 후 보어는 하이젠베르크를 불러서 이 문제를 좀 더 토의하기 위해서 하인베르크 산으로 산책을 가자고 제의했다. 단둘이 갔던 이 산책에서 두 사람은 원자의 구조, 원자를 이해한다는 것, 그리고 전쟁과 괴팅겐의 과학자들에 이르기까지 많은 이야기를 나누었다. 하이젠베르크는 이 산책에서 나눴던 대화를《부분과 전체》에 자세히 소개하면서 이렇게 말한다.

이 산책은 그날 이후의 나의 학문적 발전에 가장 강한 영향력을 발휘하였으며, 아니 나의 본격적인 학문적 성장이 이 산책과 더불어 비로소 시작하였다고 말하는 것이 더 타당한 표현일지도 모르겠다.

보어 축제는 원자물리학을 연구하는 현역과 미래 세대가 한 자리에 모인, 초기 양자론의 축제였고 절정이었다. 여기 참가했던 다음 세대의 물리학자들로부터 초기 양자론을 넘어서는 새로운, 그리고 진정한 원자의 이론이 싹을 틔우기 시작한다. 그 주역은 바로 파울리와 하이젠베르크다. 닐스 보어는 보어 축제 두 번째 날의 강연에서 진짜 양자론을 예지하는 듯한 말을 했다.[11]

지금까지 우리가 자연 현상을 기술하는 데 전자, 전기력, 자기력과 같이

조머펠트의 편지

1919년 스웨덴 룬드에서
아르놀트 조머펠트(왼쪽)와 닐스 보어.

1921년에 보어가 건강이 좋지 못해서 볼프스켈 강의를 연기했다는 소식을 제임스 프랑크로부터 들은 조머펠트는 보어에게 다음과 같은 편지를 보내서 그를 위로했다.[12]

보어에게

10년 전에 힐베르트가 적분방정식을 완성하고 과로로 요양원에 들어갔을 때 그에게 이렇게 편지를 쓴 일이 있습니다. "당신이 세운 수학의 왕국은, 헨리 4세의 표현을 빌자면 개종까지도 할 만한 가치가 있는 것입니다." 제임스 프랑크가 당신이 과로해서 일을 못하고 쉬고 있다고 한 말을 듣고 당신에게도 같은 말을 해주고 싶습니다. 당신이 세운 수학과 물리학의 왕국은 힐베르트의 적분 방정식 제국보다도 더 많은 신민을 거두고 더 오래 지속될 것입니다. 지금 일을 쉬고 있다고 절대로 너무 심각하게 생각하지 말기 바랍니다. 당신이 최근 발견한 것은 분명 엄청난 사고력의 집중을 요하는 것이었고, 당신은 인간으로서 그만한 대가를 치를 수밖에 없었다고 생각합니다. 그리고 만약 그러한 심오한 통찰이 내게 찾아온다면 나는 기쁘게 그 대가를 감내할 것입니다.

— 조머펠트가 보어에게 보낸 편지, 1921년 4월 25일자

고전 물리학 이론에서 나온 개념들만이 사용되었습니다. 그러나 동시에 우리는 고전 물리학 이론은 유효하지 않다고 가정을 합니다. 이제 고전적인 개념들과 양자 이론이 모순 없이 결합될 수 있는 것인가라는 질문이 떠오릅니다. (지금까지는 이 질문이 정말로 주어지지는 않았습니다.) 하지만 물리학자들은 두 이론에서 나오는 개념들이 확실한 실재성을 가질 것이라고 바라고 있습니다.

보어 축제가 끝나고 6개월 후, "원자의 구조와 원자에서 방출되는 복사의 연구에 공헌한" 업적에 대해 보어에게 주어진 그해의 노벨 물리학상은 초기 양자론의 절정을 상징하는 것처럼 보인다.

슈테른-게를라흐 실험

보어 축제가 열렸던 1922년에, 원자의 양자이론이 옳다는 것을 보여주는 또 하나의 역사적인 실험 결과가 발표되었다. 그 실험의 주인공 오토 슈테른Otto Stern, 1888~1969은 프로이센 왕국의 오래된 도시인 소라우Sorau의 유대인 가정에서 태어나서 프로이센 제3의 도시인 브레슬라우Breslau에서 학교에 다녔다. 그가 태어나고 자란 곳은 지금은 모두 폴란드 영토가 되었다. 소라우는 지금의 조리 Zory, 브레슬라우는 지금의 브로츠와프Wrocław다. 슈테른은 1912년 브레슬라우 대학에서 물리화학 분야를 공부하고 이산화탄소 농축액의 삼투압에 대해 이론 및 실험 연구를 해서 박사 학위를 받았다. 부유했던 그의 부모는 돈은

필요한 만큼 지원해 줄 테니, 그가 원하는 곳 어디든지 가서 연구를 하라고 했다. 슈테른은 새로운 세상으로 모험을 떠나는 기분으로 프라하 카를 대학에서 아인슈타인의 조수가 되었다. 슈테른은 아인슈타인으로부터 광양자, 원자 이론, 자성, 통계물리학 등을 배웠는데, 두 사람은 사창가 옆에 위치한 카페에서 물리학 토론을 하곤 했다고 한다.

슈테른이 온지 얼마 지나지 않아서 아인슈타인은 모교인 ETH의 교수가 되어 취리히로 옮겨가게 되었고, 슈테른도 아인슈타인을 따라서 취리히에 와서 물리화학 분야의 강사가 되었다. 1914년에 아인슈타인이 베를린 대학으로 다시 옮기게 되자, 슈테른은 프랑크푸르트 대학으로 가서 다시 강사가 되었다. 1차 세계대전에는 병사로 참전했으며, 전쟁 기간 동안에 하빌리타치온을 제출했다. 전쟁이 끝나고 슈테른은 다시 프랑크푸르트로 돌아왔다.

아인슈타인 밑에서 슈테른은 주로 통계역학과 양자론에 관한 이론적인 연구를 했었는데, 전쟁에서 돌아오고 난 뒤 1919년부터는 실험물리학 쪽으로 관심을 두기 시작했다. 마침 그해에 프랑크푸르트에 새로 부임한 물리학 교수 막스 보른은 슈테른의 연구에 관심을 가지고 그를 지원해 주었다. 슈테른이 주목한 실험은 프랑스 물리학자 루이 뒤노예Louis Dunoyer, 1880~1963가 개발한 분자빔을 이용하는 것이었다. 분자빔이란 물질을 기화한 다음 슬릿 등을 이용해서 말 그대로 분자 혹은 원자 무리가 한 방향으로 흐르게 하는 것이다. 처음에 슈테른은 분자빔을 이용해서 은 원자의 열운동의 속도 분포 등을 측정했다. 그는 곧 이 방법이 분자나 원자, 원자핵의 성질을 연구하는 데 매우 강력한 방법이라는 것을 깨달았고, 이를 이용해서 새로운 연구를 착안했다.

19세기 초 앙페르André-Marie Ampère, 1775~1836는 닫힌 고리 모양의 전류가 자기 모멘트를 가진다는 것을 알아냈다. 자기 모멘트를 가진다는 말은 자석이 된다는 것을 말한다. 즉 닫힌 고리 전류는 작은 자석이라고 생각할 수 있다는 뜻이다. 자기 모멘트의 크기는 자성의 크기를 나타내며, 자기 모멘트의 방향은 곧 자석의 방향이다. 이 경우 자기 모멘트의 방향은 고리의 방향에 따라 정해진다. 또한 앙페르는 물질 속에 분자 수준에서 이러한 전류가 흐르는 것으로 보인다는 것도 확인하고 이를 분자 전류molecular current라고 불렀다. 러더퍼드의 원자 모형에 따르면 분자 전류를 이해하기가 쉽다. 원자 속에서는 전자가 원자핵의 주위를 돌고 있으므로 일종의 원형 전류가 존재하는 셈이다. 그러면 이 전류에 의해서 자기 모멘트가 생긴다. 즉 개개의 원자는 작은 자석인 것이다. 그런데 모든 원자가 작은 자석이라면 우리는 왜 보통의 물질에서 자성을 느끼지 못하는 것일까? 그 이유는 우리가 보는 거시적인 물질이 수많은 원자로 이루어져 있고 이들의 자기 모멘트는 모두 제각각의 방향을 가리키고 있기 때문이다. 따라서 거시적인 관점에서는 수많은 원자의 자기 모멘트가 만드는 자성이 서로 상쇄되어 드러나지 않는 것이다.

영국의 물리학자 라모어 Sir Joseph Larmor, 1857~1942 는 맥스웰의 이론을 바탕으로 자기장 안에 자기 모멘트를 가진 입자가 있으면 자기장의 방향을 중심으로 세차운동을 한다는 것을 보였다. 라모어의 이론은 고전 전기역학을 기반으로 계산한 것이므로 자기 모멘트의 방향은 모든 방향이 다 가능하다. 그런데 보어-조머펠트의 이론에 따르면 원자 속의 전자가 가질 수 있는 각운동량은 특정한 방향만 가능하다. 따라서 자기 모멘트도 모든 방향이 가능한 것이 아니라 특정한 방향으로만 존재해야 한다. 즉 **공간이 양자화되어 있는 것처럼 보인다.**

그러나 정말 그런가? 실제로 자기장 속에서 원자가 특정한 방향으로만 힘을 받을까? 우리가 보는 이 세상은 아무리 봐도 연속적인 상태로 이루어진 것으로 보이기 때문에, 원자가 특정한 방향을 선호한다는 것을 믿기는 쉽지 않다. 양자론은 원자 속의 전자는 특정한 역학적 상태에만 있을 수 있다고 말한다. 보어가 도입한 첫 번째 양자 조건은 수소 원자의 발머 계열 스펙트럼을 정량적으로 설명해냈고, 헬륨 이온에도 적용될 수 있었다. 조머펠트가 추가한 양자 조건까지 고려하면 수소 원자가 자기장 속에 있을 때 스펙트럼의 변화를 나타내는 제이만 효과의 일부와 전기장 속에 있을 때의 변화인 슈타르크 효과까지도 정량적으로 기술할 수 있었다. 따라서 양자론은 분명 자연의 비밀에 옳은 방향으로 접근한다고 여겨졌다. 그러나 정말 양자론이 전

적으로 옳을까? 정말로 전자가 특정한 궤도에만 있을까? 말 그대로
공간이 양자화되어 있을까?

슈테른은 이것을 실험하고자 했다. 분자빔은 전기적으로 중성이지
만 분자 전류 때문에 자기 모멘트를 가지게 되어 자기장에는 영향을
받는다. 슈테른의 아이디어는 전기적으로 중성인 분자나 원자빔을 균
질하지 않은 자기장에 통과시키는 것이었다. 자기장 속에서 자기 모
멘트를 가진 입자는 힘을 받아서 휘어지게 되는데, 자기장이 불균일
하면 그림에서 보듯 다른 방향을 가리키는 자기 모멘트들은 자기장에
의해 각기 다른 힘을 받게 되고, 따라서 휘어지는 정도가 달라진다. 라
모어의 이론에 따르면 자기 모멘트의 방향은 완전히 임의로 모든 방
향을 가리킬 것이므로, 불균일한 자기장 속에서 휘어진 빔은 빔의 가
운데를 중심으로 연속적으로 퍼진 형태가 된다. 그러나 보어-조머펠
트 이론에 따라 자기 모멘트의 방향이 양자화 되어 있으면 다른 일이
일어날 것이다.

예를 들어 부양자수가 1이라면 각운동량의 크기가 $\hbar = h/2\pi$인데
이 경우 가능한 상태는 자기장과 각운동량이 이루는 각도의 코사인
함수 값이 −1, 0, +1인 세 가지 상태고, 이는 각각 자기장과 각운동량
이 반대 방향, 수직, 같은 방향인 것에 해당한다. 전자의 궤도는 이렇
게 세 가지 방향만 가능하다는 것이다. 여기에 최근에 보어가 발표한
바에 따르면, 특정 조건에서는 자기장과 각운동량이 수직인 상태는
불안정하기 때문에 가능한 상태는 오직 자기장과 각운동량이 평행해
서 같은 방향이거나 반대 방향인 경우뿐이다. 따라서 빔은 두 갈래로
갈라질 것이다.

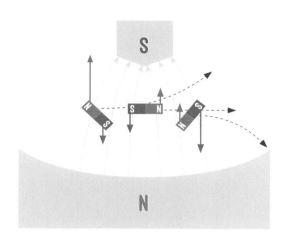

슈테른은 이 아이디어를 먼저, 당시 프랑크푸르트 물리학 연구소의 책임자였던 보른과 상의했다. 그러나 보른의 반응은 신통치 않았다. 보른 스스로가 회고한 바에 따르면 보른은 다음과 같이 생각했다.[13]

나는 처음에는 이 아이디어를 제대로 받아들이지 않았다. 나는 (공간) 양자화란 우리가 모르는 것을 표현하는 일종의 기호라고 늘 생각하고 있었기 때문이다. 하지만 슈테른은 이 말을 문자 그대로 받아들였고, 그것은 그 자신의 아이디어였다. …… 나는 슈테른에게 (이 실험은) 별 의미가 없다는 것을 설득하려고 했으나, 슈테른은 할 만한 가치가 있다고 말했다.

　슈테른은 보른의 냉담한 반응에도 실망하지 않고, 자신의 아이디어를 뛰어난 실험가인 발터 게를라흐와 상의했다. 튀빙겐 대학에서 물리학을 공부한 게를라흐는 파셴의 조수가 되었다가 1차 세계대전 중에는 군에 차출되어 무선 전신에 관한 일을 했고, 전쟁이 끝나고 나서도 한동안 기업체의 물리학 실험실에서 일했다. 슈테른처럼, 전쟁 중이던 1916년 하빌리타치온을 제출한 게를라흐는 1920년에 프랑크푸르트로 돌아와서 강사가 되었다.

　당시 보른이 이끌던 프랑크푸르트 물리학 연구소의 분위기는 매우 좋았다. 이론가들과 실험가들이 좋은 관계를 유지하고, 모든 일을 함께 논의했다. 이러한 보른의 능력과 인품 덕분에 훗날 괴팅겐이 양자역학의 중심지 중 하나가 되었다고 할 수 있다.

　슈테른이 게를라흐에게 자신의 아이디어를 상의하기 위해 찾아왔을 때 게를라흐는 비스무트 원자의 자성을 연구하기 위해서 불균일한 자기장을 가지고 실험하던 중이었다. 슈테른은 게를라흐에게 말했다.[14]

　"자기장 실험으로 뭔가 할 수 있을 것 같아. 공간 양자화라고 들어봤나?"

　"아니, 난 하나도 몰라."

　"같이 해 볼까? 할 수 있을 거야!"

　의기투합한 두 사람은 실험을 준비하기 시작했다. 슈테른은 먼저 대략적인 계산을 해보았다. 실험을 설계하기 위해서는 실험에 필요

발터 게를라흐.

한 구체적인 수치를 얻어야 하기 때문이다. 마침 베를린 대학의 칼만 Hartmut Kallmann과 라이헤 Fritz Reiche의 연구 결과가 큰 도움이 되었다. 그들은 분자빔을 이용해서 분자의 전기 쌍극자 모멘트를 측정했었다. 계산을 해 본 슈테른은 다시 게를라흐와 실험에 관해 논의했다.

"불균일한 자기장이 필요해. 불균일한 정도는 센티미터당 1만 외르스테드*는 되어야겠어. 그 정도 자기장을 만들 수 있을까?"

마침 불균일한 자기장을 가지고 실험을 하던 게를라흐는 자신에 차서 대답했다.

"얼마든지 할 수 있어. 더 크게도 할 수 있지."

그러자 슈테른이 다시 말했다.

"그럼 이제 원자빔을 만들어야 해. 폭은 10분의 1밀리미터에서 100분의 1밀리미터 정도여야 해. 그러면 될 거야."

* 외르스테드는 보조 자기장의 단위다. 물질이 없을 때에는 보조 자기장과 자기장이 같아지므로 그냥 자기장의 단위와 마찬가지가 된다. 그러면 1외르스테드는 1가우스다.

　실험이 금방 쉽게 실행될 리는 없었다. 당시에는 그들이 원하는 수준의 실험 장치를 구하기조차 쉽지 않았다. 예를 들면, 강력하지만 불균일한 자기장을 만들어 내는 자석, 10분의 1 밀리미터 크기의 충분히 센 원자빔을 만들 수 있는 슬릿, 원자빔이 지나가는 길에 진공 상태를 유지하는 장치 등이 필요했다. 또한 실험 과정에서 여러 기술적인 문제가 나타났다. 특히 진공 펌프와 냉각 장치가 많은 문제의 원인이었다. 당시는 충분한 양의 드라이아이스를 공급하는 것도 쉽지 않은 일이었다고 한다.

　1차 세계대전의 뒤처리를 위해 맺어진 베르사유 조약에서 전쟁의 책임은 전적으로 독일에 있는 것으로 규정되자, 이에 따라 거대한 배상금이 부과되고 여러 경제 제재가 가해졌다. 이로 인해 촉발된 인플레이션은 1921년부터 독일 경제를 강타했다. 이 시기 독일이 겪은 인플레이션이 역사상 가장 극심했던 초 인플레이션으로 기록된다. 그런 상황에서 슈테른과 게를라흐는 여러 가지 경로를 통해 재원을 조달하고, 지원을 얻어내야 했다. 아인슈타인은 슈테른을 위해 그의 카이저-빌헬름 연구소를 통해 자금을 지원했고 산업계의 인사를 소개해 주었다. 하르트만-브라운 회사Hartmann und Braun AG는 전자석을, 프랑크푸르트의 메세 회사Messer & Co.는 냉각장치에 들어갈 액체 질소를 기부했다. 그 밖에도 개인적 친분과 대학을 통해 이들은 프랑크푸르트의 여러 기업과 개인들의 지원을 받았다. 한편 보른은 그가 좋아하는 아인슈타인과 상대성 이론에 대해서 대중 강연을 열고, 강연을 들으러 온 사람들에게 입장료를 받아서 이를 제공하기도 했다.

베를린 대학의 칼만-라이헤 팀이 먼저 자신의 아이디어를 구현할까봐 걱정이 되었던 슈테른은 우선 실험의 아이디어를 제안하는 논문을 먼저 발표했다. 이 논문에서 슈테른은 자기장의 영향에 의해 빔이 0.01밀리미터 정도 갈라질 것이라고 예측했다.[15]

본격적인 실험은 1921년부터 시작되었다. 진행은 느렸다. 약 1,000도로 은을 가열시켜서 만든 원자빔을 0.03밀리미터 폭의 슬릿에 통과시켜야 했고, 빔이 갈라지는 폭이 0.01밀리미터 정도에 불과했으므로, 실험 장치가 아주 조금만 흐트러져도 실험을 중단하고 다시 조정해야 했다. 사실 몇 시간만 지나면 실험 장치의 조준이 어긋나서 다시 맞춰야 했기 때문에, 한 번에 몇 시간 이상은 실험을 계속하지 못했다. 결과를 얻지 못한 채 몇 달이 지나갔다. 실험의 성패는 여전히 불투명했다. 보어의 이론을 좋아하는 디바이까지도 슈테른에게 "자네도 원자가 진짜로 공간적으로 특정한 방향만을 가진다고는 믿지 않잖아. 그건 전자가 그런 것처럼 행동한다는 것뿐이지"라고 말했다.[16]

그해 11월 슈테른과 게를라흐는 그때까지 얻은 결과를 가지고 일단 논문을 발표했다. 이 논문에서 그들은 은 원자빔을 사용하는 등의 구체적인 실험 방법을 제시했고, 빔이 퍼져 있음을 확인했다. 따라서 기대했던 바와 같이 빔이 자기장에 의해 휘어짐을, 즉 은 원자가 자기 모멘트를 가진다는 것을 확인한 셈이다. 그런데 빔이 갈라진 것이 아니라 퍼져 있다면 이는 라모어의 고전 이론이 옳다는 결과가 아닌가? 아직 그런 결론을 내리기는 일렀다. 빔의 해상도가 아직 만족할만한 수준이 아니었기 때문이다. 더 정확한 결과를 얻어야 했다. 그래서 그들은 논문에 "지금까지의 경험으로 보아, 더 작은 지름의 빔과 더 높은 해상도를 가지고 실험하면 공간 양자화가 존재하는지를 결정할 단계에 도달할 것이 틀림없다"라고 썼다.[17]

두 사람은 계속해서 빔을 더 집중시키는 등의 노력을 기울였다. 그러다가 그해 말에 슈테른은 조교수가 되어 독일 북부 발트 해에 가까운 도시 로스톡의 로스톡 대학Universität Rostock에 부임하게 되었다. 하지만 실험은 프랑크푸르트에서 계속되었다. 부담이 더욱 커진 게를라흐는 밤낮을 가리지 않고 일했다. 그 과정에서 그는 슬릿을 이용해서 빔의 세기를 더 강하게 만드는 데 성공했는데, 이는 실험의 성공에 이르는 중요한 진전이었다. 당시 게를라흐의 모습을 대학원생이었던 빌헬름 슈츠Wilhelm Schutz가 이렇게 기록해 놓았다.[18]

그것은 시지푸스와 같은 일이었다. 그 거대한 부담과 책임이 게를라흐 교수님의 넓은 어깨 위에 놓여 있었다. 교수님은 밤샘꾼이었다. 저녁 9시쯤 되면 논문과 책이 든 가방을 들고 실험실에 나타난다. 밤새 원고를 고치고 논문을 쓰고 강의를 준비하고 핫 초콜릿과 차를 계속 마시고 담배를 엄청나게 피워댔다. 내가 아침에 연구소에 돌아와서 펌프가 돌아가는 익숙한 소리를 들을 때에도 교수님은 여전히 거기 있었는데, 이는 좋은 신호였다. 밤새 아무 것도 망가지지 않았다는 뜻이니까.

사실 이것은 예로부터 지금까지, 세계 어디서든지 실험실에서 볼 수 있는 실험가들의 모습일 것이다.

해가 바뀌어 1922년이 되었다. 슈테른과 게를라흐는 편지를 통해 의견을 나누다가 2월 초 괴팅겐에서 만나서 이야기를 나누었다. 괴팅겐의 제임스 프랑크와 막스 보른도 만났다. 그리고 다시 프랑크푸르트로 돌아온 게를라흐는 실험을 계속했다. 그러던 어느 날이었다.[19]

실험은 저녁에 시작되어 밤새 내내 계속되었다. 다음날 아침, 아직 연구소에 남아서 표적을 현상했을 때, 이 사진이 나왔다. 가운데에는 아무 것도 없었다. 왼쪽과 오른쪽에만 빔이 나타났다. 완전히 대칭적인 모양은 아니었지만.

마침내 빔이 갈라진 것이 관측된 것이다! 몇 달 동안의 고생 끝에 실험이 성공을 거두었다. 공간은 정말로 양자화되어 있었다!

마델룽을 비롯해서 연구소의 다른 사람들도 이 실험의 성공적인 결과를 보러 왔다. 게를라흐는 학생 슈츠를 시켜 슈테른에게 이렇게 전보를 쳤다.

결국 보어가 옳았어!

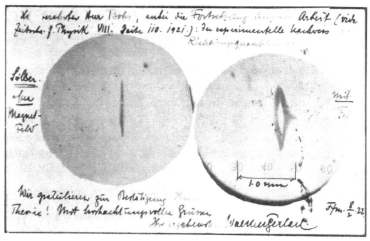

자기장이 걸리지 않았을 때 하나로 나타난 은 원자빔(왼쪽)이 자기장을 걸어주자
두 개로 갈라졌다(오른쪽). 닐스 보어에게 보낸 실험 결과를 담은 엽서다.

슈테른-게를라흐 실험의 결과가 전해지자 곧 각지의 많은 물리학자들이 관심과 축하를 보냈다. 이 결과가 엄청나게 중요하다는 데에는 이의가 없었다. 특히 파울리는 1922년 1월에 프랑크푸르트에 와서 실험을 직접 구경할 만큼 이 실험에 관심을 가지고 있었는데, 성공 소식을 듣자 게를라흐에게 편지를 보내서 실험의 성공을 축하하고 이렇게 덧붙였다. "바라건대 이제 의심 많은 슈테른이 공간 양자화를 받아들이기를."[20] *

슈테른과 게를라흐는 이 관측 결과가 라모어의 고전 이론에 근거한 예측이 틀렸음을 증명하고 조머펠트가 제안한 양자 조건이 옳음을 직접 보여주는 것이라고 결론 내렸다. 이 사진을 담은 논문이 곧 발표되었다.[21] 자기장의 변화율, 원자의 자기 모멘트 등에 대한 더욱 자세한 정량적인 연구를 담은 후속 논문도 거의 동시에 게재되었다.[22] 1924년에는《물리학 연보 *Annalen der Physik*》에 실험과 분석 결과에 대해 완벽히 설명하고 공간 양자화를 논의한 논문이 발표되었다.[23] 이로써 슈테른-게를라흐의 실험은 대성공을 거두었고, 보어-조머펠트의 초기 양자론은 더욱 굳건한 뒷받침을 받게 되었다.

슈테른은 1923년에 함부르크 대학에 새로 만들어진 물리화학 연구소의 소장이 되어 함부르크로 다시 자리를 옮겼다. 그는 거기서 파울리와 매우 친한 친구가 되었다. 파울리가 너무도 강력한 이론물리학

* 파울리가 이런 말을 한 이유는, 슈테른은 원래 보어의 원자 이론이 1913년에 나왔을 때 이를 믿지 않았기 때문이다. 슈테른은 취리히에서 막스 폰 라우에와 질친한 친구가 되었는데, 파울리가 기억하기를, 이들이 취리히 근교의 산에 하이킹을 하면서 "보어의 이 말도 안 되는 이론이 옳은 것으로 판명난다면 물리학 따위 때려치우자!"라고 말했다고 한다. 물론 이들은 물리학을 떠나지 않았고, 오히려 양자론에 커다란 공헌을 했다.

자라서 실험도구 근처에만 와도 장비가 고장난다는 '파울리 효과' 이
야기를 퍼뜨린 사람이 바로 슈테른이다. 그는 "난 파울리를 내 실험실
에 절대 들어오지 못하게 해"라고 이야기하곤 했는데, 파울리를 놀리
려고 하는 이 이야기를 파울리도 내심 자랑스러워한다는 것이 아이
러니다. 더 큰 아이러니는 슈테른 본인도 사실 손재주가 뛰어난 실험
가는 아니었다는 것이다. 프랑크푸르트에서 슈테른을 지원했던 막스
보른은 자기 실험실에서 슈테른이 첫 실험을 하도록 해주면서 실험
과정을 지켜보았는데, "슈테른은 나처럼 손재주가 별로였다"고 말했
다.[24]

슈테른은 1933년 나치가 유대인 탄압을 시작하자 미국으로 망명해서 여생을 지냈다. 그는 슈테른-게를라흐 실험 이후 1925년부터 20여 년 동안 무려 82회나 노벨상 후보로 추천을 받았고, 결국 1943년 단독으로 상을 받았다. 어쩌면 역사상 가장 많이 노벨상 후보로 추천을 받은 사람일지도 모른다. 그의 수상 이유는 "분자빔 방법을 발전시키고 양성자의 자기 모멘트를 발견한 공적"이다. 그러나 게를라흐는 노벨상을 함께 수상하지 못했다. 슈테른의 수상 이유에 분자빔 방법이라고 하면서도 슈테른-게를라흐 실험은 언급하지 않았고, 대신 슈테른이 1933년 같은 방법으로 측정한 양성자의 자기 모멘트를 들고 있음을 주목하자. 사람들은 이를 게를라흐가 독일에 남아서 나치에 협력을 했기 때문으로 여긴다.

슈테른-게를라흐의 실험의 결과는 의심의 여지없이 원자의 내부 구조가 양자화되었다는 것을 직접 보여준다. 사실 이 실험은 고전적인 방법으로 양자역학의 근본적인 성질, 특히 관측에 관한 문제를 다루는 최초의 실험이었다. 그러므로 이 실험은 양자론의 역사에 결정적인 실험의 하나로서 영원히 남게 되었다. 지금 우리는 아무 양자역학 교과서나 들춰보아도 이 실험이 설명되어 있는 것을 볼 수 있으며, 심지어 몇몇 교과서는 이 실험으로 책을 시작하기도 한다. 그러나 사실 실험 결과를 발표했을 당시 그들은 실험을 잘못 이해하고 있었다.

몇 가지 잘못이 묘하게 겹쳐 있었다. 우선 보어의 1918년 논문은 틀린 것이었다. 즉 각운동량이 자기장과 수직인 상태도 사라지지 않는다. 따라서 은 원자의 각운동량이 1이라면 빔은 자기장을 지나고 난 후 −1, 0, +1의 세 갈래로 갈라져야 했다.

싸구려 시가 덕분에

슈테른-게를라흐 실험과 관련해서 유명한 에피소드가 하나 있다. 그들은 실험하는 과정에서 정밀도를 유지하기 위해 실험 장치를 몇 시간에 한 번씩 다시 조정하는 바람에 데이터를 한 번에 몇 시간씩밖에는 모으지 못했다. 그러면 스크린에 흡착되는 은 원자의 양이 너무 적어서 맨눈으로는 알아보기 어려웠다. 실험 초기의 어느 날 게를라흐가 시료판을 들여다보아도 은 원자가 흡착된 흔적이 보이지 않아서, 시료판을 슈테른에게 넘겨주고 슈테른이 시료판을 얼굴 가까이 대고 들여다보는 것을 그의 어깨 너머로 보고 있었다. 그런데 놀랍게도 서서히 은 원자의 흔적이 나타나는 것이었다. 두 사람은 깜짝 놀랐다. 한참 곰곰이 생각해 본 뒤에야 그들은 이유를 알 수 있었다. 당시 슈테른은 조교수급이라서 월급이 별로 많지 않았고, 그래서 질 좋은 시가를 피우지 못하고 싸구려 시가를 피워야 했다. 싸구려 시가에는 상대적으로 황이 많이 포함되어 있었고, 이를 피우던 슈테른의 숨에도 황성분이 많이 들어 있었다. 이 황이 시료판의 은과 만나서 황화은이 되었고, 황화은은 검정색이라 눈에 잘 띄게 된 것이다. 이 과정은 필름을 현상할 때 일어나는 반응이다.

이들은 그 다음부터 시료를 현상하는 과정을 거치기로 했고, 몇 시간씩만 모아도 시료판 위의 데이터를 쉽게 확인할 수 있었다. 그러면서도 둘 다 실험실에서 시가도 여전히 피워댔다. 아무튼, 슈테른이 피우던 싸구려 시가 덕분에 실험의 고비를 하나 넘길 수 있었던 것이다.

동시에 그들은 원자의 각운동량도 잘못 알고 있었다. 은 원자의 각운동량의 양자수는 1이 아니라 0이었다. 따라서 각운동량 상태는 오직 하나뿐이고, 공간 양자화에 의해서 빔이 자기장 속에서 갈라지는 것은 일어나지 않을 일이었다. 만약 슈테른이 이것을 미리 알았다면 애초에 실험을 시도하지 않았거나, 적어도 다른 실험을 생각했을 것이다.

분명 슈테른-게를라흐의 실험에서 빔은 두 갈래로 갈라졌다. 그러나 위에서 설명한 대로 그것은 **공간의 양자화 때문이 아니었다!** 즉 그들은 빔이 갈라진 이유를 잘못 생각하고 있었다. 그러니까 당시 그들이 본 것이 무엇인지는, 실험을 한 본인들을 포함해서 아무도 정확히 모르고 있었던 것이다.

그렇다면 다시 질문해 보자. 각운동량의 양자수가 0인데 빔은 왜 갈라진 것일까? 각운동량의 양자화가 아니라면 무엇이 양자화되어 있는 것인가?

주기율표

보어가 제시한 이론의 핵심은 다음 두 가지다. 첫 번째, 원자의 상태는 특정한 에너지를 가지는 불연속적인 상태로 이루어져 있고, 두 번째, 한 상태에서 다른 상태로 이동할 때 두 상태의 에너지 차이가 복사선의 형태로 방출되거나 흡수되는데 이것이 원자의 선 스펙트럼이라는 것. 조머펠트는 보어의 모형을 발전시켜 원자의 상태는 에너지에 따라서 뿐 아니라 각운동량에 따라서도 달라진다는 것을 보였다. 따라서 원자의 상태는 보어가 제안한 양자수 n과 조머펠트가 각운동량을 나타내기 위해 추가한 양자수 k, m에 의해서 결정된다.

보어는 수소 원자의 발머 계열 스펙트럼과 헬륨 이온의 스펙트럼을 자신이 제안한 양자수로 설명했고, 조머펠트는 새로운 양자수를 이용해서 자기장에 의한 제이만 효과의 일부와 전기장에 의한 슈타르크 효과를 설명할 수 있었다. 또한 조머펠트는 상대성 이론의 효과를 통해 하나로 보이던 스펙트럼 선이 사실은 여러 개의 가는 선으로 이루어진 미세구조를 이룬다는 것도 보였다. 이로써 원자를 바라보는 새로운 관점이 확립되었다. 보어-조머펠트 모형이 그리는 원자 속의 풍경은, 원자핵을 중심으로 전자가 붙어있는 가상의 껍질 shell 이 여러 개 있고 전자는 껍질 위에서만 움직이다가, 주변과 상호작용을 할 때 각 껍질을 넘나드는 것이다. 주양자수는 가장 안쪽으로부터 껍질에 붙은 번호다. 주양자수 n이 1, 2, 3, …인 껍질을 각각 K, L, M, … 껍질이라고 부른다.

보어-조머펠트의 이론이 진정한 원자의 이론이라면 수소 말고 다른 원자에도 적용되어서야 할 것이다. 그러면 원자의 주기율표를 설명할 수 있을 것이다. 그때까지 주기율표란 실험적으로 얻어진 결과를 정리한 것이었다. 그 안에 들어있는 원리는 무엇인가? 이 구조를 이론적으로 설명하는 것이 가능할까? 우리가 주기율표만 가지고 알 수 있는 것은 원자를 원자번호 순서대로 썼을 때 원소들의 화학적 성질이 주기적으로 나타난다는 점뿐이다. 이제 원자의 이론을 가지고 주기율표를 이해해보자.

우선 모든 원자들은 안정된 상태에 있다고 생각하자. 물리학에서 안정된 상태란 에너지가 가장 낮은 상태를 말한다. 물리학의 모든 원리 중에서도 가장 근본적인 원리는 물질은 가능한 한 낮은 에너지 상태, 즉 안정된 상태가 되려고 한다는 것이다. 이렇게 낮은 에너지 상태로 가려는 경향을 뉴턴 역학에서는 '힘'이라고 부른다. 원자 속의 전자는 원자핵에 가까이 갈수록 더 낮은 에너지 상태에 있게 된다. 그런데 보어-조머펠트 모형에 따르면 원자 속에서 전자와 원자핵 사이의 거리는 특정한 값만 가능하다. 마치 원자 내부의 공간이 양자화되어 특정한 거리만큼 떨어진 위치만 가능한 것처럼 보인다. 따라서 안정된 상태의 원자는 전자가 가장 안쪽 궤도에 있는 상태를 말한다.

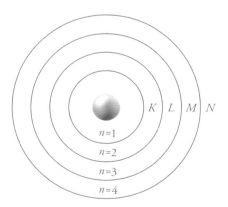

양자수 n의 수에 따라 껍질의 이름을 K, L, M, N, …으로 붙였다.

이제 여러 원자들을 비교해 보자. 헬륨 원자에는 전자가 두 개 있는데, 안정된 상태에서는 두 개의 전자가 모두 가장 안쪽 궤도에 있어야 할 것이다. 마찬가지로 원자번호가 3인 리튬 원자에서는 세 개의 전자가, 원자번호가 4인 베릴륨 원자에서는 네 개의 전자가 모두 가장 안쪽 궤도에 있어야 한다. 이런 식으로 모든 원자는 원자번호에 해당하는 숫자의 전자를 가지고 있고, 안정된 상태일 때는 항상 모든 전자가 가장 안쪽 궤도에 있어야 할 것이다. 그러면 원자는 어떻게 보일까?

먼저 원자의 크기를 생각해 보면, 모든 전자가 가장 안쪽 궤도에 있으므로 원자의 크기는 가장 안쪽 궤도의 크기와 같다. 그런데 원자번호가 커짐에 따라서 원자핵의 (+) 전하도 커지고, 그러면 원자핵이 전자들을 더 강한 힘으로 당기기 때문에 궤도 자체의 크기는 점점 작아지게 될 것이다. 따라서 원자번호가 커짐에 따라서 원자의 크기는 점점 더 작아진다. 보어의 원자 모형으로 계산해 보면, 원자의 가장 안쪽 궤도 반지름은 원자번호에 반비례한다. 물론 전자의 개수가 많아질수록 전자의 밀도가 높아져서 전자끼리 서로 밀치는 힘이 작용하기도 한다. 그러나 앞에서 원자의 크기와 전자의 크기를 비교해 본 바에 따르면 그 힘은 아주 미미하다.

그러나 실제로 안정된 상태의 원자의 크기를 측정해 보면 그 결과는 방금 했던 예상과는 전혀 다르다. 원자번호에 따라 측정된 원자의 크기를 나타낸 그래프가 다음 장의 위 그림이다. 여기서 원자번호에 반비례하는 점선이 우리가 방금 논의한 대로 원자번호에 따라 원자의 크기가 작아지는 것을 나타낸다. 그런데 그래프를 보면 실제로 원자의 크기를 측정한 값은 그와는 전혀 다르다는 것을 알 수 있다. 원자의 크기는 원자번호에 따라 줄어들다가 다시 커지는 주기적인 모습을 보인다. 특히 유독 크기가 큰 원자들이 주기적으로 나타난다. 이 원자들은 원자의 주기율표에서 수소 아래에 있는, 소위 알칼리 금속이라 불리는 원소들이다.

다음으로 이온화 에너지라는 양을 생각해 보자. 원자가 화학 반응을 할 때에는 주로 전자를 내놓거나 가져온다. 이때 원자에서 전자 하나를 떼어내는 데 드는 에너지를 이온화 에너지라고 한다. 따라서 이온화 에너지가 크다고 하면 전자를 떼어내기가 어렵다는 말이고, 이온화 에너지가 작다는 것은 전자를 쉽게 잃는다는 뜻이다. 만약 모든 전자가 가장 안쪽 궤도에 있다면, 이온화 에너지는 원자번호가 커짐에 따라서 증가해야 할 것이다. 왜냐하면 더 큰 (+) 전하를 가진 원자핵이 전자를 붙잡고 있기 때문이다. 다음 장의 그림을 보자. 방금 이야기한 대로라면 이온화 에너지는 원자번호에 대체로 비례하는 점선이 되어야 한다. 그러나 실제로 측정된 이온화 에너지 역시 기묘한 주기성을 보여준다. 특히 헬륨, 네온, 아르곤 등의 원소는 아주 큰 이온화 에너지를 가진다. 이 말은 전자를 떼어내서 이온이 되는 데 많은 에너지가 들고, 따라서 화학 반응을 잘 일으키지 않는다는 말이다. 화학자들은 이 원소들을 이미 잘 알고 있었으며 비활성 기체라고 불렀다. 한편 알칼리 금속은 특히 이온화 에너지가 작아서 쉽사리 전자를 잃고 (+) 이온이 된다.

이런 식으로 원소들의 화학적 성질은 주기성을 가지며, 우리가 지금 보는 주기율표는 이러한 주기성을 나타내도록 표현된 것이다. 그래서 주기율표에서 세로로 같은 줄에 있는 원소들은 같은 화학적 성

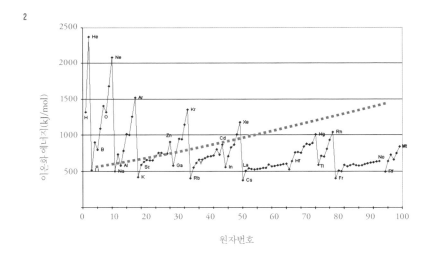

1　원자번호에 따른 원자 반지름의 변화.
2　원자번호에 따른 1차 이온화 에너지의 경향

질을 가진다.

원자들의 주기성을 설명하기 위해서 보어는 각 껍질에 들어가는 전자의 수에는 어떤 제한이 있다고 제안했다. 그리고 한도가 다 차면 그 껍질에는 더 이상 전자가 들어가지 못한다고 가정했다. 이럴 때 그 껍질이 '가득 찼다'고 말한다. 가득 찬 껍질에 들어있는 전자는 매우 안정된 상태라서 쉽사리 떼어낼 수 없다. 즉 이온화되기 어렵다. 그러므로 화학 반응은 주로 가장 바깥쪽의 가득 차지 않은 껍질에 있는 전자들에 의해서 일어난다.

비활성 기체는 껍질이 가득 찬 원소라서 화학 반응을 잘 하지 않는다. 따라서 비활성 기체를 가지고 생각하면 각 껍질의 전자 개수를 알 수 있다. 예를 들면 헬륨은 원자번호가 2번이고 따라서 전자도 2개다. 그러므로 가장 안쪽의 K 껍질은 전자가 2개 들어가면 가득 찬다. 네온은 원자번호가 10번이므로 10개의 전자를 가지고 있다. K 껍질에 전자가 2개 있으므로 L 껍질에는 전자가 8개 들어가서 가득 찬 것이다. 마찬가지로 M 껍질에는 18개의 전자, N 껍질에는 32개의 전자가 들어가서 가득 찬다. 이런 식으로 주기율표에 의해서 각각의 껍질에 들어갈 수 있는 전자의 최대 수를 정할 수 있다. 그러면 알칼리 금속은 원자번호가 1만큼 더 크므로 전자도 하나 더 많아서, 가득 찬 껍질의 바깥 껍질에 전자가 하나 더 있는 구조가 된다. 이 전자는 떼어내기가 쉬워서 이온화 에너지가 작은 것이다. 보어는 이러한 아이디어를 보어 축제의 강연에서도 이야기했다. 물론 왜 껍질이 가득 차게 되는지, 그리고 껍질마다 가득 채우는 숫자인 2, 8, 18, 32,…가 어떻게 정해지는지는 알지 못했다.

보어-조머펠트 모형은 원자의 새로운 이론으로 각광을 받으며 많은 성취를 이뤄냈고, 1922년 보어 축제와 보어의 노벨상 수상으로 성공적인 이론임을 널리 인정받았다. 그러나 축제 분위기가 무색하게도 그 해가 채 가기도 전에 이론의 한계가 적나라하게 드러나기 시작했다.

보어-조머펠트 이론의 한계

그해 9월 보어의 초청을 받고 파울리가 코펜하겐에 도착했다. 코펜하겐에서 베를린에 있는 친구 라덴부르크Rudolf Walter Ladenburg, 1882~1952에게 보낸 11월 14일자 편지에 보면 파울리는 "나는 여기서 아주 잘 지내면서 보어의 물리학을 배우고 있어. 보어의 물리학은 나머지 모든 물리학과 차원이 달라!"라고 말하고 있다.[25] 파울리는 보어의 노벨상 연설을 독일어로 옮기는 등 보어를 돕는 일을 하면서, 한편으로 이제부터 그의 숙적, 비정상 제이만 효과와 본격적으로 만나게 된다.

앞에서 소개한대로 제이만 효과는 자기장에 의해서 원자의 선 스펙트럼이 갈라지는 현상이다. 로렌츠는 전자의 진동을 이용해서 선 스펙트럼이 두 개, 혹은 세 개로 갈라짐을 설명했다. 보어의 처음 모형은 이를 설명하지 못했으나, 조머펠트가 새로 도입한 양자수를 이용하면 제이만 효과가 설명되었다. 이 때, 조머펠트는 제이만 효과를 설명하기 위해서는 숫자들 사이에 특별한 선별 규칙selection rule이 적용된다는 것을 발견했다. 즉 원자가 자기장 속에 들어가면 k에 해당하

울리의 코펜하겐 생활은 내내 비정상 제이만 효과와의 투쟁이었다.

보어-조머펠트 이론이 실패한 또 다른 장면은 헬륨 원자를 비롯한 다른 원자의 스펙트럼을 설명하는 일이었다. 보어 축제에서도 언급했듯이 보어는 크라메르스와 함께 이 문제를 오랫동안 연구해 왔다. 그들은 마침내 헬륨 모형에 관한 논문을 1922년 12월에 발표했는데 결국 그 모형도 스펙트럼을 옳게 설명하지는 못했다. 1922년 말에서 1923년 초에 이르러서는 대체로 사람들이 헬륨 원자의 스펙트럼은 보어-조머펠트 이론으로는 설명되지 않는다고 결론을 내렸다. 또 앞서 말한 대로 파울리의 박사 학위논문이었던 수소 분자 이온에 대한 연구 결과도 보어-조머펠트 이론으로는 설명되지 않았다. 아무래도 보어-조머펠트 원자 모형은 무언가 기초에서부터 다시 건설되어야 할 것 같았다.

원자들의 스펙트럼과 제이만 효과에 관한 엄청난 양의 데이터 속에서 새로운 길을 찾기 시작한 사람 중 하나는 란데Alfred Landé, 1888~1976였다. 란데 역시 파울리와 하이젠베르크처럼 뮌헨에서 조머펠트로부터 원자 이론을 배웠다. 지금은 부퍼탈Wuppertal 시의 일부가 된 독일 라인란트 주의 엘버펠트Elberfeld에서 태어난 란데는 뮌헨 대학에서 공부하고 난 후, 1913년에 괴팅겐으로 옮겨서 힐베르트의 조수가 되었다. 그곳에서 그는 막스 보른과도 가까워졌고 자연스럽게 보어의 원자 모형을 연구하게 되었다. 1914년 뮌헨 대학에 박사 논문을 제출하자마자 1차 세계대전이 발발해서, 란데는 동부전선에서 복무하다가 막스 보른의 도움으로 포병대에 배속되어 그나마 군에서도 과학에 관계된 일을 할 수 있었고, 보른과 함께 결정 구조에 관한 연구를 시작했다.

알프레드 란데

그러면서 란데는 차츰 원자의 이론 자체에 흥미를 갖게 되었다.

1919년부터 란데는 본격적으로 원자 모형을 연구했다. 란데 역시 헬륨을 비롯해서 둘 이상의 전자가 있는 원자의 스펙트럼을 설명하려고 했고, 또 비정상 제이만 효과를 이해하고자 했다. 그러기 위해 란데도 자기 모멘트에 대해 반정수로 된 양자수를 도입하는 등 나름대로의 방식으로 다른 양자수와 선별 규칙을 도입했다. 어떤 경우에는 란데의 것이 잘 적용이 되었고 어떤 경우에는 조머펠트의 방법이 잘 맞았다. 1922년부터 이들은 경쟁적으로 새로운 양자수를 이용해서 더욱 많은 원자들의 스펙트럼 선과 제이만 효과를 설명하는 데 골몰했다. 특히 란데는 아예 기존의 부양자수까지 새로 정의해서 스펙트럼 선을 설명하고자 했다. 조머펠트 역시 자신이 도입한 새로운 양자수의 물리적 의미를 찾으려고 노력했다. 이들이 새로운 양자수를 도입해서 만든 모형을 대체 모형Ersatzmodell 이라고 불렀다.

수소가 아닌 다른 원자들의 경우에도 스펙트럼 선의 많은 부분은 전자 하나가 들뜬 상태가 되어 바깥쪽의 높은 에너지 상태가 되었다가 다시 안정된 상태로 가면서 내놓는다. 이렇게 가장 바깥에 있는 전자를 원자가 전자valence electron라고 부른다. 수소 원자의 경우에는 원자가 전자가 원자핵이 만드는 전기장하고만 상호작용하는 데 반해, 다른 원자들의 경우에는 원자가 전자가 원자핵의 전기장과 안쪽의 가득 찬 껍질에 있는 다른 전자들이 만드는 전기장을 합친 전기장 속에서 움직일 것이다. 이렇게 가득 찬 껍질에 속해있는 전자들을 뭉뚱그려서 속전자core electrons라고 부른다. 대체 모형에서는 새로운 양자수를 속전자가 가진 각운동량 상태로 해석하고, 비정상 제이만 효과는 원자가 전자의 각운동량과 속전자의 각운동량 사이의 어떤 종류의 결합을 통해서 설명하려고 했다.

이러한 대체모형이 일부의 실험 결과를 새로 설명하는 것으로 보아, 그 안에 어떤 진실을 담고 있음은 분명했다. 그러나 동시에 여전히 설명하지 못하는 데이터도 많고, 내부 각운동량을 제대로 보여주지 못하는 것도 사실이다. 란데는 이런 문제를 또 다른 방법으로 극복해 내려고 했으나, 파울리는 이를 근본적인 한계라고 보았다. 그래서 이런 대체 모형들을 너무 믿지 말라고 동료들에게 늘 경고하곤 했다. 파울리 역시 이 스펙트럼을 설명하는 나름의 대체 모형을 만들기도 했으나, 파울리는 대체 모형을 만드는 것이 성공이라고는 전혀 생각하지 않았다. 그래서 이런 모형을 만드는 일에 크게 중요성을 두지도 않았다. 파울리는 이 숫자들 너머, 원자의 진짜 모습을 알고 싶었다. 언제나 수많은 스펙트럼 선의 데이터를 바라보며 그 너머 원자 속의 풍경을 생각하고 있었다.

배타 원리와 스핀

자갈과 돌과 대리석과 똑바른 선이.
엄격한 공간을, 아무 수수께끼도 없는 평면을 그려내고 있었지요.
처음엔 거기서 길을 방황하는 것은 있을 수 없다고 느껴졌죠.
…
처음에는 곧게 뻗은 산보로를 따라서 굳어버린 동작을 나타내는 조각이나
화강암의 포석 사이에서 길을 헤매리라곤 생각할 수 없었어요.
그러나 거기서, 그 정원에서 이제는 당신은 영원히 길을 헤매고 있죠.
고요한 밤에 나와 단 둘이서.

— 알랭 로브그리예 〈지난 해 마리엥바드에서〉

배타 원리의 탄생

파울리는 뮌헨에 있을 때부터 연말이 되면 빈으로 돌아가서 가족과 함께 크리스마스를 보냈다. 빈에 가면 늘 빈 대학의 물리학과를 방문해서 사람들과 이야기를 나누곤 했다. 1922년에도 마찬가지였다. 이 해에는 빈에서 코펜하겐으로 돌아오는 길에 괴팅겐에 들러서, 막 괴팅겐 생활을 시작한 하이젠베르크도 만났다. 이렇게 다른 연구자들을 방문해서 토론하는 것은 이 당시 원자를 연구하던 물리학자들이 즐기던 중요한 연구 스타일이었다. 파울리는 그중에서도 가장 열심이었다. 맥코마크와 융니켈은 이렇게 묘사했다.[01]

양자 물리학을 건설하는 데 도움을 준 원자 물리학자들은 괴팅겐, 뮌헨, 함부르크, 코펜하겐, 그리고 독일의 안과 밖의 원자 연구 장소를 정기적으로 오갔다. 그들은 매년 몇 번씩 그들의 동료를 만났고 방문자건, 학생이

235

건, 조수이건, 사강사이건, 교수이건 어디를 가든 과학적 동료로서 만났다. 중요한 것은 재능과 지식과 결단력이었다. 파울리가 그의 고향 빈에서 함부르크로 일하러 돌아올 때, 원자 물리학 연구를 수행하는 곳이면 모두 편지를 보내 방문 사실을 알리고 그곳에 들렀다. 이동하는 기차에서 그의 머릿속에는 원자 물리학의 전체 문제가 지나갔다.

1923년이 밝았다. 유럽은 전쟁의 후유증을 겨우 극복하고 조금씩 안정을 찾았지만, 독일 주변은 여전히 불안했다. 베르사유 조약에서 나무와 석탄 배상을 제대로 이행하지 않았다는 이유로 프랑스와 벨기에가 1월에 독일의 탄광 지대인 루르 지방을 점령했기 때문이다. 그러나 코펜하겐에서 1923년을 맞은 파울리의 머릿속에는 여전히 비정상 제이만 효과뿐이었다. 쉽게 끝날 일이라고는 생각지 않았다. 9월에 함부르크로 돌아올 때까지도 파울리는 여전히 실마리조차 잡지 못하고 있었지만, 어쨌든 적어도 보어의 이론으로는 이 문제를 해결할 수 없다고 결론을 내리고 있었다. 1923년 6월 6일자에 조머펠트에게 보낸 편지에서 파울리는 이렇게 말하고 있다.[02]

보어의 이론의 문제점은 원자 속의 각 껍질이 닫히는 것에 관해서 어떤 명확한 결론도 주지 못하고, 따라서 전자 궤도의 주기에서 나오는 2, 8, 18, 32, …라는 숫자를 설명할 수 없다는 겁니다.

보어의 이론은 사실상 고전역학에 양자화 조건을 더해준 것이라고 해야 한다. 파울리의 직관은 이론의 전제나 방정식을 약간 수정하는 정도로는 이 문제점을 해결할 수 없으며, 따라서 고전역학의 관점을 포기하고 완전히 새로운 원리를 찾아야만 한다고 말하고 있었다. 그래야만 헬륨 원자의 상태나 비정상 제이만 효과를 올바르게 계산할 수 있을 것이다. 그러한 원리 없이 2, 8, 18, 32, …를 설명하는 것은 '양자수비학'에 불과하다는 것이 파울리의 생각이었다.

그 해가 저물어 갔다. 릴케는《두이노의 비가》를 발표했고, 헤밍웨이는 파리에서 첫 아들을 가졌으며, 히틀러는 뮌헨 뷔르거브로이켈러 Bürgerbräukeller 의 맥주홀에서 쿠데타를 획책했다가 실패해서 감옥에 갇혔다. 파울리는 함부르크 대학의 강사가 되었고, "양자론과 원소의 주기율표 Quantentheorie und periodisches System der Elemente"라는 제목으로 임용 기념 강연을 했다. 훗날 노벨상 수상 강연에서 파울리는 이 강의에 대해 이렇게 말했다.[03]

이 강의의 내용은 내게 매우 불만족스러웠다. 전자껍질이 가득 차는 문제에 대해 더 밝힌 것이 없었기 때문이다. 분명한 것은 오직 이 문제와 다중항 구조가 틀림없이 밀접한 관계가 있으리라는 것뿐이었다. 그래서 나는 가장 간단한 경우인 알칼리 금속 원소 스펙트럼의 이중항 구조를 다시 한 번 정밀하게 검사하려고 애썼다. 그 당시 나는 보어가 괴팅겐에서 했던 강의에서도 제시했던 정통적인 관점에 따라, 원자의 속전자가 가지는 각운동량을 이중항 구조의 원인이라고 생각했다.

그러나 그해 연말에 파울리는 원자의 양자론을 연구하고 있지 않았다. 대신에 그는 한동안 고체에서의 열전도에 관한 문제를 다루면서 지냈다. 1924년 초까지도 그랬다. 이에 관해, 보어에게 보낸 편지에서 파울리는 이렇게 이야기했다.[04] "어쨌든 한동안 원자 이론으로부터 떠나 있어서 아주 좋았습니다. 후에, 아마도 곧, 새 힘을 얻어서 돌아올 겁니다."

그 말대로 잠시의 휴식으로 새로운 힘을 얻은 파울리는 여름부터 다시 원자 이론과 비정상 제이만 효과를 연구하기 시작했다. 훗날 파울리가 노벨 물리학상을 수상했을 때, 그는 노벨 강연에서 이렇게 이야기했다.[05]

비정상 형태로 갈라진 스펙트럼은 아름답고 단순한 법칙이 그 뒤에 있음을 나타내는, 아주 풍부한 연구의 원천이었지만, 그것을 이해하기는 대단히 어려웠다. 고전 이론으로나 양자 이론으로나 전자가 주는 스펙트럼은 항상 세 갈래로 갈라지게 되어 있기 때문이다. 이 문제를 자세히 들여다보면 볼수록 나는 더욱 더 다루기 어렵다는 생각이 들 뿐이었다. …… 그 당시 나는 만족스러운 해법은 찾을 수가 없었으나, 란데가 분석한 결과를 아주 강한 자기장이 있는 더 간단한 경우에 일반화하는 데 성공했다. 이런 사전 작업들이 배타 원리를 발견하는 데 있어 결정적으로 중요했다.

그해 조머펠트는 그의 책《원자 구조와 스펙트럼 선》4판을 발행하고 파울리에게 한 권을 보냈다. 이 책을 훑어보던 파울리는 서문에서 케임브리지의 캐번디시 연구소에서 연구하는 에드먼드 스토너 Edmund Clifton Stoner, 1899~1968 라는 한 영국인이 쓴 논문에 주목했다.

영국 서레이 주의 에셔에서 태어난 스토너는 케임브리지에서 1921

에드먼드 스토너.

년 학위를 받고 러더퍼드의 지도 아래 X선과 원자의 에너지 준위를 연구하면서 대학에 자리를 찾고 있던 젊은 학자였다. 스토너는 1924 년 10월 《필로소피컬 매거진》에 "원자 에너지 준위 사이의 전자 분포 The Distribution of Electrons among Atomic Levels"라는 제목의 논문을 발표했다.[06] 이 논문에서 스토너는 X선 스펙트럼과 광학적 스펙트럼을 이용해서 각 에너지 준위에 들어가는 전자의 수를 분류해 놓았다. 스토너는 원자 속에서 전자의 상태를 주양자수 n, 부양자수 k, 그리고 새로운 내부 양자수 j로 표현했다. 스토너는 주양자수에 의해서 정해지는 에너지 준위에 전자가 가득 차 있을 때, 각 에너지 상태에 분포하는 전자의 수는 내부 양자수 j의 2배가 된다고 제안했다. 즉 $n=1$인 경우에는 $j=1$과 $k=1$만이 가능하므로, 이 에너지 준위는 $1\times2=2$개의 전자가 가득 채우게 된다. 이 에너지 준위만 있는 경우가 비활성 기체 중에서 가장 가벼운 헬륨이다. $n=2$인 경우에는 k와 j가 각각 $(k, j)=(1, 1)$, $(2, 1)$, $(2, 2)$가 가능하므로 이 에너지 준위를 가득 채우는 전자의 네온 원자의 전자 배치. 안쪽 껍질에 2개, 바깥쪽 껍질에 8개의 전자가 들어 있다.

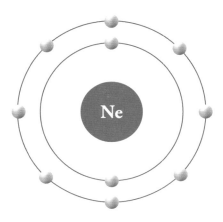

수는 $1 \times 2 + 1 \times 2 + 2 \times 2 = 8$이다. 네온에서는 $n = 1$인 준위와 $n = 2$인 준위가 모두 가득 차 있으므로 총 $2 + 8 = 10$개의 전자를 가지고 있는 것이다. 이런 식으로 스토너는 각 껍질에 전자가 어떻게 분포하는지를 제안했다.

파울리는 스토너의 논문에서 중요한 구절을 발견했다.[07]

주양자수가 주어졌을 때, 자기장 안의 알칼리 금속 스펙트럼에서 하나의 전자가 있을 수 있는 에너지 준위의 숫자는 같은 주양자수에 해당하는 비활성 기체의 닫힌 껍질에 들어있는 전자의 수와 같다.

닫힌 껍질에 들어있는 전자의 수인 2, 8, 18, 32,…라는 숫자와, 같은 주양자수를 가지는 원자가 전자가 있을 수 있는 에너지 준위의 숫자는 같다. 정확히 말하자면 이 숫자들은 각 껍질에서 전자가 가질 수 있는 에너지 상태의 수의 2배다. 다시 말해서 전자는 각각의 에너지 상태에 2개만 존재할 수 있다. 파울리는 여기서 2라는 숫자가 전자 자체에 달린 것이라고 한다면 규칙이 아주 단순해진다는 것을 깨달았다. 지금까지의 대체 모델에서는 새로운 양자수를 속전자와 원자가 전자 사이의 모종의 상호작용에 의한 것이라고 생각했었다. 그러나 이 2가를 이용하면 더 이상 그럴 이유가 없었다. 속전자의 상태는 관계없다. 원자가 전자만이 중요하다! 드디어 파울리의 눈앞에 원자 속의 풍경이 떠올랐다.

파울리는 이 2라는 숫자를 "2가價의 값Zweideutigkeit 영어로는 two valuedness"이라고 불렀다. 전자가 가지고 있는 본질적인 성질, 새로운 양자수로 표현할 수밖에 없는 이 성질이 무엇인가 하는 것을 파울리는 깊이 숙고했다. 그러나 이 단계에서는 더 이상의 결론을 끄집어낼 수 없었다. 그래서 그는 이 성질을 "고전적으로는 표현할 수 없는 2가 a classically non-describable two valuedness"라고 표현했다. 과학자들이 말을 할 때 틀린 표현을 피하려고 하다 보면 괴상한 말이 되는 경우가 왕왕 있는데, 파울리가 이 새로운 양자수를 가리켜서 하는 말이 바로 그런 모습이라는 생각이 든다. 그런데 지금까지 세상에 존재하지 않았던, 그래서 당연히 그것을 가리키는 언어조차 존재하지 않는 대상을 접했을 때 우리는 어떻게 해야 하는가?

결국 파울리는 이 2라는 숫자는 전자의 새로운 양자수를 의미하는 것이라고 결론을 내렸다. 각각의 에너지 상태에 있는 2개의 전자는 이 새로운 양자수에 의해서 구별된다. 이 양자수를 고려하면 원자 속의 전자는 다음과 같은 원칙을 따른다.

원자 속의 전자는 네 개의 양자수에 의해서 정의되는 상태에 하나 이상 존재할 수 없다.

이 원리에 따르면 각 전자껍질의 전자 수는 각 전자껍질의 양자상태에 따라 결정되고, 바로 2, 8, 18, 32, … 가 되는 것이다. 그러면 사실상 주기율표의 기본적인 구조가 모두 설명된다. 이러한 내용을 담은 파울리의 논문은 1925년 초에 발표되었다.[08]

파울리는 대체모형을 주로 연구하던 튀빙겐의 란데와 뮌헨의 조머펠트에게 자신의 결과를 먼저 알렸다. 란데를 통해 이 소식은 코펜하겐의 보어에게도 전해졌고, 보어는 곧바로 깊은 관심을 나타내며 파울리에게 편지를 보내서 이 새로운 아이디어에 대해 더 자세히 알고 싶다고 전했다. 파울리는 보어가 관심을 보인데 기뻐하며 막 완성한 논문을 보어에게 보내고, 동봉한 편지에 이렇게 적었다.[09]

제가 여러 차례 대응원리는 원자 속 전자들이 껍질을 가득 채우는 문제와는 무관하다고 생각한다고 말씀드렸죠. …… 이제 그 생각이 확실하다고 믿습니다. …… 하지만 저는 이 논문에서 제가 한 일이 현재의 원자의 스펙트럼 구조에 대한 해석보다 더 심한 바보짓은 아니라고 믿습니다. 제 바보짓은 지금까지의 통상적인 바보짓과 짝을 이루는 것입니다. 그렇기

때문에 저는 이 바보짓이 문제의 현 단계에서 반드시 시도되어야 한다고
믿습니다. 이 두 바보짓을 하나로 합치는 데 성공하는 물리학자는 진리를
얻게 될 것입니다!

파울리의 논문을 받은 코펜하겐에서는 이를 깊이 연구하고 그 중
요성을 인식했다. 열흘 뒤에 보낸 답장에서 보어는 "우리는 모두 자네
가 발견한 새롭고 아름다운 것들에 황홀해하고 있네. 친애하는 파울
리, 자네는 우리의 생각을 발현시키는 모든 것을 성취해냈어. 나는 이
제 모든 엉터리 짓이 남김없이 드러나는 전환점에 우리가 서 있다는
느낌이네"[10] 라고 칭찬했다.

이 원리를 보른은 '파울리 원리'라고 불렀고, 하이젠베르크는 '파울
리의 금지 규칙'이라고 불렀는데, 결국은 1926년에 케임브리지 대학
의 폴 디랙Paul Adrien Maurice Dirac, 1902~1984이 쓴 대로 '배타 원리Exclusion
Principle'라는 이름으로 정착되었다.

스토너는 리즈 대학Leeds University에 자리를 잡았고 1939년에는 이
론물리학 정교수가 되었다. 그는 훗날 자성에 대해 커다란 공헌을 남
긴 것으로 유명하다. 배타 원리에 대해서 스토너의 공적이 좀 더 인정
받아야 한다고 말하는 사람도 있다. 파울리가 스토너의 분석으로부터
진정한 의미를 통찰해내고 이를 이론적으로 확장해서 일반적인 원리
로 만든 것은 맞지만, 애초의 분석 자체는 스토너의 것과 대동소이하
기 때문이다.[11]

이로써 마침내 우리는 원자 속의 풍경을 그리는 방법을 발견했다.
왜 에너지가 가장 낮은 제일 안쪽 궤도로 모든 전자가 내려가지 않는

WESTERN UNION

(09)

NZ252 INTL=CD STOCKHOLM VIA RCA 25 15 2020 1945 NOV 15

PROFESSOR WOLFGANG PAULI PRINCETON UNIVERSITY=

=PRINCETONNJER=

ROYAL SWEDISH ACADEMY OF SCIENCE HAS AWARDED YOU THE NOBEL

PRIZE IN PHYSICS 1945 STOP LETTER FOLLOWS=

=WESTGREN SECRETARY.

1945.

파울리는 배타 원리의 발견으로 1945년 노벨 물리학상을 받는다.
사진은 노벨상 수상 위원회에서 파울리에게 수상 소식을 전한 전보다.

가? 왜 각각의 껍질에는 특정한 숫자의 전자만 있을 수 있는가? 왜 원자는 주기율표를 이룰까? 배타 원리는 이 모든 질문, 즉 원자 속의 풍경은 왜 그렇게 낯선 모습일까 라는 질문에 대한 대답이다. 배타 원리를 지키게 되면 원자 속의 전자는 각각의 껍질에 우리가 보는 모습대로 들어가게 되고, 그렇게 되면 주기율표대로 원자의 성질이 나타난다. 모든 원자는 배타 원리를 지키는 한 안정된 상태에 있으며, '크기'가 정해지고 '단단함'과 같은 성질을 나타낸다. 한 마디로 배타 원리만 지키면, 우리가 보는 세상이 나타난다. 곧 등장할 독일 출신의 미국 물리학자 크로니히는 이렇게 말했다.[12]

배타 원리가 나타났을 때 모든 사람이 구원받은 느낌이었다고 생각합니다. 배타 원리는 스토너의 새로운 양자수라든가, 전자 부껍질도, 전자가 어떤 궤도에 있을 때 원자가 어떤 스펙트럼 선을 내놓는지 등등, 조각조각으로 흩어져 있던 온갖 불완전한 결과들을 하나의 공통분모로 요약해준 셈이었지요. 그래서 배타 원리가 알려지자 이는 곧바로 위대한 성공이라고 느껴졌습니다.

크로니히의 말대로 배타 원리는 원자 속의 풍경을 단 한 줄로 말끔히 묘사해주는 설명이었다.

그러면 이제 배타 원리의 의미를 어떻게 이해할 것인가? 특히 파울리의 표현대로 "고전적으로는 설명할 수 없는 숫자 2"란 과연 무엇인가? 사실 파울리의 배타 원리는 고전적인 언어로 새로운 내용을, 진정한 양자역학의 결과를 이야기하는 것이었다. 새로운 내용을 제대로 이야기하기 위해서는 새로운 언어가 필요하다. 파울리는 미처 그것을 이야기하기 위한 언어가, 아니 개념 자체가 만들어지기도 전에 원자의 내부라는 낯선 풍경에 대해 이야기한 것이다. 그 새로운 언어, 새로운 개념은 곧 탄생한다.

레이든 대학

제이만이 제이만 효과를 발견했던 레이든 대학이 또다시 중심 무대가 된다. 앞에서 자세히 언급하지 않았으니 여기서 새로운 주인공들이 활약할 무대를 소개하기로 하자. 제이만이 다녔던 레이든 대학은 1575년 세워진, 네덜란드에서 가장 역사가 깊은 대학이다. 1568년 스페인으로부터의 독립을 주장하며 네덜란드 공화국을 선포한 네덜란드는 이로부터 독립을 승인받기까지 80년 전쟁을 치르게 된다. 전쟁 초기 네덜란드군 지도자였던 오라녜공 빌렘 1세는 새로운 공화국의 미래를 위해, 그리고 전해에 스페인의 포위 공격을 버티어 낸 레이든 시민에 대한 감사의 뜻으로 1575년에 암스테르담에서 남쪽으로 약 40킬로미터 떨어진 작은 도시 레이든에 네덜란드 최초의 대학을 세웠다.

대학은 처음에는 성 바르바라 수도원에서 시작했다가 곧 지금 대학 박물관 자리의 교회로 옮겨졌고, 1581년부터는 화이트넌스 수녀원으로 다시 이전했다. 이후 대학은 점차 성장했고 유럽의 주요 대학으로서의 명성을 계속 유지해 왔다. 오늘날 대학 건물은 레이든 시내

하이케 카멜링 오네스의 초상화.
오네스의 조카 하름(Harm Kamerlingh Onnes)이
그렸다.

전체에 흩어져 있고, 가까운 헤이그에도 캠퍼스의 일부가 있다. 대학의 모토는 'Praesidium Libertatis', 자유의 요새라는 뜻이다.

레이든 대학은 19세기 말에 특히 물리학 분야의 중심지 중 하나로 떠올랐다. 레이든 대학을 유명하게 만든 하나는 앞에서 제이만과 함께 등장했던 오네스의 저온 물리학 실험실이었다. 1882년 레이든 대학에 부임한 오네스는 물리학에서 그의 모토를 "측정을 통한 지식 Door meten tot weten (Knowledge through measurement)"이라고 할 정도로 실험에 전념하는 진정한 실험물리학자였다. 오네스가 특히 관심을 기울인 것은 낮은 온도에서 물질의 상태를 연구하는 저온 물리학이었다. 이를 위해 오네스는 실험실에서 더 낮은 온도를 얻는 데 인생을 바쳤다.

기체도 온도가 내려가면 액체가 된다는 것은 19세기에 알려졌다. 낮은 온도를 만드는 기술이 발전함에 따라 대부분의 기체는 점차 실험실에서 액체로 변하는 것이 확인되었다. 19세기 말에 이르면 아직 액화되지 않고 남아있던 기체는 수소와 헬륨뿐이었다. 오네스는 이 두 기체를 액화하기 위해 노력했으나, 1898년 케임브리지의 드워Sir James Dewar, 1842~1923가 먼저 영하 252.87도에서 수소를 액화시키는 데 성공했다. 이제 오네스의 목표는 오직 헬륨이 되었다. 이미 영하 250도보다도 낮은 온도를 더 이상 내리는 것은 극도로 어려운 일이었고, 헬륨은 수소보다 훨씬 다루기 어려운 상대였다. 그래도 오네스는 꾸준히 섬세한 노력을 기울였다. 수소가 액화되고도 십년의 세월이 지난 1908년 7월, 오네스는 마침내 헬륨을 액화시키는 데 성공했다. 영하 268.93도였다.

오네스는 액체 헬륨을 만들고, 저장하고, 이용하는 방법을 연구하고 개발했다. 다루기 까다로운 물질이었지만, 일단 만들어진 액체 헬륨을 이용하면 온도를 급격하게 낮출 수 있으므로 훨씬 쉽게 낮은 온도를 얻을 수 있었다. 액체 헬륨 덕분에 오네스는 저온 물리학 분야에서 최고의 전문가가 되었다. 액체 헬륨을 이용해서 오네스가 도달한 온도는 영하 272도를 넘어섰다. 이는 절대 0도까지 1도도 남지 않은 극한의 온도다. 이제 사람들은 지구 위에서 가장 추운 곳은 레이든 대학에 있다고들 했다.

1911년에는 극저온에서 금속의 전기적인 성질을 연구하다가, 수은의 전기 저항이 절대온도 4.19켈빈K에서 놀랍게도 0이 된다는 것을 발견했다. 이는 수은뿐 아니라 주석, 납 등 다른 금속에서도 온도가 극히 낮아지면 일어나는 현상이었다. 이 성질을 초전도superconductivity라고 부른다. 오네스는 "극저온에서 물질의 성질에 관한 연구에 대해서, 특히 액체 헬륨을 만들어낸" 업적으로 1913년 노벨 물리학상을 받았다. 당대에 오네스의 별명은 '절대 영도의 신사the gentleman of absolute zero'였다.

레이든 대학의 물리학과를 빛내는 또 한 사람은 말할 것도 없이 위대한 로렌츠였다. 로렌츠에 대해서는 아인슈타인의 다음과 같은 표현이 물리학자로서의 로렌츠를 가장 잘 표현하는 듯하다.[13]

금세기로 들어설 때, 로렌츠는 모든 나라의 물리학자에 의해서 지도적인 스승으로 생각되었다. 이것에는 충분한 정당성이 있는 것이다. 그러나 대체적으로 젊은 세대의 물리학자들은 로렌츠가 이론물리학의 기본 원리를 형성하는 데 결정적인 역할을 한 것을 전혀 알아차리지 못하고 있다. 이 기이한 사실에 대한 이유는 그들이 로렌츠의 기본적인 생각을 완전히 흡수하고 있기 때문에 그런 생각이 얼마나 대담한 것이고, 물리학이라는 학문의 기초를 얼마나 간편하게 만들었는지를 거의 이해할 수 없게 되었기 때문이다.

아인슈타인의 말이 과장이라고 생각하는가? 그러면 로렌츠를 소개하는 노벨 재단 홈페이지를 보자.[14]

로렌츠는 모든 이론물리학자들에게 세계를 지도하는 영혼으로 여겨졌다고 말해도 좋다. 로렌츠는 그의 전 세대가 끝마치지 못한 일들을 완성했고 양자론에 기반을 둔 새로운 개념을 받아들일 기초를 준비했다.

이 정도면 로렌츠에 대한 일반적인 평가를 대략 짐작할 수 있겠다.

로렌츠는 1853년에 네덜란드의 아른헴에서 태어났다. 아버지는 종묘원 주인으로 부유했다. 작은 마을인 아른헴에서 영재 학생으로 고

파울 에른페스트(왼쪽)와
헨드릭 안톤 로렌츠.

교 과정을 마친 후 로렌츠는 1870년에 레이든 대학에 들어가서 다음
해 수학과 물리학 분야의 학사 학위 시험을 우수한 성적으로 통과했
다. 여담으로, 시험관이 로렌츠의 답안을 채점하고나서 우수한 성적
이기는 하지만 로렌츠의 명성에 비해서는 미흡하다고 생각했었는데,
알고 보니 잘못해서 박사학위용 시험 문제를 준 것이었다는 말이 전
해진다.[15] 로렌츠는 학위를 받고 다시 아른헴으로 돌아가서 야간학교
에서 가르치면서 박사 학위 논문을 준비했다. 이런 경력으로 볼 때 로
렌츠는 거의 독학으로 공부한 셈이다. 1875년 로렌츠는 "빛의 반사와
굴절에 대해서"라는 제목의 학위논문을 발표하고 레이든 대학에서
박사학위를 받았다. 3년 뒤에는 24세의 나이로 레이든 대학의 이론물
리학 교수가 되었는데, 이 자리는 그를 위해서 만든 것이었다. 로렌츠
는 34년 동안 레이든 대학의 교수로 지낸 후, 1912년에 대학을 떠나
네덜란드 과학협회와 타일러 물리학 연구소Teyler's Physical Cabinet의 관
리자가 되었다. 그러나 여전히 레이든 대학의 초빙교수로서 매주 월

요일 아침에는 레이든 대학에 가서 강의를 했다. 이 로렌츠의 월요일 강의는 세계적으로 유명해져서 많은 방문자가 찾아왔다.

로렌츠는 뛰어난 물리학 지식과 온화한 인품과 명석한 강의로 당대에 널리 학계의 존경을 받았다. 그는 고전 물리학의 위대한 완성자로서 당시까지의 전자기학 지식을 집대성했다. 그 결과 그의 업적으로부터 아인슈타인과 플랑크가, 즉 상대성 이론과 양자론이 싹을 틔웠다. 즉 고전물리학의 모든 것은 로렌츠에게 흘러들어갔고, 현대물리학의 모든 것은 그로부터 흘러나왔다.

앞에서 말한 대로 로렌츠는 제자인 제이만과 함께 1902년 두 번째의 노벨 물리학상을 받았다. 1911년에는 벨기에의 실업가 솔베이가, 당대의 가장 중요한 과제를 논의하기 위해 최고의 물리학자 30여 명을 초청해서 열었던 제1회 솔베이 회의를 주재했다. 로렌츠가 당대 물리학계의 지도자임을 잘 보여주는 이 역할을, 그는 1911년의 첫 회의부터 가장 유명했던 1927년의 회의까지 수행했다.

아인슈타인은 특히 로렌츠를 존경했다. 로렌츠보다 26세 어린 아인슈타인은 1911년 레이든을 방문해서 로렌츠를 처음으로 만났는데, 그가 가장 존경하는 로렌츠를 만난다는 사실에 흥분했었다고 한다. 아인슈타인은 평소 주변 사람들에게도 로렌츠에 대한 존경심과 애정을 숨기지 않았으며, 로렌츠의 사후 "내게 로렌츠는 인생의 여정에서 만난 그 어떤 사람보다도 더 중요한 사람이었다"라고 말했다. 권위를 혐오했던 아인슈타인에게 로렌츠는 정신적인 아버지에 해당하는 인물이었다.

로렌츠 역시, 아인슈타인을 더없이 높게 평가하여, 아인슈타인을

아인슈타인(왼쪽)과 로렌츠. 1921년 에른페스트가 자신의 집 앞에서 찍은 사진.

레이든으로 부르려고 애썼다. 1912년에는 레이든 대학에서 자신의 후계자가 되어 달라고 하기까지 했다. 그러나 아인슈타인은 모교인 취리히 연방 공과대학의 교수직 제안을 수락한 뒤였기 때문에, 레이든에 갈 수 없었다. 후임자를 찾던 로렌츠에게 새로운 후보를 추천한 사람은 뮌헨의 조머펠트였다. 조머펠트는 "저는 그렇게 매력적이고 명석하게 강의하는 사람을 거의 본 적이 없습니다. …… 그는 수학적 진술을 쉽게 이해되는 생생한 묘사로 바꾸어 버립니다"라고 말하며 괴팅겐과 빈에서 공부한 파울 에른페스트라는 유대계 물리학자를 추천했다. 1912년 9월 29일 에른페스트는 그를 레이든 대학의 이론물리학 교수로 초빙하고 싶다는 전보를 받았다.

에른페스트

파울 에른페스트는 모라비아에서 오스트리아 빈으로 이주해 온 유대인 집안에서 태어났다. 에른페스트의 집안은 부모가 식품 잡화점을 하는 평범한 가정이었고, 에른페스트 역시 김나지움에서는 수학을 좀 잘할 뿐인 보통 학생이었다. 빈 공과대학에 진학해서 화학을 전공하던 에른페스트는 빈 대학에 강의를 들으러 갔다가, 거기서 일생을 결정지을 중요한 사건을 만난다. 그것은 위대한 루드비히 볼츠만의 열역학 강의였다. 에른페스트는 볼츠만의 영감에 넘치는 강의에 매료되고 이론물리학의 아름다움과 심오함에 깊은 감명을 받아서 이론물리학으로 전공을 바꾸기로 결심했다. 이론물리학과 수학을 공부하기 위

해 에른페스트는 1901년에 괴팅겐 대학으로 갔다. 수학 분야에서 세계의 중심이었으며, 앞으로 이론물리학 분야에서도 그렇게 될 괴팅겐에서 에른페스트는 펠릭스 클라인과 힐베르트 같은 대가들로부터 수학을 배웠다. 앞으로 그의 반려가 될 키에프 출신의 수학자 타티야나 아파나시예바Tatyana Alexeyevna Afanasyeva, 1876-1964를 만난 것도 괴팅겐이었다.

에른페스트는 빈으로 돌아와 볼츠만의 지도하에 1904년 6월에 박사 학위를 받았고, 그해 12월에는 타티야나와 결혼했다. 그들은 빈에서, 그리고 1906년에는 다시 괴팅겐으로 돌아가서 함께 연구했다. 1907년에 에른페스트는 아내인 타티야나의 연줄을 따라 러시아의 상트페테르스부르크로 옮겼다. 그러나 러시아에서의 생활은 외로웠고, 자신이 과학계에서 소외된 것으로 느껴졌다. 게다가 오스트리아 출신의 유대인인 에른페스트가 러시아에서 자리를 구할 가망은 없어 보였다. 1912년에 에른페스트는 직장을 찾기 위해 여러 독일어권 대학들

을 찾아다녔다. 그는 베를린에서는 막스 플랑크를, 뮌헨에서는 조머
펠트를 만났다. 프라하에서는 아인슈타인을 만났는데, 이후 에른페스
트와 아인슈타인은 가장 가까운 친구가 된다. 아인슈타인이 마침 고
향인 취리히의 ETH로 옮기기 위해 프라하를 떠나게 되자, 아인슈타
인은 자신의 후임으로 에른페스트를 추천했는데, 에른페스트가 자신
은 무신론자라고 밝히는 바람에 채용은 무산되었다. (사실 아인슈타인
도 그 자리에 채용될 때 같은 이유로 문제를 겪었는데, 아인슈타인은 자신이 모
든 교파에 속한다고 둘러대서 위기를 넘겼었다.) 조머펠트가 에른페스트를
로렌츠에게 추천한 것은 그 직후의 일이다.

에른페스트는 1912년 10월에 레이든에 도착했다. 그는 1933년까
지 레이든에 재직하며 통계역학과 상대성 이론, 그리고 초기 양자역
학의 여러 아이디어에 중요한 업적을 남겼다. 그 결과 양자역학과 고
전역학 사이의 대응 원리를 표현하는 에른페스트 정리와 회전하는 강
체와 특수 상대성 이론 사이의 문제를 지적한 에른페스트 역설 등에
그의 이름이 남아 있다.

또한 에른페스트는 조머펠트가 추천한 대로 좋은 선생이었다. 많
은 젊은이들이 에른페스트로부터 배우고 격려를 받아서 뛰어난 물리
학자로 성장했다. 학문적으로 좌절 따위는 겪은 적이 없을 것 같은 엔
리코 페르미Enrico Fermi, 1901~1954 도, 세상에 나와 스스로에 대한 확신을
갖지 못해 불안해하던 스물세 살 시절에 레이든에 와서 에른페스트로
부터 격려를 받고 자신감을 얻었다. 아인슈타인은 에른페스트를 두고
"단순히 내가 아는 중에 최고의 선생 정도가 아니라 인간의, 특히 자
기 학생의 발전과 운명에 정열적으로 온 마음을 다하는 사람"이라고

말했을 정도다.

에른페스트에 의해서 레이든 대학은 명실상부한 이론물리학의 메카 중 하나가 되었다. 에른페스트가 레이든에 와서 맨 처음 한 일 중하나는 이론물리학 그룹이 정기적으로 만나서 물리학을 토론하는 콜로퀴엄을 만든 일이다. 세미나에서 질문을 잘하기로 유명했던 에른페스트는 콜로퀴엄을 통해 교수와 학생과 연구원이 함께 모여 진정으로물리학을 즐길 수 있도록 만들었다. 콜로퀴엄이 대성공을 거둔 것을보고 곧 수학부와 유기화학부도 비슷한 콜로퀴엄을 만들었다.

콜로퀴엄에 초빙된 연사들은 에른페스트가 마련한 강사의 벽에사인을 남겼다. 현재 연구소 건물 0층에 전시되고 있는 강사의 벽에는 아인슈타인, 파울리, 디랙, 양전닝, 휠러, 앤더슨, 긴츠버그, 다이슨 등 레이든에서 콜로퀴엄을 했던 수많은 위대한 물리학자들의 사인이 남아 있다. 이론물리학부의 이 콜로퀴엄은 에른페스트 콜로퀴엄Colloquium Ehrenfestii이라는 이름으로 지금도 계속 이어지고 있다. 학기 중의 매주 수요일 저녁이 에른페스트 콜로퀴엄 시간이다.

1921년에는 네덜란드 최초의 이론물리학 연구소가 문을 열었다. 로렌츠가 개소 기념으로 대중 강연을 했다. 연구소의 이름은 로렌츠연구소가 되었고 에른페스트가 소장이 되었다.

한편 레이든의 에른페스트의 집에도 늘 학생들과 레이든 대학을방문한 물리학자들이 드나들었다. 집에서 이런 모습을 보면서, 학자

에른페스트 콜로퀴엄에서 강연한 물리학자들의 사인이 남겨진 벽의 일부.

L. d. Schiff 5 V 54

Lars Onsager 1 VII 49   L. Rosenfeld

F. G. Swiagin 8/2 9   Gustav

Ludinger 58 H. Götz 20.6.32   H A Toth

          E. Wolfgang 6/7/57

W. PAULI 25 IX 28   David M.

     V.L. Telegdi 4/III/60   Jesse W

       1. 30 V 1927   J. M. Luttinger 1958   Ernest

           J. J. Rohr 18 IV 1928

30, 34 IV 61 O. Veblen 8 III 1929   Earle

22.5. 1933 R. Ladenburg 27/V 29   P. A. M.

Mai 1924

   Denjoy   P. Debye 16/9 27   Pascual

bre 1948
July 1928   W L Bragg 1/4/30   Irving

1960
June 1929.   Rayleigh 9/4/30   Wall

S.t. 1930   E. Bauer 30/4/31

Roderat 15/17/58 Pierre Auger 18/3/33

                Francis Perrin 5/4/33   John

           Harold C. Urey 16/12/47   Nevill

R H Fowler 16/1/4 F Simon   14/1 Jan 48
   Volker Heine '61   J. Prigogine   4 7   1957

J C Mulliken
29/4/53

로렌츠 연구소가 있는 오르트 빌딩.

들과 어울리며 성장한 에른페스트의 아이들은 돌아가며 강의를 하는 콜로퀴엄 놀이를 하며 놀았다. 아인슈타인은 이런 분위기에 젖고자, 그가 가장 사랑하는 두 사람, 로렌츠와 에른페스트가 있는 레이든을 자주 찾아왔다. 1920년부터는 아예 레이든 대학의 비전임 교수가 되어 매년 몇 주는 레이든에서 지내게 되었다. 그때마다 아인슈타인은 에른페스트의 집에서 머물며 따뜻한 시간을 보냈다.

닐스 보어 역시 에른페스트의 절친한 친구였다. 에른페스트를 통해서 보어와 아인슈타인은 인사를 나누게 된다. 아인슈타인이 보어를 처음 만나고 나서 보낸 편지에 "저는 이제 에른페스트가 당신을 왜 그렇게 좋아하는지 이해할 수 있습니다"라고 쓴 것은 그래서다.

1998년 카멜링 오네스 실험실과 로렌츠 연구소는 중앙역 서쪽 닐스 보어 거리의 새로 지은 캠퍼스로 옮겨졌다. 약 7도 가량 기울어진 외관이 눈에 띄는 오르트 빌딩 Oort Building 2층이(유럽은 0층부터 시작하므로 우리 식으로는 3층) 현재의 로렌츠 연구소다.

호우트스미트와 울렌벡

호우트스미트Samuel Abraham Goudsmit, 1902~1978는 네덜란드 헤이그의 유대인 가정에서 1902년에 태어났다. 아버지는 화장실 비품을 만드는 사업을 자그맣게 했고 어머니는 여성 모자 가게를 했다. 호우트스미트의 부모는 훗날 독일군이 네덜란드에 세운 강제 수용소에 끌려갔고 그곳에서 1943년 사망했다.

호우트스미트는 11세 때부터 기초 물리학 책을 보고는 물리학에 흥미를 느꼈다. 특히 그는 분광학을 통해서 별들이 지구와 같은 원소로 이루어져 있다는 것을 설명하는 내용을 읽고 충격을 받았다고 한다. 이 강렬한 경험 덕분에 훗날 그가 레이든 대학에 진학해서 에른페스트 밑에서 물리학을 공부하면서 일찌감치부터 스펙트럼 분석의 전문가가 되는지도 모른다. 그는 박사학위를 받은 후인 1930년에 라이너스 폴링 Linus Carl Pauling, 1901~1994과 함께 《선 스펙트럼의 구조*The Structure of Line Spectra*》라는 교과서를 쓰기도 했다.

훌륭한 선생이었던 에른페스트는 곧 호우트스미트의 기질과 능력을 정확히 파악했다. 호우트스미트는 실험 데이터를 가지고 분석적으로 사고하기보다는 직관적으로 다루는 데 재능이 있는 사람이었다. 그의 동료 울렌벡은 나중에 "호우트스미트는 누구나 알 수 있을만한 사려 깊은 사람은 아니었지만, 무작위처럼 보이는 데이터에서 어떤 방향을 찾아내는 데 놀라운 재능이 있었다. 그는 암호를 다루는 마술사였다"라고 말했다. 또 이시도어 라비 Isidor Isaac Rabi, 1898~1988는 "그는 탐정처럼 생각한다. 그는 탐정이다"라고 말하기도 했다. 실제로 호우

트스미트는 탐정 일을 배우는 8개월 과정을 이수하면서 지문, 위조문
서, 혈흔을 확인하는 법을 배운 적이 있다고 한다. 또한 대학 시절에는
이집트 상형 문자를 해독하는 법을 배우기도 했다.[16] 에른페스트는 이
런 호우트스미트가 물리학에 대해 가지고 있던 단순한 흥미를 헌신으
로 바꾸어놓았다.

 호우트스미트는 에른페스트의 지도 아래 19세 때인 1921년 명성
이 있는 학술지인 《자연과학 *Naturwissenschaften*》에 단독 저자로 논문을
게재했다. 이 논문은 원자의 선 스펙트럼의 이중항에 관한 것이었는
데, 사실 아무도 몰랐지만 이 내용은 곧 등장할 중요한 발전을 예언하
는 전조였다. 스펙트럼 분석의 전문가로서 호우트스미트는 1921년에
서 1925년에 걸쳐 10편이 넘는 논문을 네덜란드와 독일의 학술지에
게재했다. 파울리가 배타 원리를 발표했던 1925년에 호우트스미트는
암스테르담으로 자리를 옮긴 제이만의 조수로서 암스테르담과 레이
든을 오가며 연구하고 있었다. 레이든에서 암스테르담은 기차로 약

40분 거리다.

헤오르헤 울렌벡 George Eugene Uhlenbeck, 1900~1988 은 네덜란드 동인도
군 장교였던 아버지와 동인도군 소장의 딸이었던 어머니 사이에서,
1900년 12월에 주둔지였던 인도네시아의 바타비아에서 태어났다. 바
타비아는 지금의 자카르타다. 군에서 근무하는 아버지를 따라 여기저
기를 옮겨 다니던 가족은 1907년에 아버지가 퇴역하면서 네덜란드로
돌아와서 헤이그에 자리를 잡았고 울렌벡은 그곳에서 학창시절을 보
냈다.

울렌벡은 모범생이었지만 다른 많은 과학자들과는 달리 어린 시절
에 과학에 특별히 매료되지는 않았다. 그러다가 고교 마지막 해에 누
나가 학교의 물리학 선생님인 보르헤시우스 H. Borgesius 를 소개해 주었
는데, 그가 준 로렌츠의 초급 물리학 책을 읽고부터 울렌벡은 비로소
물리학에 관심을 가지기 시작했다.

뒤늦게 과학에 관심을 가지게 되었지만, 울렌벡은 고등학교를 졸
업한 후 대학에 진학할 수 없었다. 당시 네덜란드 법에 의하면 대학 입
학에 그리스어와 라틴어를 이수하는 것이 필수적이었는데, 그것은 김
나지움에서만 가르치는 과목이었고 그가 다닌 일반 고등학교에서는
가르치지 않았기 때문이다. 그의 부모는 군인 집안답게 그가 군인이
될 것으로 생각하고 김나지움에 보내지 않은 것이었다. 군인이 될 생
각이 없었던 울렌벡은 할 수 없이 델프트에 있는 공업전문학교에 들
어갔으나, 적성에 맞지 않아 불행한 나날을 보내야 했다. 다행히 몇 달
뒤 과학을 전공하는 학생들에게는 그리스어와 라틴어 이수를 면제해
주는 새로운 법이 생겨서, 울렌벡은 1919년 1월에 레이든 대학에 등

록할 수 있게 됐다.

이론물리학자가 되고 싶었던 울렌벡은 레이든 대학에서 물리학과 수학을 공부했다. 집이 있는 헤이그에서 레이든까지는 기차로 통학했다. 강의의 부담을 주지 않고 자유로이 원하는 것을 공부할 수 있는 레이든의 분위기가 울렌벡에게는 "천국처럼 느껴졌다."

1920년에 학사 자격시험을 통과한 울렌벡은 대학원 공부를 시작했다. 수요일 저녁의 에른페스트 콜로퀴엄에도 참석할 수 있게 됐다. 에른페스트는 그의 학문적 인생에서 가장 중요한 인물이었다. 한편으로는 레이든의 한 고등학교에서 강의하는 것으로 돈을 벌어서, 레이든에 방을 구하고 독립해서 지내게 되었다.

2년간의 대학원 생활이 끝날 무렵 에른페스트가 로마의 네덜란드 대사의 집에서 가정교사를 하는 자리를 주선했다. 이로써 뜻하지 않게 울렌벡은 1922년 9월부터 약 3년간의 이탈리아 생활을 시작하게 되었다. 첫 해에는 주로 이탈리아어를 공부하며 보냈다. 점차 실력이 나아진 울렌벡은 단테를 이탈리아어로 읽을 수 있게 되었다. 물리학 공부도 했다. 1923년 여름에는 네덜란드에 돌아와서 석사 학위를 위한 시험을 통과했다. 학사 자격시험은 완전히 구두시험이었지만 석사 자격시험은 구두시험에 더해서 수학과 물리학의 필기시험도 치러야 했다. 울렌벡이 제출한 물리학 답안은 회절의 동역학에 관한 것이었다.

울렌벡이 로마로 돌아올 때 에른페스트는 그에게 한 가지 심부름을 시켰다. 얼마 전에 이탈리아의 젊은 물리학자가 에르고드 정리에 관한 논문을 발표했는데, 그를 찾아가서 그 논문에 관해서 물어보는 편지를 전해달라는 것이었다. 울렌벡은 로마에서 그 젊은 물리학자를

에른페스트와 그의 학생들. 1924년 가을 엔리코 페르미가 레이든 대학을 방문했을 때 찍은 것이다.
왼쪽부터 게르하르트 디케, 사무엘 호우트스미트, 노벨 경제학상을 받은 얀 틴베르겐,
파울 에른페스트, 랠프 크로니히, 엔리코 페르미.

찾아서 에른페스트의 편지를 전했다. 울렌벡보다 한 살 아래인 그 젊은이의 이름은 엔리코 페르미였다.

페르미는 아직 교수직을 갖지 않은, 갓 박사학위를 받은 젊은이에 불과했지만 울렌벡은 이 젊은 물리학자가 특별한 인물임을 곧 깨달았다. 페르미는 나중에 이 이야기에서 다시 중요한 배역을 맡게 될 테니 그때 좀 더 자세히 소개하기로 하자. 로마에서 울렌벡의 두 번째 해는 곧 '페르미의 해'였다. 울렌벡과 페르미는 곧 친해졌고, 평생 우정을 이어갔다. 울렌벡은 페르미에게 에른페스트가 얼마나 좋은 선생인지, 레이든 대학의 분위기가 어떤지에 대해서 열심히 설명했다. 에른페스트 콜로퀴엄을 흉내내서 세미나를 열기도 했다. 그런데 세미나에서 말하는 사람은 거의 페르미였다. 울렌벡은 이렇게 말했다. "페르미는 타고난 지도자였다."

특히 울렌벡을 통해서 페르미는 두 가지 중요한 경험을 하게 되는데, 그 한 가지는 울렌벡의 소개로 레이든에 가서 에른페스트의 격려를 받은 것이고, 다른 하나는 훗날 울렌벡이 미국에 있을 때 페르미를 초청해서 미국을 처음으로 방문한 것이다. 울렌벡에게는 조금 실례일지 모르나, 페르미가 세상에 나가는 데에 도움을 준 것만 해도 역시 물리학에 공헌한 것이 아닐까?

이탈리아에서의 두 번째 해를 마치고 네덜란드로 돌아갔을 때 에른페스트는 울렌벡에게 이제 돌아오는 것이 어떠냐고 권했다. 그러나 로마에 매료된 울렌벡은 좀 더 로마에 머물고 싶었고, 더구나 대사가 그가 좀 더 머물 것을 강하게 요구했기에 다시 로마로 향했다. 그런데 세 번째 해에는 모든 것이 달랐다. 우선 페르미가 로마에 없었다. 울렌벡이 로마에 온 것과 거의 동시에 페르미는 레이든으로 떠났기 때문이다. 레이든에 3개월간 머물렀다가 돌아온 페르미는 이번에는 곧바로 자리를 얻어서 피렌체로 떠나 버렸다. 울렌벡은 차츰 물리학 자체와는 점차 멀어졌다. 그 대신 그를 사로잡은 것은 문화사였다. 그는 부르크하르트나 테오도르 몸젠 같은 미술사가들의 글과, 레이든 대학의 교수인 요한 하위징아를 읽었고, 왕립 네덜란드 로마 연구소를 드나들었다. 로마에서 그는 네덜란드어로 역사 논문을 쓰기까지 했다. 아직 물리학 논문은 하나도 발표하기 전이었다.

1925년 6월 레이든으로 돌아온 울렌벡은 물리학에서 역사가로 방향을 바꿀 것을 심각하게 고민했다. 하위징를 직접 찾아가기도 했고, 레이든 대학에서 산스크리트어와 비교언어학을 가르치던 그의 숙부 코르넬리우스 울렌벡과도 이 문제를 상의했다. 숙부는 문화사를 전공하려면 우선 라틴어와 그리스어를 배워야 한다고 조언하고, 어쨌든 현실적으로 물리학 박사학위를 받을 수 있으면 받으라고 충고했다. 그래서 울렌벡은 라틴어를 배우러 헤이그에 다니기 시작했고, 에른페스트에게도 자신의 생각을 털어놓았다. 에른페스트는 울렌벡의 결심을 받아들여서 울렌벡이 졸업할 수 있도록 연구 주제를 주기 위해, 아직 학생이지만 스펙트럼의 전문가였던 호우트스미트와 함께 일하도록 주선했다. 그래서 울렌벡은 그해 여름 내내 호우트스미트로부터 원자의 스펙트럼에 대해서 배웠다.

운명은 언제나 우리가 생각지 못한 결말을 준비한다. 울렌벡은 결국 역사가가 되지 못할 운명이었다. 그 이유는 그해 가을, 울렌벡과 호우트스미트가 무언가를 발견해버렸기 때문이다.

크로니히

1924년이 저물어갈 무렵, 호우트스미트는 원자의 스펙트럼을 연구하고 있었고, 울렌벡은 로마에서 물리학은 잊은 채 미술사에 빠져 있었다. 파울리는 배타 원리를 완성하고 나서 배타 원리의 근원을 찾기 위해 고심하고 있었다. 배타 원리가 원자 속의 풍경을 그려주는 것은 분명했지만, 무엇이 원자 속의 풍경을 그렇게 만들어 주는지는, 그러니까 원자의 구조를 설명해 줄 수 있는 역학적인 법칙이 무엇인지는 여전히 알 수 없었기 때문이다. 파울리가 튀빙겐의 란데를 찾아갈 생각을 한 것도 란데와 함께 배타 원리를 지키지 않는 스펙트럼이 있는지 자세히 조사해보기 위해서였다. 빈의 부모님 집에서 크리스마스 휴가를 보내던 파울리는 란데에게 엽서를 보내 1월 9일에 튀빙겐에 방문하겠다고 알렸다. 거기서 파울리는 미국에서 온 한 젊은이를 만나게 된다. 앞으로 간단치 않은 인연을 맺게 될 사람이었다.

랠프 크로니히 Ralph Kronig, 1904~1995 는 독일의 드레스덴에서 태어났다. 부모는 독일인이었지만 미국 국적을 가지고 있었다. 아버지는 화가였다. 과학자로 자라나는 많은 아이들처럼 크로니히도 어려서부터 기계 장난감을 좋아했고, 화학책에 매료되어 화학 실험 놀이를 하며 놀았다. 마음이 맞는 친구들과 과학 클럽을 만들어서 서로 과학에 관한 발표를 하기도 했다. 드레스덴에서 김나지움을 다니며 과학책에 빠져 살던 크로니히는 점차 수학적인 면에 흥미를 갖게 되었고, 과학 중에서도 물리학을 특히 좋아하게 되었다.

유럽의 상황이 복잡해지자 미국 국적을 가지고 있던 가족이 다시

미국으로 돌아가는 바람에 크로니히는 15세 때 뉴욕으로 이주해서 컬럼비아 대학에 들어갔다. 원래 집에서 영어를 사용했기 때문에 언어에 관한 문제는 없었고, 유럽에서 좋아했던 과목인 수학도 다른 또래보다 월등했다. 컬럼비아에서 이론물리학을 전공한 크로니히는 아직 박사학위를 받기 전인 1924년에 유럽에 와서 여러 연구소를 방문했다.

크로니히가 레이든을 방문했을 때 마침 란데도 그곳에 와 있었다. 크로니히 역시 비정상 제이만 효과에 대해 관심을 가지고 있었으므로 두 사람은 이야기가 잘 통했다. 이야기를 나누고 나서 란데는 크로니히를 자신이 있는 튀빙겐으로 초청했다. 튀빙겐에는 제이만 효과를 측정하는 데 전문가였던 백도 있었으므로 크로니히도 기꺼이 초청을 받아들였다. 크로니히가 1월 8일에 튀빙겐에 도착하자 그를 맞이하며 란데는 이렇게 말했다. "아, 정말 좋을 때 왔군. 내일 파울리도 여기 온다네." 그리고는 배타 원리의 내용을 담은 파울리의 편지를 크로니히에게 보여주었다. 배타 원리 논문은 학술지에 1월 16일자로 투고될 것이었으므로, 크로니히는 아직 파울리의 이론에 대해서 모르고 있었다.

크로니히는 그날 저녁 파울리의 편지에서 배타 원리와 네 번째 양자수에 대한 이론을 읽고 엄청난 흥미를 느끼며 더 깊이 생각해 보았다. 훗날 그 날의 일에 대해서 그는 이렇게 기억한다.[17]

파울리의 편지를 읽고 커다란 감명을 받았다. 그리고 자연스럽게 원자 속의 전자들이 알칼리 원자들의 스펙트럼에서 나오는 양자수로 표현된다는 것의 의미를 깊이 생각해 보았다. 특히 두 개의 각운동량이 나타남을 알 수 있었다. 새로 나타난 크기가 1/2인 각운동량은 분명히 중심부 전자들에서 나온 것일 수는 없었다. 곧바로 이 각운동량은 개개의 전자에 내재된 각운동량이라는 생각이 들었다. 이를 양자역학이 등장하기 전의 모델의 언어로 표현하자면 전자가 자전을 한다고 표현할 수밖에 없다. 그런 표현은 수많은 문제점을 가지고 있는 게 사실이다. 어쨌든 그것은 매혹적인 생각이었다. 편지를 읽은 영향이 남아있던 그날 오후 나는 소위 상대론적 이중선의 식을 유도하는 데 성공했다.

각운동량을 가진다는 말을 일상의 언어로 표현하면 회전한다는 뜻이다. 그래서 크로니히는 전자 그 자체에 내재된 각운동량이 있다는 말을 전자가 자전한다고 표현한 것이다. 전기를 띤 전자가, 원자핵의 주위를 공전하든지 자전을 하든지 간에, 회전을 하면 자기 모멘트를 가지게 된다. 각운동량이 다른 전자는 자기 모멘트가 다르기 때문에 자기장 속에서 에너지의 차이가 생기게 되고, 따라서 방출되는 복사

선의 파장이 미세하게 달라져서 스펙트럼 선이 갈라지게 된다. 이것이 제이만 효과다. 크로니히는 새로운 각운동량을 전자의 자전에 의해 생긴다고 가정하고, 자전하는 전자의 회전 방향이 반대일 때 생기는 에너지 차이 때문에 생기는 이중선을 계산한 것이다.

다음날 란데와 크로니히는 역으로 파울리를 마중나갔다. 크로니히는 파울리의 첫 인상을 이렇게 기록했다.[18]

어떤 이유에선지 나는 파울리가 훨씬 더 나이가 많고 턱수염이 있는 사람이라고 상상했었다. 실제로는 내 생각과는 전혀 다른 모습이었다. 그래도 나는 곧 그의 개성에서 뿜어져 나오는 힘의 영향을 즉시 느낄 수 있었다. 그것은 매혹적이면서 동시에 어딘가 불안하게 만드는 느낌이었다.

연구소로 돌아와서 그들은 곧 토론을 시작했다. 적당한 기회에 크로니히는 자기가 새로 생각해낸 전자의 자전을 파울리에게 설명했다. 그러자 파울리는 냉정하게 말했다.

아주 재치 있는 생각이군요. 하지만 자연은 그렇지 않아요.

원래도 파울리의 말은 콕 찌르는 듯 하는 경우가 많았지만, 이번에는 특히 심했다. 파울리의 반응이 너무 부정적인 것이라서 크로니히와 란데는 당황했다. 나중에 란데는 "그래, 파울리가 그렇게 말했다면 확실히 자연은 그렇지 않을 거야"라며 크로니히를 위로했다. 사실 크로니히의 생각에 따라 이중선이 갈라진 정도를 계산해 보면 실험 결과

보다 2배 큰 값이 나왔다. 또한 자기 모멘트와 각운동량의 비를 나타내는 값인 g-인수g-factor의 값을 설명하지 못했다.

그보다 더욱 문제였던 것은 자전하는 전자라는 개념이었다. 당시 파울리가 양자역학에 대해서 추구하던 중요한 방향이 양자역학의 개념은 고전 물리학으로 나타낼 수 없다는 것이었음을 상기하자. 전자가 자전을 한다는 것은 전자를 크기가 있는 고전적인 '입자'라고 생각한다는 것이다. 파울리가 강한 반감을 가지는 것은 이 부분이었다. 이런 반감에는 사실 깊은 뿌리가 있다. 파울리의 과학적 관점은 실증주의를 바탕으로 하는 아주 엄밀한 철학적 기초를 가지고 있었던 것이다. 파울리는 그의 첫 논문에서 이미 비슷한 논리로 헤르만 바일의 이론을 비판한 적이 있다. 바일은 일반 상대성 이론을 바탕으로 해서 게이지 원리를 일반적인 원리로서 추구했고, 이런 관점에서 전자기 이론을 구성하기도 했는데, 이때 전자 내부의 전기장에 대해서 논했다. 그러나 파울리는, 전자란 전기를 띤 입자로서 우리가 생각할 수 있는 가장 작은 입자이므로, 전자의 내부에 전기장이 있다면 그것을 측정할 방법이 없다고 지적했다.* 그러므로 전자 내부의 전기장이란 의미 없는 개념이며, 올바른 이론에서는 허용될 수 없는 개념이다. 이것이 그의 첫 번째 논문에서 파울리가 내놓은 비판이었다. 이런 철학을 가진 파울리에게 전자를 고전적인 구체로 보는 듯한 전자의 회전이라는 개념을 제시했으니 파울리의 반응이 차가울 수밖에 없었던 것이다.

---

* 물리학자가 전기장을 측정한다는 것은 어떤 시험입자가 전기장 속에서 어떤 영향을 받는가 하는 것을 관찰하는 일이다. 그런데 전자가 전기를 가진 가장 작은 입자이므로 어떤 입자도 그 안으로 들어가서 전기장을 측정할 수는 없는 것이다.

크로니히는 튀빙겐에서 머문 후에 괴팅겐과 베를린을 거쳐서 코펜하겐의 보어 연구소에 가서 약 10개월간 머무르게 된다. 코펜하겐에서도 크로니히는 보어, 크라메르스, 그리고 하이젠베르크에게 자신의 아이디어에 대해 논의했으나, 역시 그다지 좋은 반응을 얻지 못했다. 결국 크로니히는 이 아이디어를 접어두고 그 전에 하던 제이만 효과의 계산으로 돌아가고 말았다. 훗날 얼마나 큰 후회를 남길지 알지 못한 채로.

크로니히는 그해 미국으로 돌아가서 박사학위를 받지만, 이후에도 유럽의 과학자들과 교류를 계속했으며, 특히 파울리와는 인연을 계속 이어가게 된다.

스핀!

1925년 여름에 울렌벡이 네덜란드로 돌아와서 호우트스미트와 함께 일하게 되었다는 것은 앞에서 이야기했다. 당시 제이만의 조수로 일하고 있던 호우트스미트는 일주일 중 삼일은 암스테르담에서 제이만과 보냈고, 나머지 시간에는 레이든에 돌아와서 울렌벡을 가르쳤다.

울렌벡이 호우트스미트에게 배운 것은 조머펠트의 미세구조라든가, 비정상 제이만 효과에 대한 란데의 이론, 파울리의 배타 원리와 새로운 양자수에 이르기까지 원자에 대한 지식을 망라했다. 이론물리학에 대해서는 울렌벡이 호우트스미트보다 더 잘 알고 있었지만, 울렌벡은 원자의 스펙트럼에 관한 최신 이론은 알지 못했고 물리학 연구를 해 본 경험도 없었기 때문이다. 반면 호우트스미트는 이미 10편이 넘는 논문에 저자로 이름을 올리고 있었고 이 분야의 전문가들과도 교류가 있었다. 하지만 호우트스미트가 물리학을 대하는 자세도 좀 극단적인 것이었다. 호우트스미트는 이렇게 말한 적이 있다.[19]

나는 뭐가 어렵다고 느낀 적이 한 번도 없었다. 나는 경험법칙이 있으면 그 사이의 역학을 찾아내는 데에만 관심이 있었기 때문이다. 파울리의 원리가 나왔을 때에도 내게는 양자수를 정하는 일이나 선택 규칙과 같은 경험법칙이 하나 더 생긴 것 이상은 아니었다. 좀 더 많은 것을 설명할 수 있는 경험법칙일 뿐이었다.

그래서 두 사람의 대화는 다소 널뛰는 것이었다. 예를 들어 호우트스미트가 언급하는 란데나 파셴, 하이젠베르크 같은 이름을 울렌벡은 들어본 적도 없었다. 한편으로는 이야기를 하다가 울렌벡이 네 번째 자유도에 대해서 말하면 호우트스미트는 "자유도가 뭐야?"하고 되묻는 형편이었다. 바꿔 생각하면 두 사람의 관계는 서로를 훌륭하게 보충해 주는 것이라고 할 수 있었고, 에른페스트가 노린 것도 바로 그것이었다. 울렌벡은 이렇게 회상한다.[20]

에른페스트는 샘(호우트스미트를 말한다)에게 나를 가르치라는 과제를 주었다. 그것은 에른페스트의 교육 원리 중 하나였다. 에른페스트는 늘 사람들을 짝을 지어서 함께 일하도록 하려고 했다. …… 그래서 6월부터 그해 여름에, 내 기억에 따르면 우리는 매주 두 번 헤이그에서 만났다. 그 외의 날에는 나는 레이든에 가서 에른페스트와 다른 연구를 시작했다. 그것 역시 내가 관심이 많던 파동방정식의 성질과 편미분 방정식 같은 것이었다.

호우트스미트도 울렌벡을 가르칠 때 울렌벡이 묻는 기초적이고 비판적인 질문의 답을 생각하면서 원래 가지고 있던 단순한 관점을 넘어서 원자 이론에 대해 더 자세히 이해하게 되었다.

두 사람의 공동 작업은 곧 결실을 맺기 시작했다. 두 사람은 8월이 가기 전에 조머펠트 이론이 설명하지 못하던 이온화된 헬륨의 스펙트럼 선을 설명하는 소논문을 하나 썼다. 이에 고무되어 두 사람은 더욱 최신의 결과들에 대해 공부했다. 특히 파울리의 배타 원리와 네 번째 양자수의 수수께끼에 집중해서 연구했다. 호우트스미트가 이에 대해 설명하자, 울렌벡은 곧 파울리의 네 번째 양자수는 새로운 물리적 자유도를 의미하며, 이는 일종의 내재된 움직임으로 해석할 수 있다고 생각했다. 그런 내재된 움직임이란 과연 무엇일까? 1925년 9월의 어느 날, 울렌벡은 이 움직임을 전자의 역학적인 자유도와 관련지어 보았다. 통계물리학에 정통한 울렌벡에게 그런 움직임을 생각하는 것은 익숙한 일이었다. 울렌벡은 곧 이는 전자의 자전에 해당하며, 따라서 네 번째 양자수는 그에 따른 각운동량이라는 아이디어를 떠올렸다. 그래서 이 양자수는 얼마 후에 스핀이라는 이름을 얻게 된다. 그러자 호우트스미트는 곧 전자의 자전에 따른 각운동량이 $\hbar/2$라고 하면 모든 것이 잘 맞는다는 것을 확인했다.

새로운 아이디어를 생각해내긴 했지만, 두 사람은 아직 물리학 연구에서는 풋내기였기 때문에, 논의를 더 진전시키지 못했다. 이런 결

전자가 회전한다면 자기장이 형성된다. 회전 방향에 따라 각운동량은
각각 $+1/2\hbar$, $-1/2\hbar$가 되어야 한다.

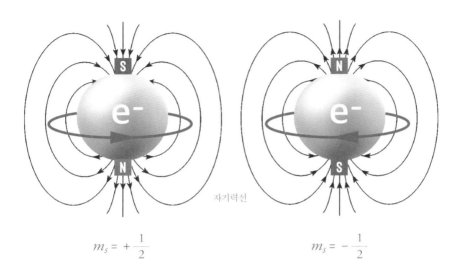

자기력선

$$m_s = +\frac{1}{2}$$ $$m_s = -\frac{1}{2}$$

과만 가지고도 논문을 쓸 수 있나? 어디에 잘못된 데는 없을까? 너무
불확실한 이론 아닐까? 그래서 그들은 논문을 쓸 생각은 하지 않았다.
그러나 이 이야기를 들은 에른페스트는 연구를 더 진전시키도록 두
사람을 격려하고, 막스 아브라함Max Abraham, 1875-1922의 오래된 논문
을 한 편 소개해 주었다. 이 논문은 전자를 전하가 표면에 고르게 분포
된 고전적인 구체로 생각하고, 전자가 회전할 때 생기는 자기 모멘트
등 여러 가지 성질을 논한 것이었다. 울렌벡이 이 논문을 공부해서 그
들의 이론에 적용시켜 보았더니 g-인수의 값이 2가 나왔는데 이는 실

험과 맞는 결과였다. 이 보고를 들은 에른페스트는 《자연과학》에 실을 짧은 논문을 쓰라고 하고, 계산 내용은 로렌츠에게 보여주라고 덧붙였다.

울렌벡은 10월 19일에 로렌츠의 월요일 강의가 끝나자 로렌츠에게 논문을 보여주고 조언을 구했다. 로렌츠는 친절하게 흥미를 보이며, 돌아가서 좀 읽어보고 다음 주에 이야기하자고 대답했다. 그리고 다음 월요일에 로렌츠는 계산을 잔뜩 한 종이뭉치를 들고 왔다. 이런 식으로 학생이 제기한 문제라도 진지하게 대하고, 고전물리학의 깊은 이해와 통찰을 바탕으로 답을 해주는 것이 로렌츠의 방식이었다. 로렌츠는 후일 이 결과를 코모 학회에서 발표했는데, 이것이 로렌츠의 마지막 논문이 되었다.

로렌츠가 이야기를 시작하자마자 울렌벡은 뭔가 문제가 많구나 하고 직감했다. 로렌츠는 여러 가지를 지적했는데, 예를 들어 전자가 실제로 회전을 한다면 전자 표면의 속도는 빛의 속도의 10배에 이르러야 했다. 또한 자기 에너지에 대한 문제도 있었다. 로렌츠의 조언을 들은 후 두 사람은 아무래도 이 논문은 포기해야 할 것이라고 여겨서 에른페스트에게 가서 논문을 게재하지 않는 게 낫겠다고 이야기했다. 그러자 에른페스트는 놀랍게도 그 논문은 벌써 투고했으며 곧 출판될 것이라고 말하고 이렇게 덧붙였다. "자네들은 젊으니까 그렇게 바보 같은 짓을 좀 해도 괜찮아." 당사자인 울렌벡과 호우트스미트는 어이가 없었겠지만, 이런 말을 해준다는 것은 에른페스트가 얼마나 훌륭한 선생인가 하는 것을 잘 보여준다고 하겠다.

한편 이 논문에서 에른페스트는 저자의 순서를 알파벳 순으로 하지 않고 울렌벡을 앞에 오게 바꾸었다. 이에 대해서 호우트스미트는 "나는 이미 여러 편의 논문을 발표한 사람이라 독자가 내 이름만 기억하고 울렌벡의 이름이 무시될까봐 에른페스트가 염려했던 것이다. 그리고 결국 스핀을 생각해낸 것은 울렌벡이었으니까"라고 말했다.*

전자의 회전을 제안한 울렌벡과 호우트스미트의 논문은 1925년 10월 17일에 투고되어 11월 20일자로 출판되었다. 반응은 폭발적이었다. 논문이 발표된 바로 다음날 괴팅겐에서 하이젠베르크가 호우트스미트에게 편지를 썼다. 두 사람은 이전부터 안면이 있는 사이였다. 하이젠베르크는 편지에서 수소의 미세구조 이중선의 간격이 2배 차이가 나는 것을 어떻게 해결했는지 물었다. 그런데 울렌벡과 호우트스미트는 대답할 말이 없었다. 그들은 이중선에 대해서 생각해 보지 않았고, 사실 알지도 못했기 때문이다. 이들은 얼마 후에 레이든을 방문한 아인슈타인에게 배우고 나서야 하이젠베르크가 한 말을 겨우 이해할 수 있었고, 그들의 논문이 그 점을 설명하지 못한다는 것을 알게 되었다.

설명하지 못하는 점이 있긴 했어도, 이 논문은 그해 가을 원자 물리학자들 사이에서 최고의 화제였다. 어디 가도 회전하는 전자를 이야기했다. 그러나 파울리는 여전히 전자가 회전한다는 해결책에 대해 부정적이었다. 이런 분위기는 다음의 에피소드에서 잘 느낄 수 있다. 그해 12월 11일에 레이든에서 로렌츠의 박사학위 50주년을 기념하는

* 이론물리학 분야에서는 저자의 순서를 알파벳 순서로 하는 전통이 있다. 현재도 마찬가지다. 이 당시에 이미 그런 전통이 시작되었는지에 대해서는 내가 확신이 없는데, 호우트스미트가 굳이 이에 대해 언급한 것을 보면 이때에도 아마 그랬던 모양이라고 추측한다.

모임이 열렸다. 보어는 모임에 참가하기 위해 레이든에 가는 도중에 기차가 함부르크 역에 정차한 틈을 타서 파울리를 만났다. 파울리와 슈테른은 전자의 자전에 대해서 보어가 어떻게 생각하는지 물어보기 위해 역에 나와 있었던 것이다. 보어는 "매우 흥미롭다very interesting"고 말했는데, 이것은 전혀 흥미가 없거나 믿을 수 없을 때 보어가 늘 하는 표현이었다. 일단 마음을 놓은 파울리는 보어에게 레이든에 가면 전자가 회전한다는 것을 받아들이지 않도록 조심하라고 말했다.

보어는 레이든에서 아인슈타인을 만났다. 과연 아인슈타인의 첫 마디도 자전하는 전자를 믿느냐는 것이었다. 보어는 역시 매우 흥미롭다고 말하고는, 특히 원자핵의 전기장만 있고 자기장이 없는데 전자가 어떻게 미세구조를 만들어 내는지 모르겠다고 했다. 아인슈타인은 전자가 정지해 있는 좌표계에서 보면 특수 상대성 이론의 효과로 회전하는 전기장이 자기장도 만들어 낸다고 설명했다. 그 결과는 새로운 각운동량과 기존의 각운동량이 결합하는 형태로 나타난다. 보어는 두 눈이 번쩍 뜨이는 느낌이었다.

파울리가 우려한대로, 레이든에서 보어는 회전하는 전자의 예찬자가 되어 버렸다. 보어는 주인공인 울렌벡과 호우트스미트와 오랫동안 이야기를 나누면서, 고전적인 전자론에서 나타나는 모순에 대해 "당연히 이것은 고전적인 것이 아니므로, 고전역학의 맥락에서 생각해서는 안 된다"라고 말했다.[21] 그 자신의 표현대로 "전자-자기 복음의 사도"가 된 것이다.[22]

보어는 코펜하겐으로 돌아가는 길에 괴팅겐을 거쳐 베를린에 가서 12월 18일에 열린 독일 물리학회 25주년 기념식에 참석했다. 괴팅겐

1925년 에른페스트의 집에서,
닐스 보어(왼쪽)와 알베르트 아인슈타인.

역에서는 하이젠베르크와 요르단이 보어를 만나러 나왔다. 보어는 그
들에게 전자의 회전이라는 개념이 중요하다고 역설했다. 베를린에서
는 파울리를 만나서 이야기를 나누었다. 그러나 파울리에게 전자-자
기 복음을 전하는 데는 역시 실패했다. 파울리의 반응은 "새로운 코펜
하겐의 이단Copenhagen heresy이군요"라는 것이었다.

  보어는 울렌벡과 호우트스미트에게 《네이처》에 보낼 소논문을 쓰
도록 하고 자신도 그 내용을 지지하는 논평을 써서 소논문 뒤에 붙였
다. 이 논문에서 이들은 전자의 자전을 제안하고 이로부터 수소 원자
의 스펙트럼 선을 다시 계산해 보였다. 그들의 결과는 조머펠트가 계
산한 스펙트럼 선을 완전히 재현했고, 조머펠트가 해결하지 못한 문
제점도 일부 설명할 수 있었다. 예를 들면,[23]

  여기서 제안한 수정이론은 X선 스펙트럼을 설명하는 데 특히 중요하다.
이 스펙트럼은 소위 '차폐' 이중선이 나타나서 수소 같은 스펙트럼과는 다

른데, 이러한 차폐는 원자 내부에서 전자의 상호작용이 주로 원자핵의 인력을 줄이는 효과로 나타나기 때문이다. …… 우리의 관점에서 보면 문제가 되는 이중선은 '스핀' 이중성이라는 말에 더 어울릴지 모른다. 이중선이 나타나는 유일한 이유가 각운동량 면에 대해서 스핀 축의 방향이 다르다는 것이기 때문이다. 우리의 해석은 X선 준위의 결합 규칙을 생각할 때 대응 원리와 완전히 부합한다.

파울리는 여전히 받아들이지 않았지만, 보어의 영향력에 힘입어 전자의 회전이라는 개념은 빠르게 퍼져 나갔다. 하이젠베르크도 미세 구조 이중선이 2배 차이 나는 문제 등의 이유로 12월 초까지 스핀 개념에 반대하는 입장이었지만 보어의 낙관에 감염되어 12월 24일, 더 이상의 저항을 포기하고 스핀 개념을 인정했다. 이 개념에 '스핀'이라는 이름을 붙인 것도 보어다.

토머스 인수

회전하는 전자가 받아들여지는 데 문제가 된 것은 로렌츠가 고전 전자론을 통해 지적한 대로 전자의 표면 속도가 빛의 속도를 넘게 되는 일 등이 아니었다. 보어의 말대로 그것은 고전 이론의 입장이며 양자 이론에서는 그것이 정말 문제인지도 불명확했다. 그보다 중요한 것은 양자역학의 문제, 즉 전자의 스핀에 의해 생기는 수소 스펙트럼 이중선의 간격을 계산하면 실험값과 2배의 차이가 난다는 점이었다.

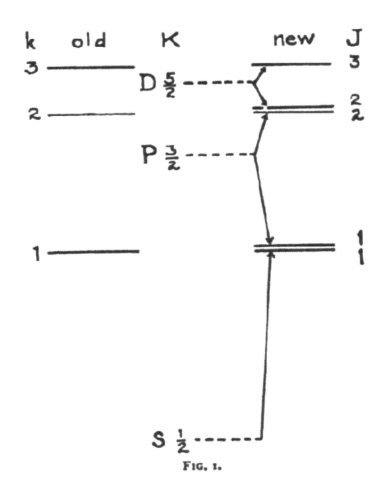

FIG. 1.

윈쪽은 수소 원자 모델에서 조머펠트 이론으로 계산한 스펙트럼 선이다.
스핀을 고려하여 계산한 에너지 준위가 오른쪽이다. 스핀에 의해 에너지 준위가 2개로 나뉘었다.

크로니히가 처음 계산했을 때에도, 그리고 울렌벡과 호우트스미트가 발표한 논문에서도 이 문제는 해결하지 못한 상태였다. 파울리가 전자의 스핀 이론이 옳지 않다고 주장하는 주된 근거도 이 부분이었다.

이 문제를 해결한 사람은 전혀 뜻밖의 인물이었다. 코펜하겐의 보어 연구소에 방문하고 있던 스물두 살의 학생 르웰린 토머스Llewellyn Hilleth Thomas, 1903~1992 가 그 주인공이었다. 토머스는 케임브리지에서 물리학을 공부하고 박사과정에 들어온 뒤 아이작 뉴턴 학생으로 선발되어 1925년 가을에 코펜하겐에 왔다. 1925년에서 1926년으로 넘어가는 겨울에 토머스는 보어와 크라메르스와 함께 세미나를 하면서 전자의 스핀이 있을 때 이중선 간격이 2배가 되는 문제를 배웠다. 보어의 설명을 들은 후 토머스는 사람들이 상대성 이론의 효과를 완전히 계산하지 않았다는 것을 알았다. 그는 케임브리지에서 에딩턴의 일반 상대성 이론 강의를 들어서 이에 익숙했다. 토머스는 에딩턴의《상대성 이론의 수학》을 들고 문제를 면밀히 검토해 보고는 불과 사흘 만에 해답을 찾아냈다. 보통 이 문제는 원자핵이 멈춰있고 전자가 주위를 돌고 있는 좌표계를 전자가 멈춰있고 원자핵이 움직이는 좌표계로 변환해서 계산을 하게 되는데, 지금까지는 이를 가속 운동으로 여기지 않았던 것이다. 토머스는 복잡한 계산을 통해 좌표축 자체가 회전하는 좌표계를 정하고, 이를 통해서 1/2이 더 곱해짐을 유도해냈다. 이를 토머스 인수Thomas factor 라 부른다. 이로서 이중선의 간격이 2배 크게 계산되는 문제가 해결되었다.

토머스는 그의 결과를《네이처》1926년 2월호에 우선 발표하고, 상세한 계산을 담은 논문은 1927년 1월에《필로소피컬 매거진》에 게재

르웰린 토머스

했다. 보어는 이 결과에 즉시 만족을 표했다. 하이젠베르크도 요르단과 함께 토머스의 결과를 가지고 수소 스펙트럼 선의 미세구조와 비정상 제이만 효과를 만족스럽게 설명해냈다. 여러 다른 경우에도 전자의 스핀 효과를 적용해서 성공적인 결과가 나왔다. 전자가 스핀을 가지고 있다는 데 이제 모두의 의견이 일치하는 것 같았다.

파울리만이 아직도 망설이고 있었다. 심리적인 저항이 그토록 컸던 것일까. 파울리는 토머스의 계산에 확신을 가지지 못하고 몇 주일이나 검토를 반복했고, 결국 토머스의 계산이 옳다는 것을 확인하고 승복했다. 1926년 3월 12일자로 보어에게 보낸 편지에서 파울리는 "이제 제게 남은 일은 무조건 항복뿐입니다"라고 써서 스핀을 받아들였음을 알렸다. 파울리는 다음날 호우트스미트에게도 "내가 틀렸고 상대성 이론의 효과가 완전히 옳다는 확신에 도달했음을 알립니다"라고 적은 편지를 보냈다.

이로서 마침내 전자의 네 번째 양자수가 확정되었다. 전자의 스핀은 파울리의 배타 원리를 가지고 원자 속의 풍경을 그리는 데 마지막 남은 빈자리였고, 보어의 표현에 의하면 "원자 이론의 슬픔의 끝the end of the sorrows of atomic theory"이었다.

덧붙이는 노트

　지금의 눈으로 보면, 상황은 이렇다. 파울리는 배타 원리를 제시하면서, 원자 속에서 전자가 2개의 상태로 된 새로운 양자수가 필요함을 제안했다. 파울리는 이 성질은 고전적으로 설명할 수 없다고 생각했는데, 크로니히나 울렌벡과 호우트스미트는 이 2개의 상태는 제이만 효과에서 갈라진 선으로 나타나므로 다른 자기 모멘트를 가진다는 것을 의미하고, 전하를 가지고 있는 전자가 자전한다면 바로 그런 자기 모멘트를 만들어줄 수 있다는 데 착안해서 새로운 상태는 전자의 자전에 의한 것이라고 주장한 것이다. 그래서 이 물리량을 스핀이라고 부르게 되었다. 어떻게 보면 아주 자연스러운 생각으로 보인다. 그런데 잘 들여다보면 이들은 어디까지나 전자를 진짜로 자전할 수 있는 작은 공이라고 생각하고 있다는 것을 알 수 있다. 한편 파울리는 전자를 작은 공이라고 생각하면 안 된다고 분명하게 생각하고 있었기 때문에, '스핀'이라는 말에 민감하게 반응하고 질색을 했던 것이다. 전자는 결코 자전을 할 수 없고, 따라서 스핀이라는 말은 틀렸다! 그러나 어쨌든 그런 각운동량이 존재하는 것은 분명 옳았으므로 파울리도 "전자가 자전하는 것처럼 보인다"는 것을, 적어도 잠정적으로는 돌고 있는 팽이(tippe toe)를 보고 있는 파울리(왼쪽)와 보어.

받아들일 수밖에 없었다.

오해를 피하기 위해 분명히 이야기해두자. 전자가 마치 자전하는 것처럼 각운동량을 가지고 있는 것은 분명 맞다. 이 성질이 전자의 네 번째 양자수인 것도 맞다. 그러나 전자가 진짜로 자전한다고 하면 자기 모멘트 말고 다른 물리량들에 대해서는 로렌츠가 지적한대로 여러 가지 문제가 생긴다. 따라서 스핀은 분명 각운동량이지만, 전자가 자전을 해서 "생기는" 것이 아니라 원래부터 "내재적으로" 가지고 있는 것이다. 이것은 우리가 머릿속에 그리는 자전이 결코 아니고, 전자는 작은 공이 분명 아니다. 그런 면에서는 역시 파울리가 옳다. 하긴 파울리가 특별한 것이지, 그 시대에, 아니 오늘날에도 전자를 작은 공이라고 생각하지 않기가, 그리고 전자가 가지고 있는 각운동량을 전자의 회전이라고 생각하지 않기가 더 어려운 일일지도 모르겠다. 이러한 문제에 대해 파울리가 한 말을 들어보자.[24]

무언가를 눈으로 보게 해달라고 어린이들이 요구하는 것은 정당하고 건전하지만, 물리학에서 이러한 요구는 어떤 개념을 보존하려는 견지에서 받아들일 수 없습니다. 개념의 체계가 일단 분명해지면, 새롭게 시각화될 것입니다.

"내재적으로" 가지고 있다는 말은 질량이나 전하처럼 원래부터 가지고 있는 성질이라는 뜻이다. 따라서 스핀의 크기는 변하지 않는다. 회전을 멈출 수도 없고, 더 빨리 돌 수도 없다. 다만 벡터량이기 때문에 방향만이 달라질 따름이다. 사실 스핀은 근본적으로 양자역학적인 성질이기 때문에, 드러나는 방식이 전혀 다르다. 예를 들면, 고전적으로 보아서 자전을 하는 공은 회전축의 방향이 어떤 방향이든 가능하다. 그러나 양자역학적인 상태는 그렇지 않다. 스핀은 특히 두 개의 상태만이 가능하기 때문에, 우리가 어떤 방향을 기준으로 측정을 하면 측정값은 오로지 그 방향과 반대방향 두 가지만 가능하다. 스핀의 양자역학적인 성질은 조금 지나서 양자역학 이야기를 하고난 다음에 좀 더 논의하도록 하자. 여하튼 스핀은 우리가 눈으로 보는 것처럼 그릴 수 있는 양이 아니다.

스핀의 효과를 조금 더 구체적으로 보도록 하자. 전자가 각운동량을 가질 때, 자기 모멘트는 다음과 같은 식으로 표현된다.

$$\vec{\mu} = -g_s \frac{e\hbar}{2m_e} \vec{J}$$

여기서 m은 전자의 질량, e는 전자의 전하, $\vec{J}$는 각운동량이다. 궤도 각운동량의 크기는 앞에서 부양자수를 말할 때 보았듯이 부양자수 곱하기 플랑크 상수 $\hbar$로 나타나므로, 여기서는 $\hbar$단위로 숫자만 쓴다. 스핀은 $\hbar/2$의 값을 가지므로 부양자수에 해당하는 스핀 양자수는 1/2이다. 그런데 부양자수가 l일 때 자기 양자수는 $l, l-1, l-2, \cdots -l$의 값을 갖는 것과 같이 스핀의 자기 양자수는 1/2과 -1/2이다. 이 두 값이 전자의 두 스핀 상태를 가리킨다. g_s는 앞에서 언급한 g-인수다. 이 식에서 나타난 형태인 $e\hbar/2m_e$가 자기 모멘트의 양자화된 기준

량인데 보어 마그네톤Bohr magneton이라고 부른다.*

그러면 이제 원자 이론은 완성된 것인가? 원자 속의 전자의 상태를 알게 되었고 주기율표를 설명할 수 있게 되었으니, 보어의 말대로 원자 이론의 슬픔은 끝난 것인가? 그리고 우리는 스핀을 이해하게 된 것인가? 물론 아니다. 아직 진짜 원자의 이론인 양자역학은 등장하지도 않았다. 그리고 스핀은 양자역학의 기반 위에서, 상상하지 못했던 새로운 개념으로 통하는 문을 열어주게 된다. 다음 장부터 이제 진짜 양자역학과 스핀의 보다 심오한 의미를 살펴보도록 하자.

울렌벡과 호우트스미트는 1927년 같은 날에 박사학위를 받았다. 같은 교수의 지도를 받는 사람이 동시에 학위를 받는 것은 관행을 벗어나는 일이었지만, 에른페스트가 졸업식에서 지도교수가 하게 되어 있는 연설을 두 번 하고 싶지 않다고 그렇게 만들어 놓은 것이다. 두 사람은 나란히 학위를 받고 같이 미국 미시간 대학에 가게 되었다. 이것 역시 에른페스트의 솜씨였다. 그들의 자리는 당시 미시간 대학에서 2년간 근무했던 오스카르 클라인의 후임이었다. 두 사람은 일자리 걱정을 하지 않아도 되어서 크게 안도했다.

그러면 크로니히는 어떻게 되었을까? 분명 자신이 몇 달 먼저 생각해낸 아이디어가 다른 사람들의 것이 되어 각광을 받는 것을 본 크로니히는?

크로니히는 1926년 3월 6일에 코펜하겐의 크라메르스에게 보낸 편지에서 자신이 울렌벡과 호우트스미트보다 먼저 스핀 개념을 생각해

---

* 마그네톤은 일렉트론이 전기의 알갱이이듯 자기의 알갱이라는 뜻이다. 전자라는 이름에 짝을 맞추려면 자자(磁子)라고 불러야 할 것이지만 아무래도 어색해서 그냥 마그네톤이라고 썼다.

냈고, 그 후 코펜하겐에서 보어와 크라메르스와 함께 그 문제를 토의한 것을 상기시켰다. 크로니히는 그때 자신이 파울리의 강한 비판 때문에 그 내용을 발표하지 않았다면서, 이 나라에서라면 회전하는 전자라는 간단하고 구체적인 아이디어는 광고할 가치가 충분했을 거라고 씁쓸한 후회를 표했고, "앞으로는 나 자신의 판단을 더 신뢰하고 다른 사람의 판단은 믿지 않을 것"이라 덧붙였다. 크라메르스는 보어에게 이 편지를 보였고, 보어는 크로니히에게 "놀라움과 깊은 유감"을 표했다. 크로니히는 다시 답장에서 "언제나 자기 의견이 옳다는 확신에 차 있어서 잘난 체 하며 우쭐대는 물리학자들에게 한 마디 하고 싶어서" 편지를 보냈다고 말했다. 이 정도가 크로니히가 할 수 있었던 전부였다.

그러면서도 그 정도에서 자신을 수습할 수 있었던 크로니히는 울렌벡과 호우트스미트에게는 잘못이 없음을 잘 안다면서, 그들이 언짢아하지 않도록 이 일을 공개적으로 말하지는 말아달라고 부탁했다. 훗날 울렌벡과 호우트스미트도 이 일을 알게 되자, 그들은 크로니히가 자신들보다 몇 달 먼저 스핀을 생각해냈으며, 파울리 때문에 발표를 하지 않았을 뿐이라고 인정했다. 이런 모습을 볼 때, 세 사람의 인품은 참으로 훌륭했다. 하지만 결국 스핀의 발견에 노벨상이 수여되지 않은 것은 이 복잡한 관계 때문이라고 생각하는 사람들이 있다. 호우트스미트는 회상하길 "우리는 독일 물리학회에서 수여한 막스 플랑크 메달을 받았다. 노벨상은 우리에게까지 돌아오지 않았다. 당시는 우리보다 중요한 일을 한 사람도 많았으니까…… 어쨌든 스핀을 발견한 일이 1926년에 미시간 대학에 강사로 임용될 수 있었던 주된

이유였을 것이다. 나로서는 노벨상보다 그 자리가 더 중요했다"라고 했다.[25]

그러면 파울리는 어떻게 생각했을까? 토머스는 이 사건에 대해 호우트스미트에게 "신의 무오류성이 지상의 교구에까지 미치지는 않는다는 것을 보여주는 일"이라고 농담을 했다. 아무리 파울리가 뛰어난 물리학자라도 잘못을 저지를 수는 있는 것이다. 울렌벡은 프랑스 몽블랑 근처의 1951년 레주셰 Les Houches 에서 열린 여름학교에서 파울리와 나눈 대화에서, 파울리가 이 문제에 대해 "젊었을 때 내가 어리석었어!"라고 스스로를 책망했다고 기억했다. 파울리는 크로니히에 대해 일종의 죄책감을 느꼈다. 반드시 그래서는 아니겠지만, 1928년 취리히 연방 공과대학ETH 에 교수로 부임한 파울리는 크로니히에게 자신의 첫 번째 조수 자리를 제안했다. 그때쯤에는 크로니히도 마음을 어지간히 추슬렀는지 파울리의 제안을 받아들였다. 조수가 된 크로니히에게 파울리가 처음 한 말은 "내가 무슨 이야기를 할 때마다, 분명한 근거를 가지고 반박을 해 주게"였다고 한다. 파울리는 자기 자신과 같은 파트너를 필요로 하고 있었던 것이다. 또한 크로니히도 훗날 이렇게 적고 있다. "첫 만남 이후 파울리와 나의 궤도는 여러 차례, 다양한 방식으로 교차했다. 그리고 그를 둘러싸고 있는 생생한 분위기로부터 내가 줄 수 있었던 것보다 더 많은 것을 받았다는 느낌이다."[26]

보어는 훗날 이 문제에 대해 자신의 생각을 분명히 말했다. "크로니히가 어리석었던 것이다." 자신의 연구를 발표하지 않은 책임은 그 자신의 것이다. 이런 문제에 대해 물리학자들은 종종 이렇게 냉정하다.

양자역학을 들고 온 세 전령

우리가 아는 것도 불완전하고
말씀을 받아 전하는 것도 불완전하지만
완전한 것이 오면 불완전한 것은 사라집니다.

— 〈신약성서〉 고린도 전서 13장 9~10절

하이젠베르크

하이젠베르크가 괴팅겐을 처음 방문한 것은 보어 축제에 참가하면서였다. 인연은 꼬리를 물어, 그해가 저물 무렵 하이젠베르크는 다시 괴팅겐에 가게 된다. 조머펠트가 미국에 가면서 그를 막스 보른에게 잠시 맡긴 것이다. 다음 해에 보른은 아인슈타인에게 보내는 편지에 이렇게 쓰고 있다.[01]

겨울에 나는 하이젠베르크를 얻었습니다. (조머펠트가 미국에 갔거든요.) 하이젠베르크는 파울리만큼 재능도 있는데다가, 인간성도 좋고 더 붙임성이 있지요. 아침마다 깨워줄 필요도 없고, 그가 해야 할 일을 일일이 확인시킬 필요도 없습니다. 거기다 피아노도 잘 칩니다.

그리고 다시, 1923년에 박사학위를 받고 하이젠베르크는 보른의 조

베르너 하이젠베르크.

수가 되어 괴팅겐으로 왔다.

　1923년 겨울에 하이젠베르크는 보어에게 편지를 보내서 최근 연구한 것에 대해 이야기했다. 그러자 보어는 코펜하겐에 몇 주일 왔다 가라고 하이젠베르크를 초청했다. 1924년 3월, 부활절 휴가에 하이젠베르크는 코펜하겐을 처음으로 방문했다. 그 역시 파울리처럼 곧장 보어에게 흠뻑 빠져 버렸다. 보어는 그를 따뜻하게 맞아주었고, 원자의 물리학뿐 아니라 거의 모든 분야에 대해서 진지하고 깊은 이야기를 나누었다. 단 둘이서 사흘간의 도보여행을 하기도 했다. 너무도 감격한 하이젠베르크는 그 방문을 "하늘이 보내준 선물"이라고 표현했다.

　하이젠베르크는 명민하고 물리학에 예리한 감각을 가지고 있을 뿐 아니라, 아이디어를 밀고 나가고, 그것을 발표하는 데 있어서 과감했다. 뮌헨에서부터 하이젠베르크와 함께 물리학을 토론했고, 그 뒤로도 하이젠베르크와 정기적으로 편지를 주고받던 파울리는 그러한 장점을 잘 꿰뚫어보고 있었다. 심지어 하이젠베르크가 분명 자신보다 물리학에 대한 지식이나 이해가 부족하면서도, 올바른 해답을 더 잘 내놓기도 한다는 것도 잘 알고 있었다. 그래서 파울리는 이미 하이젠베르크를 높이 평가하고 있었고, 보어가 하이젠베르크를 초청했다는 말을 듣고 보어에게도 "언젠가 과학 발전에 크게 기여할 천재"라고 말하며 하이젠베르크를 추천해 두었다. 보어가 하이젠베르크를 따뜻하게 대한 데에는 이렇게 파울리의 추천이라는 배경이 있었던 것이다. 물론 파울리는 "하이젠베르크가 철학적 자세를 배워오기를 바랍니다"라고 뾰족한 한 마디를 덧붙이는 것도 잊지 않았다.

　몇 주간의 방문을 마치고 하이젠베르크는 괴팅겐으로 돌아가서 7

월에 막스 보른의 지도로 하빌리타치온을 제출한 뒤, 9월 17일에 다시 코펜하겐으로 돌아왔다. 록펠러 재단의 장학금을 받게 되었고, 그 해 겨울에 보른이 미국으로 떠나서 자리를 비우게 되었기 때문이었다. 그래서 배타 원리를 담은 파울리의 논문이 완성되던, 1924년에서 1925년으로 넘어가는 겨울에, 하이젠베르크는 코펜하겐에 머물고 있었다.

스핀이 탄생한 1925년에 이르러 유럽은 잠시 평화를 찾은 듯 보였다. 프랑스 군은 루르 지역에서 철수했고, 미국의 정치가 도스Charles Gates Dawes, 1865~1951는 독일이 지불할 배상금의 삭감안을 제시했다. 눈에 띄게 정치적인 긴장이 완화되었다. 이러한 분위기에서 10월에는 영국, 프랑스, 이탈리아, 벨기에, 체코슬로바키아, 폴란드가 독일 바이마르 공화국과 로카르노 조약을 맺고 국경에 대한 안전을 집단적으로 보장했다. 특히 벨기에, 프랑스와 독일 사이의 국경선을 확인했고 라인란트는 계속해서 비무장지대로 남겨두었다. 그 반대급부로 독일은 다음 해에 국제연맹에 가입을 승인받았다. 이런 분위기에 힘입어 프랑스 외무장관 아리스티드 브리앙과 독일 외무장관 구스타프 슈트레제만은 다음 해에 노벨 평화상을 함께 수상하게 된다.

이 해에 원자물리학은 폭발했다. 1월에 배타 원리가 제시되었고 10월에는 전자의 스핀이 등장했다. 이제 이를 이용해서 원자 속 전자껍질의 상태를 어떻게 그려야 할지를 알게 되었고, 그로부터 주기율표를 이해할 수 있게 되었다. 그리고 이 모든 것을 논리적이고 일관성 있게 설명할 수 있는 근본적인 역학 이론이 이 해에 첫 선을 보였다. 그것은 진짜 양자역학, 진정한 원자의 이론, 아니 원자를 넘어서서 오직 뉴턴과 아인슈타인에만 비견될 수 있는 인류 역사의 거대한 사건이다.

하지만 그 일이 일어나기 불과 한 달 전인 5월에는 아직 아무도 그런 조짐을 알지 못하고 있었다. 파울리는 5월 21일에 크로니히에게 보낸 편지에서 "나는 언제나, 일시적으로라도 내 과학적 본능에 상처를 주는 끔찍한 개념을 받아들이느니, 차라리 아직 완전한 전체 그림을 발견하지 못했다고 말하는 편을 택했어요"라고 하고, 다시 "현재 물리학은 다시 엉망이 되어 버렸어요. 적어도 나한테는 너무 어렵군요. 차라리 코미디언이나 뭐 그런 게 되어서 물리학 얘기는 아무 것도 듣지 않았으면 좋겠습니다"라고 한탄하기도 했다. 굳이 코미디언이라고 이야기한 것은 아마도 당시 파울리가 찰리 채플린의 영화에 빠져 있었기 때문일 것이다. 아무튼 파울리는 당시 배타 원리를 발견해 놓고도 여전히 불만이었다. 자신의 원리가 일관성 있는 역학 이론의 뒷받침을 받지 못한다는 것을 잘 알고 있었기 때문이었다.

그해 4월에 하이젠베르크는 보어와의 시간을 마치고 독일로 돌아왔다. 코펜하겐에서 보어와의 집중적인 대화를 통해서 하이젠베르크는 부쩍 성장했고, 젊은 물리학자들 중에서도 가장 촉망받는 대열에 들어섰다. 보어도 "이제 어려움을 극복하는 길을 찾아내는 모든 일이 하이젠베르크의 손에 달려있다"고 말하기도 했다고 한다. 그러나 원자의 진리는 여전히 아득히 멀고 그곳으로 가는 길은 수많은 어려움에 가려서 제대로 보이지 않았다. 하이젠베르크는 보어의 친절에 감사하면서, 한편으로는 "앞으로는 슬프게도 모든 것을 스스로 해결해야만 한다"는 사실을 안타까워했다.

괴팅겐에 돌아가기 전에 하이젠베르크는 뮌헨에 가서 3주 가량의 휴가를 즐겼다. "지난 2주간 물리학에 대해서는 1분도 생각하지 않았습니다"라고 보어에게 보낸 편지에 쓸 정도였다. 너무도 행복했던 시간을 보내고 나면 일상으로 돌아가고 싶지 않아서 괜히 현실에서 도피하고 싶어지는 경우가 있는데, 이때의 하이젠베르크의 심정이 그렇지 않았나 한다. 그래도 결국 하이젠베르크는 학기의 시작에 맞춰서 괴팅겐으로 돌아갔다. 강사로서 맡은 강의가 있었기 때문이다.

이때쯤에는 괴팅겐 역시 원자 이론의 중심지 중 하나로 당당히 꼽힐 만한 진용을 갖추고 있었다. 보른을 중심으로 강사인 하이젠베르크와 보른의 학생이던 요르단, 그리고 훈트는 원자의 분광학의 이론적 해석에서 가장 앞서가는 결과를 내놓았다. 보른이 아인슈타인에게 "우리 젊은이들인 하이젠베르크, 요르단, 훈트는 무척 뛰어납니다. 때때로 이들이 생각하는 걸 따라가는 데만도 상당히 노력을 기울여야 할 정도지요"라고 자랑할 정도였다.[02] 그러나 하이젠베르크는 코펜하겐에서 보어와 대화를 나누지 않고는 코펜하겐에서 그가 연구하던 복사 이론에 관해서 근본적인 진전을 이루지 못할 거라고 생각하고 있었다. 그래서 그는 옆에 있는 보른과 요르단이 복사 이론을 연구하는 데 참여하지 않았고, 보어에게 보낸 편지에 "보른과 요르단은 복사 이론을 개량하려고 합니다. 하지만 저는 (그렇게 하는 데 대해) 큰 확신이 없어요. 문제는 여기 사람들이 상상하고자 하는 것보다 실제로 훨씬 어렵습니다"라고 썼다.[03]

이런 상황이었으므로 하이젠베르크는 괴팅겐에서 우선 연구할 주제로 복사 이론의 혼란된 상황에 비교적 영향을 덜 받는 원자 구조의 문제를 택했다. 하이젠베르크는 코펜하겐을 떠나기 직전에 "다중항 구조와 비정상 제이만 효과의 양자론에 대하여Zur Quantentheorie der Multiplettstruktur und der anomalen Zeemaneffekte"라는 제목의 논문을 마무리 지었는데,[04] 보어가 4월에 이 논문을 수정하면서 뭔가 "불편한 점Zwang"이 있다고 표현했었다. 그래서 하이젠베르크는 그런 저런 문제를 모두 생각할 필요 없는, 가장 간단한 수소 원자를 다루는 방법부터 다시 생각해 보기 시작했다. 보어에게 보낸 위의 5월 16일자 편지에 보면 하이젠베르크는 "최근 제가 하고 있는 일은 수소 원자 스펙트럼의 세기를 계산하는 일입니다"라고 말하고 있다.

하이젠베르크는 코펜하겐에서 보어에게 배운 대로, 소위 대응 원리correspondence principle 를 적절하게 적용해서 일관된 논리적 방법을 만들어내려고 했다. 대응 원리란 양자론의 결과가 일상적인 세계로 오면 고전역학의 결과와 일치해야 한다는 원리다. 우리가 원자의 세계에 양자론을 적용해서 얻은 결과가 그 자체로는 낯설게 보일지라도, 원자가 충분히 많은 수가 있다든지 해서 일상적인 상황으로 확장되고 나면 고전역학을 적용한 결과와 일치해야야 한다. 그래서 우리가 살고 있는 일상적인 세상이 원자로 이루어져 있지만 우리는 평소에 양자론의 효과를 느끼지 못하는 것이다.

문제는 이 원리는 그야말로 추상적인 원칙이라서, 구체적인 문제에 적용할 때 정해진 방법이 있는 것이 아니라는 점이다. 즉 우리가 양자론을 확실히 알고 있다면 이를 거시 세계에 적용하기는 어렵지 않으나, 반대로 어떤 거시적인 결과를 가져오는 양자 법칙을 찾는 일은 결코 쉽지 않다. 예를 들어보자. 원자의 각운동량을 나타내는 양자수를 j라고 할 때, 각운동량의 제곱은 고전물리학에서는 당연히 j^2이다.

그런데 원자의 각운동량 제곱에 해당하는 양은 실제로는 $j(j+1)$이다. 만약 j가 충분히 크다면 (이 양자수의 단위는 플랑크 상수 $\hbar$이므로 거시적인 세계에서는 충분히 크다) j^2이 j보다 훨씬 크므로 j^2이라고 해도 거의 맞다.[*]

하지만 역으로 j^2으로부터 $j(j+1)$을 알아내기는 불가능하다. 같은 결과를 가져오는 수많은 가능성이 있기 때문이다. 아무튼 적어도 일단 양자이론을 만들고 그 결과로 $j(j+1)$를 얻으면, j값을 크게 해보아서 고전역학의 결과인 j^2가 나온다는 점으로부터 일단 검증을 할 수 있다.

그런데 수소 원자는 보어-조머펠트 이론으로 이미 해결된 것이 아니었던가? 스펙트럼 선의 파장과 미세구조, 슈타르크 효과와 제이만 효과가 모두 설명되었고 심지어 하이젠베르크가 계산하려는 스펙트럼 선의 세기도 크라메르스가 대응 원리를 이용해서 이미 논의한 바 있다. 굳이 말하자면 몇 가지 문제는 있었다. 한 가지 예로 수소 원자가 전기장과 자기장이 교차하는 가운데 놓이는 경우 보어-조머펠트 이론에 따르면 전자의 궤도는 원자핵을 가로지르는 불가능한 형태가 된다는 것을 오스카르 클라인이 1923년 12월에 보고했었다. 좀 더 기본적인 문제로, 보어 모형에서 정상상태로 주어지는 궤도 자체는 고전 전자기학에 의해서 정해지지만, 전자가 정상상태 사이를 전이해서

---

[*] '거의 맞다'는 말에 불만을 느끼는 사람이 틀림없이 있을 것이므로 간단한 예를 보이겠다. j가 10이면 j^2은 100이므로 10% 정도 차이가 난다. 그런데 j가 10,000이면 j^2은 1억이므로 0.01%에 불과하다. 그래도 차이가 있지 않느냐고 할 것이다. 그런데 거시적인 세계는 대체로 아보가드로 수 이상의 원자로 이루어져 있으므로 양자수도 10^{23}이상이 된다. 그러면 j는 j^2의 $1/10^{23}$ 이하에 불과하고, 이 정도의 차이가 되면 도저히 감지할 수가 없는 수준이다.

스펙트럼 선을 방출하는 것은 전자기학은 물론 어떤 역학적 방법으로도 설명될 수 없다. 하이젠베르크는 나름의 방법을 개발해서 바로 이런 원자 속의 전자의 운동을 해명하려고 했던 것이다.

처음에 하이젠베르크는 낙관적인 마음으로 시작했으나, 양자론으로 운동을 나타내기 위해 푸리에 급수를 분석하면서 곧 수학적으로 아주 복잡한 상황에 맞닥뜨려서 어찌할 바를 모르게 되었다. "수학이 너무 복잡해서 이 과정을 실제로 따라하지 못하겠다는 것을 알았다. 그래서 좀 더 근본적인 면에 관해서 생각하기 시작했다." 하이젠베르크는 아직 자신이 무엇 때문에 이렇게 혼돈에 빠져 있는지도 모르고 있었다. 여하튼 하이젠베르크는 좀 더 간단한 경우를 생각하기로 했다. 그래서 하이젠베르크가 택한 것은 비조화진동자anharmonic oscillator 문제였다.

조화진동자harmonic oscillator 란 멈춰있는 상태에서 조금 움직였을 때, 다시 원 상태로 돌아가려는 힘인 복원력이 움직인 거리에 비례하는 역학계를 말한다. (역학계라는 말에 너무 긴장하지 말자.) 용수철을 생각해 보면 용수철에 매달린 물체를 조금 잡아당겼을 때보다 많이 잡아당길 때 원 상태로 돌아가려는 힘이 더 강하다는 것을 쉽게 느낄 수 있다. 바로 이런 것이 조화진동자의 전형적인 예다. 조화진동자는 용수철을 잡아당겼다가 놓았을 때처럼 안정된 점을 중심으로 진동 운동을 하게 된다. 천장에 추를 매달아 놓은 진자도 조금 움직일 때는 거의 조화진동자에 가깝다. 그런데 추의 진폭이 커지면 복원력은 원점에서의 거리에 단순히 비례하는 것이 아니라 더 복잡한 형태가 된다. 이런 계를 비조화진동자라고 한다. 비조화진동자는 조화진동자에 새로 추가

1925년 여름, 하이젠베르크가 머물렀던 헬골란트 섬.

된 항의 크기가 작을 때, 물리학을 공부하는 학생들이 추가된 항을 섭동perturbation 으로 다루는 법을 익히는 좋은 연습문제다.

사실 보어 모형 이전에는 전자를 일종의 조화진동자로 생각해서 전자의 진동 운동으로부터 원자의 선 스펙트럼을 유도해내는 원자 모형이 많았다. 그러나 하이젠베르크가 그런 생각을 했던 것은 아니다. 또한 그는 비조화진동자를 일종의 대체 모형으로 생각했던 것도 아니다. 사실 하이젠베르크는 란데 등이 했던 대로 대체 모형을 만드는 일에는 관심도 없었고 오히려 거부감을 느끼는 편이었다. 하이젠베르크가 하려는 일은 어디까지나 고전역학으로부터 올바른 양자론을 얻는 대응 원리를 개발하려는 것이었다.

6월에 접어들자서 하이젠베르크는 꽃가루 때문에 알러지성 비염이 도져서 일을 할 수 없을 지경이 되었다. 보른에게 이야기해서 2주간의 휴가를 받은 하이젠베르크는 6월 7일 밤기차로 괴팅겐을 떠났다. 다음 날 새벽, 그는 엘베강 어귀의 쿡스하벤Cuxhaven에 도착했고, 다시 페리를 타고 약 70킬로미터 떨어진 북해의 작은 섬 헬골란트로 갔다. 헬골란트는 군사적으로는 가치가 있지만, 사람이 편히 지내기에는 좀 황량한 바위섬이었다. 하이젠베르크는, 가장 높은 곳이라야 60미터 남짓하고 풀도 거의 나지 않는 헬골란트의 남쪽에 위치한 집 2층에 빌린 방에서, 세상을 잊고 며칠을 혼자 지내며 원자를 생각했다.

섬에 도착하자 하이젠베르크는 곧 원기를 되찾았다. 그는 하루의 3분의 1은 섬을 산책하거나 바다에서 수영을 했고, 3분의 1은 괴테의 《서동시집 *West-östlicher Divan*》을 읽었으며, 나머지 3분의 1은 물리학을 연구했다. 아무런 방해도 받지 않고, 그는 마음껏 그동안 그를 괴롭히던 문제에 집중할 수 있었다. 그리고 거기서 불과 며칠 만에 하이젠베르크는 새로운 양자 이론을 만들어 내는 데 커다란 진전을 이루어냈다.

하이젠베르크가 기초로 삼은 생각은, 우리는 원자 속에서 전자의 위치나 궤도를 정할 필요가 없다는 것이었다. 이것들은 실험에서 실제로 측정하는 양이 아니다. 우리가 수립해야 할 이론은 관측할 수 있는 양들 사이의 관계가 나타나기만 하면 충분하다. 이러한 생각은 어디서 비롯된 것일까? 하이젠베르크가 코펜하겐에 머물던 1924년 12월, 보어는 파울리로부터 받은 편지를 하이젠베르크와 함께 읽었다. 그 편지에서 파울리는 다음과 같이 그의 대부 마흐를 연상시키는 강력한 실증주의적인 견해를 피력했다. "나는 정지 상태의 에너지와 운동량 값은 궤도라는 것보다 훨씬 더 진짜로 존재하는 것이라고 믿습니다."[05] 파울리가 편지에서 역설한 것은, 우리가 원자 세계에 대해 말할 때 전자가 원자핵 주위의 궤도를 돈다고 말하는 것은 의미가 없다는 것이었다. 전자의 궤도란 관찰할 수도 측정할 수도 없는 것이기 때문이다. 우리는 물리적으로 관측 가능한 에너지와 운동량, 혹은 이와 직접 관계 있는 개념을 가지고 논의를 해야 한다. 바로 헬골란트에서 하이젠베르크가 가지고 있던 생각과 같다. 그러므로 파울리의 편지가 하이젠베르크의 머릿속에 스위치를 올렸다고 생각해도 전혀 이상하지 않다.

하이젠베르크는 실제로 측정되는 양인 고유 진동수와 전이 진폭을 계산하는 일에만 관심을 집중해서, 고전역학과의 유비 관계를 면밀히 검토하면서 비조화진동자 모형을 양자화하려고 애썼다. 이 과정에서 하이젠베르크는 '가장 낮은 에너지 상태'가 존재한다면 문제가 말끔히 풀린다는 것을 발견했다. 이것은 성공의 첫 발을 내딛은 것이었다.

곧바로 그는 이번에는 에너지 보존 법칙이 성립하는지가 불확실하다는 것을 깨달았다. 하이젠베르크는 이제 이를 증명하는 데 심혈을 기울였다. 어느 날 밤 마침내 계산이 풀리기 시작했다. "최초의 1항으로서 에너지의 법칙이 확증되었을 때 나는 일종의 흥분 상태에 빠져서 다음 계산이 자꾸만 틀리곤 하였다. 그래서 그 계산의 종국적인 결과가 나온 것은 새벽 3시가 가까워서였고, 모든 항에서 에너지의 법칙이 타당한 것으로 증명되었다."[06] 드디어 완전한 수학적 구조를 얻었다. 하이젠베르크는 훗날 이를 두고 "모든 원자 현상의 표면 밑에 깊숙이 간직되어 있는 내적인 미美의 근거를 바라보는 그러한 느낌이었다"라고 이야기했다.[07]

자신이 발견한 새로운 이론을 하이젠베르크가 제일 먼저 알린 사람은 파울리였다. 파울리야말로 당대의 원자 물리학에 정통해서 이 이론을 가장 잘 이해하고 정확한 평가를 내려줄 수 있는 사람이고, 또 자신에게 기탄없이 해야 할 말을 해줄 사람이었기 때문이며, 또한 계속해서 편지로 서로의 연구에 대해 토론을 나누던 중이기도 했기 때문이다. 하이젠베르크의 논문을 받고, 파울리는 하이젠베르크의 이론이 "새로운 희망, 새로운 삶의 기쁨"이라고 말할 정도로 열광적인 반응을 보였다.

하이젠베르크는 괴팅겐에 돌아와서 보른과도 자신의 결과에 대해 논의했다. 보른은 이론 자체에 대해서는 어리둥절했지만 어쨌든 일단 논문을 쓰도록 하이젠베르크를 격려했다. 하이젠베르크의 첫 논문은 "운동학과 역학적 관계의 양자역학적 재해석"이라는 제목으로 7월에 발표되었다. 논문의 첫 머리는 이렇게 시작한다.[08]

1927년 9월 이탈리아의
코모 호숫가에서.
(왼쪽부터)볼프강 파울리,
베르너 하이젠베르크,
엔리코 페르미.

이 논문은 원리적으로 관측 가능한 양들 사이의 관계에 대해 성립하는
양자역학 이론의 기초를 수립하고자 한다.

이것이야말로 마흐의 철학이 아닌가! 마흐의 영혼이 파울리를 통
해서 하이젠베르크에게 말을 건 것일까? 논문에서 하이젠베르크는
고전물리학과의 유비를 통해서 양자역학의 관계식을 더듬듯이 탐구
해 나간다. 이 과정에서 양자론의 식이 어떻게 나왔는지는 자주 불명
확하다. 그래서 이 논문은 흔히 이전에 전혀 존재하지 않았던 그 무엇
을 탄생시킨 '마술적인 논문'이라고 여겨진다. 1979년 노벨 물리학상
수상자인 스티븐 와인버그Steven Weinberg, 1933~2021는 그의 책에서 이렇
게 말했다.[09]

나는 그 논문을 여러 차례 애써 읽어 보았고 내가 양자역학을 이해하고
있다고 생각하지만, 그가 논문에서 수학적 논리 전개를 왜 그런 식으로 했

는지 전혀 이해하지 못했다. 이론물리학자들은 자신의 가장 성공적인 업적에서 두 가지 역할 중 하나를 수행하는 경향이 있다. 현인이나 마법사. …… 현인형 물리학자들의 논문을 이해하는 것은 대개 어렵지 않지만 마법사형 물리학자들의 논문은 종종 이해할 수가 없다. 이런 의미에서, 하이젠베르크의 1925년 논문은 마법 그 자체였다.

하이젠베르크의 새로운 이론을 처음 들었을 때 막스 보른에게 어떤 생각이 들었는지는 아인슈타인에게 보낸 7월 15일자 편지에서 알 수 있다.[10]

곧 발표될 하이젠베르크의 논문은 당혹스럽지만 확실히 틀림이 없으며 심오합니다.

편지에 적은 것은 단 한 줄이었지만 훗날 편지를 모은 서한집을 펴내며 보른은 주변 상황을 자세히 소개했다.[11]

하이젠베르크는 7월 11일 아니면 12일에 내게 그 원고를 주었는데 …… 그는 나에게 논문의 내용이 괜찮은지 그리고 발표해도 괜찮은지를 물었다. …… 이 논문이 담은 내용은 당혹스러웠음에도 불구하고 내가 이것이 옳다고 주장할 수 있었던 확신은 하이젠베르크가 행한 훌륭한 계산이 실제로는 잘 알려진 행렬 계산에 불과한 것이라는 사실은 내가 이미 알고 있었기 때문이다.

물리학자들이 잘 모르는 수학에 익숙했던 보른은 행렬이라는 수학적 형식을 예전에 배워서 알고 있었다. 보른은 요르단과 함께 행렬을 이용해서 하이젠베르크의 계산에 살을 붙이고 이를 체계적으로 발전시킨 논문을 발표했다. 이 논문에 위치와 운동량 사이의 관계식인 $qp-pq=i\hbar$이 등장한다. 그리고 코펜하겐에 다녀온 하이젠베르크가 다시 합류해서 세 사람이 함께 또 한 편의 논문을 완성했다. 이 세 논문을 통해 완전히 새로운 역학체계가 구축되었다. 물리량을 행렬이라는 수학적 형식으로 나타내기 때문에 이들의 이론은 행렬역학matrix mechanics이라고 불렸다.

하지만 당시 하이젠베르크의 새로운 이론을 받아들인 사람은 많지 않았다. 대부분은 이상한 이론과 낯선 수학에 어리둥절해할 뿐이었다. 심지어 하이젠베르크 본인도 아직 자신의 이론을 가지고 수소 원자조차 계산하지 못하고 있었다. 이 새로운 이론을 가지고 처음으로 중요한 결과를 보여준 사람은 파울리였다. 울렌벡과 호우트스미트의 스핀에 관한 논문이 발표될 무렵 파울리는 하이젠베르크의 계산 규칙을 가지고 수소 원자의 선 스펙트럼을 계산하고 있었다. 파울리는 이 논문에서 하이젠베르크의 이론을 정확하게 이해하고, 이를 교묘한 수학적 기법으로 뒷받침해서 발머 계열 스펙트럼뿐 아니라 슈타르크 효과까지 정확하게 계산해냈다. 이듬해 1월 발표된 파울리의 논문에 누구보다도 제일 크게 놀란 사람은 하이젠베르크였다. 하이젠베르크는 파울리에게 보낸 편지에서 "네가 이 이론을 그렇게 빨리 만들어낸 것에 존경을 보낸다"고 적었다.[12] 그리고 "나 자신이 새로운 이론으로부터 수소 스펙트럼을 유도하는 데 성공하지 못했다는 데 대해 불행하게 생각한다"고 말했다.[13]

슈뢰딩거

파울리가 김나지움에 다니면서 일반 상대성 이론을 공부하러 빈 대학에 드나들던 시절에, 빈 대학 물리학과에서 일반 상대성 이론을 연구하던 젊은 학자 중 한 사람이 빈 출신의 에르빈 슈뢰딩거였다. 파울리보다 13년 연상인 슈뢰딩거는 1906년 볼츠만이 자살한 직후에 빈 대학에 입학해서 물리학을 공부했고, 학위를 받은 후 1911년 가을부터는 프란츠 엑스너Franz Serafin Exner, 1849~1926의 조수가 되었다. 1914년에는 하블리타치온을 제출하고 강사가 되었는데, 그해 제1차 세계대전이 발발해서 입대했다. 포병으로 여러 곳에서 근무하면서도 슈뢰딩거는 이론물리학자라는 이점을 살려 그럭저럭 공부도 하고 심지어

20대의 에르빈 슈뢰딩거.

논문도 썼다.[*] 슈뢰딩거가 일반 상대성 이론을 처음 접한 것도 이탈리아의 프로세코 전선에 근무할 때였다. 슈뢰딩거는 1917년 봄에 빈 근교의 방공학교로 배치되어 빈으로 돌아오면서 한스 터링 등과 함께 빈 대학에서 일반 상대성 이론을 본격적으로 연구할 수 있었다.

전쟁이 끝난 후 슈뢰딩거는 빈에서 경제적으로나 개인적으로 어려운 시절을 보내야 했다. 그의 할아버지와 아버지가 모두 이 시기에 사망했다. 슈뢰딩거가 대학에서 받는 돈은 일 년 치를 합해야 한 달 생활하는 데 필요한 정도였다. 1920년 슈뢰딩거는 빈 대학으로부터 이론물리학 조교수 직을 제안 받았으나, 이를 거절하고 예나 대학의 막스 빈 Max Wien, 1866~1938의 조수가 되는 쪽을 택했다. 막스 빈은 뮌헨에서 파울리와 하이젠베르크를 가르쳤던 노벨상 수상자 빌헬름 빈의 사

* 1차 세계대전 때에는, 물론 경우에 따라 다르겠지만 병사들도 전선에서 학술지를 우편으로 받으면서 공부하고 연구하는 일이 가능했던 것이다. 칼 슈바르츠실트가 아인슈타인의 일반 상대성 이론 방정식의 해를 최초로 구한 것도 동부전선의 참호 속에서였다는 것을 기억하자.

촌 동생이다. 빈 대학의 제안을 거절한 이유는 예나 대학이 좀 더 나은 봉급을 제시했기 때문이다. 결혼을 앞둔 슈뢰딩거에게는 좀 더 나은 봉급이 절실했던 것이다. 1920년 4월 슈뢰딩거는 안네마리 베르텔 Annemarie (Anny) Bertel과 결혼식을 올리고 예나로 떠났다. 빈 대학의 자리는 한스 터링에게 돌아갔고, 그는 후에 정교수가 된다.

이후 슈뢰딩거는 슈투트가르트를 거쳐 곧 브레슬라우로 자리를 옮겼다가, 1921년에 취리히 대학으로부터 제의를 받았다. 취리히 대학은 뢴트겐이 졸업했고, 아인슈타인과 폰 라우에가 재직했던 곳으로서, 이제까지 그가 있던 대학들에 비하면 확실히 학계의 중심부에 속하는 대학이었다.** 그의 나이 34세였다. 여기서 6년을 지내는 동안 그는 학자로서의 전성기를 맞게 된다. 헤르만 바일과 피터 디바이 등과 가까워졌고, 고체의 비열이나 열역학 및 통계역학의 문제에서 색채에 대한 생리학에 이르기까지 다양한 분야에 걸쳐 여러 편의 논문을 썼다.

그러나 취리히로 옮긴 직후의 슈뢰딩거의 상태는 좋지 못했다. 강의와 행정 업무도 그를 지치게 했지만 무엇보다도 건강이 문제였다. 기관지염으로 시작했던 기침은 결국 겨울이 지날 때쯤 폐결핵 진단으로 결론이 났다. 요양이 필요했다. 요양지는 스위스 동부 바이스호른 기슭, 해발 1800미터에 위치한 알프스 산중의 아로사Arosa로 결정되었다. 슈뢰딩거 부부는 아로사에서 오토 헤르비히 Otto Herwig 박사가 운영하는 호텔 겸 요양소에 8개월간 머물렀다가 결핵 증세가 완전히

** 아인슈타인이 졸업했고 1912~1914에 교수로 지냈던 취리히 연방 공과대학(ETH)과는 다른 대학이다.

사라진 뒤에야 취리히로 돌아왔다. 이렇게, 보어 축제가 벌어지고 슈테른과 게를라흐가 그들의 실험을 성공시킨 1922년에 슈뢰딩거는 대체로 물리학에 집중할 수 있는 상태가 아니었다.

1923년을 한 편의 논문도 쓰지 못하고 보낸 슈뢰딩거는 1924년부터 다시 활발하게 연구를 재개했다. 대학 생활도, 취리히의 환경도, 주변의 친구들도 만족스러웠다. 그해 가을에는 인스브루크에서 열린 학회에 참석했다가 아인슈타인과 뮌헨 대학의 조머펠트, 빌헬름 빈 등과 만나 가까워지고 연구에 관한 편지를 주고받기 시작했다. 다만 그의 나이는 이제 37세, 당시 한참 이름을 날리는 물리학자들은 모두 그보다 훨씬 젊었다. 1887년생으로 닐스 보어보다 겨우 두 살 아래인 그는 물리학에 제대로 공헌하기에는 이제 한물 지난 것이 아닌가 하는 느낌을 피할 수 없었다. 한편 사생활 면에서는 부부 사이가 이혼을 고려할 만큼 멀어졌다. 슈뢰딩거는 다른 여자들과의 연애를 거듭했고, 부인 안니도 헤르만 바일과 사랑에 빠져 있었다. 그래서 1925년의 슈뢰딩거의 내면은, 외면의 평온함과는 달리 대체로 복잡했다.

당시 슈뢰딩거도 물론 원자와 스펙트럼 선에 관심을 기울이고 있었다. 원자물리학에 대해 슈뢰딩거가 처음 관심을 가진 것은 이미 슈투트가르트에 있을 때였다. 슈뢰딩거도 다른 사람들처럼 조머펠트의 《원자 구조와 스펙트럼 선》을 공부했고, 1921년에 원자 모형에 대한 첫 번째 논문을 발표했었다. 이 논문에서 슈뢰딩거는 보어-조머펠트 모형에서 한 궤도에서 다른 궤도로 전이하는 과정을 근사적인 방법으로 계산했다. 양자도약이라고 불리던 이 과정은 양자론에서 가장 신비하고 설명하기 어려운 부분인데, 슈뢰딩거의 이 논문은 어찌 보면 양자도약을 고전적인 방법으로 설명하려는 것으로 보인다.

1925년 초입에는 슈뢰딩거의 관심이 통계역학 분야에 쏠려 있었다. 여름학기에는 양자 통계역학에 대해서 강의했고, 특히 복사를 광자의 통계적 법칙으로 설명하는 아인슈타인의 논문에 관심을 기울여서 이에 관한 논문을 쓰기도 했다. 이 과정에서 슈뢰딩거의 머릿속에서는 입자와 파동의 개념이 서서히 섞여가고 있었다. 그리고 그 해 가을에 슈뢰딩거는 루이 드브로이라는 낯선 이름의 프랑스 물리학자가 쓴 논문과 만나게 된다.

루이 빅토르 피에르 레이몽 드브로이Louis-Victor-Pierre-Raymond, 7e duc de Broglie, 1892~1987는 프랑스 노르망디 지방 바닷가에 위치한 디에프Dieppe의 귀족 가문에서 둘째 아들로 태어났다. 아버지는 제 5대 드브로이 공작 빅토르Louis-Alphonse-Victor, 5th duc de Broglie고 형은 물리학자인 모리스Louis-César-Victor-Maurice, 6th duc de Broglie다. 루이는 처음에 대학에서 역사학을 공부했다가, 형의 영향으로 뒤늦게 물리학으로 전공을 바꾸었다. 드브로이는 1924년에 박사학위 논문으로 "양자론 연구Recherches sur la théorie des quanta"를 제출했는데, 이 논문은 심사위원이었던 폴 랑주뱅이 내용의 타당성을 아인슈타인에게 문의했을 정도로 파격적인 아이디어를 담고 있었다. 그 아이디어는 전자를 파동으로 간주한다는 내용이었다. 아인슈타인은 "우주의 베일 한 자락을 걷어 올린듯하다"라고 격찬했다.

누구나 입자라고 생각하는 전자를 파동으로 다룬다는 이중성의 사고방식은 사실 플랑크와 아인슈타인이 일찍이 빛에 대해서 적용했던 생각이었다. 빛은 간섭과 회절 등의 현상이 관찰된 18세기 이래로 명백히 파동으로 여겨졌고, 19세기에는 맥스웰에 의해 전자기장의 파동임이 밝혀졌다. 그러나 플랑크와 아인슈타인은 흑체의 열복사 현상이나 금속이 빛을 받을 때 전자를 내놓는 광전효과와 같은 현상은 특정한 진동수의 빛이 일정한 관계로 주어지는 특정한 에너지를 가지는 입자처럼 행동하는 것임을 밝혔다. 드브로이는 이와 대응을 이루는 논리로, 특정한 운동량 p를 가지는 전자는, 역시 일정한 관계로 주어지는 특정한 파장 λ를 가지는 파동으로 해석할 수 있다고 제안했다. 그리고 두 경우 모두에서 그 일정한 관계는 바로 플랑크가 발견한 상수 h다. 즉 진동수가 ν인 빛의 에너지는 $E=h\nu$이고, 전자의 드브로이 파장은 $\lambda=h/p$로 정해진다.

드브로이가 이러한 착상을 한 데에는 특히 전해인 1923년에 미국의 아서 콤프턴Arthur Holly Compton, 1892~1962이 발표한 X선과 전자의 산란 실험이 결정적인 역할을 했다. 콤프턴은 X선을 파라핀에 쬐어보았더니 반사된 X선의 파장이 길어진다는 것을 발견했다. 일반적으로 빛이 물질에 반사될 때에는 파장이 변하지 않기 때문에 이 결과는 이상하게 보였다. 그러나 콤프턴은 곧 X선의 에너지는 전자가 원자에 묶여있는 에너지보다 충분히 크기 때문에 이 실험은 X선이 자유로이 돌아다니는 전자에 산란된 것으로 볼 수 있다는 것을 깨달았다. 그렇다면 이 결과 역시 빛이 정확히 입자처럼 행동한 것이다. 이는 공을 벽에 던지면 충돌할 때와 거의 같은 속도로 튀어나오지만 다른 공을 맞추면 그 공이 팅겨나가기 때문에 공의 속도가 느려지는 것과 같은 원리다. 보통의 빛의 에너지는 전자가 원자에 묶여있는 에너지보다 낮기 때문에 마치 공이 벽에 부딪힐 때와 같이 반사된 빛도 같은 에너지를 가지게 되지만, X선은 전자를 튕겨내면서 그 자체의 에너지가 줄어들어서 파장이 길어진 것이다.

아인슈타인은 기체의 통계학에 대한 논문을 발표하면서 드브로이의 논문을 언급하고, 특히 이 이론을 이용하면 보어-조머펠트 이론의 양자화 조건을 기하학적으로 해석할 수 있다고 지적했다. 만약 원자 궤도에 있는 전자가 정지파standing wave라면, 궤도 전체 길이가 파장의 정수배라는 조건을 만족해야 한다. 즉 반지름이 r_n인 n번째 궤도에 파장 λ인 전자가 정지파로 존재할 조건은 $2\pi r_n = n\lambda$이다. 이때 파장을 드브로이 관계식으로 바꾸어 쓰면 이 식은 $r_n p = nh/2\pi$가 되는데, 좌변의 $r_n p$는 원 궤도에서 각운동량이므로 이 관계식은 바로 보어가 처음 썼던 각운동량의 양자화 조건이다. 따라서 전자를 파동으로 본다면 보어의 각운동량 양자화 조건은 곧 전자의 파동이 정지파일 조건인 것이다.

아인슈타인의 논문을 읽은 슈뢰딩거는 드브로이의 논문을 구해서 공부하기 시작했다. 슈뢰딩거가 11월 3일에 아인슈타인에 보낸 편지에 보면 다음과 같이 드브로이의 논문을 언급하고 있다. "며칠 전에 루이 드브로이의 독창적인 학위논문을 아주 흥미롭게 읽었습니다. 결국 이해할 수 있었습니다." 그리고 슈뢰딩거는 이 간결한 이론의 이면에 새롭고 거대한 통찰이 담겨있음을 간파했다.

디바이 역시 드브로이의 논문에 관심을 가지고 슈뢰딩거와 함께 이에 대해서 논의했는데, 한 번은 디바이가 "파동을 다루려면 파동 방정식을 먼저 가지고 있어야 한다"고 말했다.[14] 슈뢰딩거가 파동의 역학 방정식을 구상하기 시작한 데는 디바이의 이 말이 힌트가 되었는지도 모른다.

처음에 슈뢰딩거는 상대성 이론에 맞도록 파동 방정식을 만들고 이를 수소 원자에 적용해 보았다. 그러나 결과는 신통치 않았다. 그러던 중에 크리스마스가 다가오자 슈뢰딩거는 휴가를 신청해서 요양을 갔었던 아로사로 다시 떠났다. 이번에는 부인은 동행하지 않았다. 대신 그는 빈에서 만나던 옛 애인에게 전보를 쳐서 아로사로 불렀다.

아로사에서 슈뢰딩거는 헬골란트에서의 하이젠베르크만큼이나, 아니 어쩌면 애인과 함께 있었으므로 더욱 특별한 창조의 시간을 보냈다. 슈뢰딩거는 상대성 이론에 맞는 방정식을 일단 놓아두고 비상대론적인 파동 방정식을 만들려고 시도했고, 아로사에 간지 얼마 안 되어 곧 방정식을 완성한 것으로 보인다. 그리고 방정식의 해를 구하고 있었다. 12월 27일에 뮌헨 대학의 빌헬름 빈에게 보낸 편지를 보면 슈뢰딩거는 해를 거의 구한 모양이다.[15]

현재 나는 새로운 원자 이론에 시달리고 있습니다. …… 임의적인 가정을 도입하지 않고 비교적 자연스러운 방법으로 구성되어, 고유 진동수가 수소의 진동수와 일치하는 진동계의 방정식을 내가 쓸 수 있다고 믿습니다.

1926년 1월 9일까지 슈뢰딩거는 아로사에서 지냈다. 취리히로 돌아온 후 슈뢰딩거는 비상대론적인 방정식만을 발표하기로 결정하고, 바일 등의 도움을 받아서 논문을 완성한다. 비상대론적인 방정식만 발표하기로 한 것은 이 방정식만이 수소 원자의 올바른 스펙트럼을 주기 때문이었다. 상대성 이론에 맞는 방정식이 올바른 값을 주지 못했던 이유는 바로 방정식에 스핀이 포함되어 있지 않기 때문이었다. 물론 그 당시에 슈뢰딩거는 이를 알지 못했다.

슈뢰딩거의 첫 논문 "고유값 문제로서의 양자화Quantisierung als Eigenwertproblem"는 1월 27일에 독일의 전통 있는 학술지인《물리학 연보Annalen der Physik》의 편집자였던 빈에게 접수되어 곧 출판되었다.* 우리가 보통 슈뢰딩거 방정식이라고 부르는 파동 방정식이 다음과 같이 처음 모습을 드러낸 것이 이 논문이다.[16]

$$\Delta \psi + \frac{2m}{K^2}\left(E + \frac{e^2}{r}\right)\psi = 0$$

Δ는 현대의 기호로는 공간에 대한 2계 미분을 나타내는 라플라시안(∇^2)이고, $K = h / 2\pi$이며, 퍼텐셜은 수소 원자의 퍼텐셜이다.

이 논문에는 그 밖에도 방정식을 도출해낸 과정과 수소 원자의 경우에 방정식을 풀어서 나온 결과가 쓰여 있다. 에너지 준위가 다음과 같이 보어의 결과와 일치함을 볼 수 있다.

$$-E_l = \frac{me^4}{2K^2 l^2}$$

* 빈은 1925년 12월 24일에 슈뢰딩거에게 보낸 편지에서 "(내가 편집자를 맡고 있는)《물리학 연보》에 오랫동안 취리히로부터 논문을 받아보지 못했네. 스위스 논문을 다시 실을 수 있으면 기쁘겠어"라고 썼다. 슈뢰딩거는 이 편지를 읽고 자신의 논문을 보내기로 약속을 했다. 당시의 학술지 출판은 지금처럼 반드시 제3의 심사위원이 심사를 하는 것이 아니었고, 편집자의 권한이 훨씬 강했다.

약 4주 뒤에 조화진동자 등을 다룬 같은 제목의 두 번째 논문이 발표되었다.[17]

슈뢰딩거의 방정식은 정말 놀라웠다. 대상이 전자라는 점을 제외하면, 슈뢰딩거의 이론은 다른 물리학 이론과 비슷하게 미분방정식으로 되어 있었으므로 많은 물리학자들에게 익숙하게 느껴졌고, 그래서 하이젠베르크의 행렬역학보다 훨씬 더 환영을 받았다. 울렌벡은 "슈뢰딩거 방정식은 마치 구세주처럼 다가왔다. 이제 우리는 더 이상 그 괴상한 행렬 수학을 배우지 않아도 되었으니까"라고 말했다. 슈뢰딩거 방정식을 일단 받아들이면, 전자를 파동이라고 생각한다는 이상한 전제를 제외하고는 거의 고전물리학을 가지고 모든 것을 설명할 수 있을 것처럼 여겨졌다. 그래서 선배 물리학자들은 더욱 전폭적으로 슈뢰딩거의 방정식을 환영했다. 그런 까닭에 그해 여름에 뮌헨에서 열린 슈뢰딩거의 강연에 참가해서 슈뢰딩거 방정식의 한계를 지적하던 하이젠베르크는 빌헬름 빈으로부터 거의 봉변을 당하다시피 했다.

많은 물리학자들이 슈뢰딩거 방정식을 여러 원자에 적용해서 원자의 다양한 성질들을 계산해냈다. 원자물리학은 성공 가도를 달리기 시작했다. 이 방정식을 이용하면 원자와 분자에 관련된 대부분의 문제를 다 해결할 수 있었다. 슈뢰딩거의 방정식은 아마도 뉴턴의 방정식 이후 가장 많이 사용된 방정식일 것이다. 슈뢰딩거의 전기를 쓴 월터 무어에 의하면 1960년까지만 해도 슈뢰딩거의 방정식을 적용하는 것을 기초로 해서 쓴 논문이 10만 편이 넘는다고 한다.[18] 오펜하이머 Julius Robert Oppenheimer, 1904~1967 는 슈뢰딩거 방정식을 "아마도 인류가 발견해냈던 가장 완전하고 가장 정밀하고 가장 사랑스러운 것 중 하나"라고 표현했다. 상대성 이론의 효과를 무시해도 좋을 경우에 양자역학이란 모두 슈뢰딩거 방정식의 응용문제라고 해도 지나친 말이 아니다.

행렬역학과 파동역학은 수학적인 형식이나 이론의 해석까지도 완전히 다른 이론처럼 보였으므로, 이 두 이론 체계가 둘 다 원자에 대해 옳은 답을 준다는 것은 처음에는 아주 기이하게 보였다. 그러나 슈뢰딩거는 곧 두 이론이 완전히 동등하다는 것을 깨달았다. 파울리와 미국의 에커트Carl Henry Eckart, 1902~1973 도 역시 두 이론의 동등성을 확인했다. 즉 두 이론은 근본적인 이론을 하나는 행렬이라는 형태로 표현한 것이고, 다른 하나는 미분방정식이라는 형태로 표현한 것이다. 우리는 어느 쪽을 택해도 문제를 올바르게 풀 수 있다.

한편 이 결정적인 순간에 아로사에 슈뢰딩거와 같이 있었던 여인이 누구인지는 결국 알려지지 않았다. 과학사학자들이 이 여인이 누구인지를 열심히 연구했으나, 결국 알아내지 못했다. 슈뢰딩거의 애인으로 이미 잘 알려진 몇몇 사람은 제외되었다. 슈뢰딩거의 아로사의 여인은 아마도 영원히 과학사에 신비한 수수께끼로 남을 것이다. 어쨌든 하이젠베르크의 헬골란트 여행만큼이나 슈뢰딩거의 아로사 행도 마치 무대 장치를 마련한 것처럼 극적이고 놀랍게 보인다. 두 경우를 함께 생각하면 더 신비롭다. 어떻게 별 공통점도 없는 두 사람이, 거의 같은 시기에, 휴가를 얻어 외딴 곳으로 여행을 떠나 틀어박혀서, 각각 양자역학을 손에 들고 나타날 수가 있을까? 그것도 전혀 다른 형태의 양자역학을.

디랙

"나는 사람이 어떤 다른 사람을 좋아한다는 게 무엇인지 알지 못했다. 그런 건 소설에서나 있는 일이라고 생각했다."[19]

디랙이 30대 초반에 가까운 친구에게 털어놓은 말이다. 이런 말을 할 정도로 디랙의 어린 시절은 행복하지 않았고, 훗날까지 그 트라우마가 남아 있었다. 원인은 주로 완고하고 전제적인 그의 아버지에게 있었던 것 같다. 적어도 디랙은 그렇게 생각했다. 그래서 훗날에도 디랙은 절대로 그의 아버지의 사진을 집에 걸어놓지 않았고, 책상 서랍에 아버지에 관한 서류를 보관하면서 가끔 꺼내보며 이 사람이 왜 그랬던가를 이해하려고 애썼다고 한다.

디랙의 아버지 찰스 디랙Charles Dirac 역시 그리 행복하지 않은 어린 시절을 보냈고, 스무 살 때에 제네바 대학을 중퇴하고 나서 집을 나왔다. 그는 여러 나라를 돌아다니며 언어를 가르치다가 영국으로 건너와 브리스톨에 정착했다. 그곳에서 그는 도서관 사서였던 플로렌스 홀튼Florence Holten을 만나 결혼했고 아들 둘과 딸 하나를 두었다. 디랙이 기억하기에 부모 사이는 원만하지 않았다. 부부는 나이 차이도 열두 살이나 났고, 종교(가톨릭 대 감리교)도 언어(프랑스어 대 영어, 물론 찰스 디랙은 영어를 할 줄 알았지만, 영어는 그가 제일 자신 없어하는 언어였다고 한다)도 달랐다. 식사시간이 되면 디랙은 아버지와 식당에서 식사를 했고, 형과 누이는 부엌에서 어머니와 식사를 했다. 디랙은 부모가 함께 식사한 적이 있는지를 기억하지 못했다. 특히 겨울 아침이 고통스러웠다. 석유램프 아래서 아버지는 아침 식사를 기다리는 동안 아들

폴 디랙.

에게 프랑스어 강의를 했다. 식탁은 침묵이 지배했고, 그날의 상태와
관계없이 접시에 있는 음식은 다 먹어야 했다. 이런 상황에서 어린 디
랙이 할 수 있는 것은 자신만의 상상의 세계로 도피하는 것뿐이었다.
디랙은 말이 없는 소년이 되었으며, 이 버릇은 학교를 다니면서도 달
라지지 않았고, 먼 훗날까지 남아 일종의 전설이 되었다.

　디랙은 초등학교에서 처음에는 평범한 학생이었다. 산수를 잘하긴
했지만 특별할 정도는 아니었다. 상대적으로 약한 역사와 미술 때문
에 전체 성적이 이따금 떨어지곤 했다. 처음에는 반에서 13등을 해서
선생님을 실망시키기도 했지만 나중에는 성적이 올라 반에서 일등이
되었다. 초등학교를 졸업하고는 브리스톨 대학과 연계된 머천트 벤
처러 기술학교에서 공부했다. 이 학교는 그의 아버지가 근무하는 곳
이기도 했는데, 드물게도 고전 교육보다 직업 교육을 강조하는 곳이
었다. 이런 실용적인 학풍이 디랙에게는 더 맞았다. 성적이 뛰어났던
디랙은 또래들보다 빨리 브리스톨 대학에 진학해서 전기공학을 전공
했다.

　브리스톨 대학을 다니던 디랙은 1921년 케임브리지 세인트 존 컬
리지에 합격하고 소정의 장학금도 받을 수 있게 되었다. 그러나 그 정
도의 장학금으로는 집을 떠나서 살기 어려웠다. 그래서 디랙은 일단
브리스톨 대학을 졸업했다. 디랙의 졸업 성적은 1등급이었지만, 1차
대전의 여파로 일자리를 쉬이 찾기는 어려웠다. 디랙은 다시 브리스
톨 대학에 진학해서 수학을 공부했다. 대학은 원래 3년 과정이었지만
공학사 학위 덕분에 첫 1년은 면제를 받을 수 있었다. 디랙은 두 번째
학위 역시 1등급의 성적으로 졸업했다.

수학과에서 디랙을 가르친 로널드 하세Henry Ronald Hasse와 피터 프레이저Peter Fraser는 디랙이 케임브리지에 가서 수학과 과학을 공부하는 데 적극적으로 지원을 아끼지 않았다. 두 사람 다 케임브리지 출신이었으므로 아는 사람도 많았고, 추천서도 힘을 발휘했다. 1923년에 두 번째로 케임브리지에 지원한 디랙은 이번에는 충분한 장학금을 받게 되어 케임브리지 행이 결정되었다.

20세기 초반의 케임브리지는 톰슨과 러더퍼드의 지도력에 힘입어 숱한 발견을 이뤄내고 현대물리학을 선도했던 곳이다. 그러나 대륙에서 양자론이 원자의 이론으로서 떠오를 때, 케임브리지는 실험 분야에서의 명성만큼 이론 분야에서는 눈에 띄는 업적을 내지 못하고 있었다. 그래서 1923년에 디랙이 케임브리지에 도착했을 때 지도교수로 삼을만한 이론물리학자로는 파울러 외에 달리 선택의 여지가 없었다.

랠프 파울러Sir Ralph Howard Fowler, 1889~1944는 케임브리지의 트리니티 컬리지에서 공부하고 1920년부터 강의했다. 1925년에 왕립학회 회원이 되었고, 1932년에는 캐번디시 연구소의 이론물리학 부장이 되었다. 파울러는 평생 60여 명의 학생을 지도했는데, 그 중에는 디랙을 비롯해서 찬드라세카르Subrahmanyan Chandrasekhar, 1910~1995와 모트Sir Nevill Francis Mott, 1905~1996 이렇게 세 사람의 노벨상 수상자가 있다. 그는 러더퍼드의 사위기도 하다.

1925년 9월, 파울러는 하이젠베르크로부터 방금 받은 논문을 디랙에게 건네주며 좀 자세히 살펴보라고 했다. 하이젠베르크의 "그 논문"이었다. 디랙도 처음에는 논문에 나오는 식들의 의미를 이해하지 못해 어리둥절했으나, 어느 순간 갑자기 이 형식이 고전역학의 포아

랠프 파울러.

송 괄호 표현의 구조와 같다는 것을 깨달았다. 디랙은 곧 독자적으로
이 체계를 발전시켜서 그의 첫 양자역학 논문 "양자역학의 기본 방정
식 The Fundamental Equation of Quantum Mechanics"을 발표했다.[20] 이 논문은
하이젠베르크의 논문에 뒤이어 나온 보른과 요르단의 논문과 거의 동
시에 발표되었다. 여기서 디랙은 괴팅겐과 독립적으로 $qp-pq=i\hbar$ 관
계식을 보였다. 보른은 이 논문을 보고 이제까지 그렇게 놀란 적이 없
었다고 할 만큼 충격을 받았다. 당시까지 몇 편의 논문을 발표하기는
했지만, 디랙이 거의 완전히 무명에 가까운 인물이었기에 놀라움이
더욱 컸다. 이로써 디랙은 단번에 양자역학의 중심인물 중 한 사람으
로 떠올랐다.

　디랙은 1926년 5월에 박사학위를 받고, 그해 9월부터 코펜하겐
의 보어 연구소를 방문해서 6개월간 머물렀다. 거기서 디랙은 독립
적으로 그의 양자역학 체계를 완성했는데, 이 이론은 흔히 변환 이
론transformation theory이라고 불린다. 현재의 물리학자들이 쓰는 양자역

학은 여러 가지 기호나 수학적 도구 등을 볼 때 디랙의 것이라고 할 수 있다.

이렇게, 순식간에 진짜 양자역학이 탄생했다. 보어와 조머펠트, 더 거슬러 올라가면 플랑크와 아인슈타인으로부터 시작된 여러 아이디어와, 원자에 대한 수많은 실험 데이터들, 이들을 설명하고자 했던 수많은 시도와 노력이 1925년과 1926년에 화려하게 꽃을 피운 것이다. 이 때부터 물리학은 더 이상 이전과 같을 수가 없게 되었다. 사실 양자역학 Quantum Mechanics, Quantenmechanik이라는 이름은, 진짜 양자역학이 나오기 전인 1924년에 발표된 보른의 논문 "양자역학에 관하여 Über Quantenmechanik"에서 처음 등장한다.[21]

양자역학은 이제부터 본격적으로 발전하게 되지만, 더 이상 자세한 내용을 이 책에서 다루는 것은 너무 과한 일일 것이므로 여기서 멈추기로 하겠다. 이제 이 진짜 양자역학과 스핀을 결합해야 한다.

양자역학적 스핀 이론

기본적인 선 스펙트럼과 슈타르크 효과는 새로운 양자역학으로 곧 계산할 수 있었지만 비정상 제이만 효과나 여러 개로 갈라지는 스펙트럼의 다중항을 설명하기 위해서는 스핀이 반드시 필요하다. 따라서 새로운 양자역학의 체계 안에 스핀을 도입해야 했다. 제일 먼저 새로운 양자역학을 스핀에 적용한 사람은 하이젠베르크였다. 하이젠베르크는 1926년 요르단과 함께 행렬역학으로 미세구조, g-인수, 비정상 제이만 효과 등을 계산했다.

다음 해 파울리는 디랙의 변환 이론을 가지고 슈뢰딩거 방정식에 스핀을 도입하는 방법을 개발했다. 파울리의 방법은 양자역학에서 스핀을 다루는 표준적인 방법이 되어, 훗날 더 근본적인 스핀 이론이 나오는 길을 예비해 주었다. 여기서 파울리의 이론을 다 소개할 수는 없으므로, 기본적인 아이디어만을 보이도록 하자.

파동역학에서 전자의 양자역학적 상태는 슈뢰딩거 방정식을 풀어서 나온 답인 파동함수로 표현된다. 파울리는 이 파동함수, 혹은 양자 상태가 스핀을 가지도록 확장했다. 이때 중요한 것은 전자의 스핀이 두 가지 상태만을 가진다는 것이다. 전자가 회전한다고 생각할 필요는 전혀 없고, 두 가지 상태만을 가진다는 것이 중요하다. 파동함수를 다음과 같이 확장해서 스핀을 포함한 새로운 파동함수를 표현한다.

$$\psi(\vec{x}) \longrightarrow \psi(\vec{x}, s_z)$$

여기서 s는 스핀의 상태를 가리키며 $+(1/2)$과 $-(1/2)$의 두 값을 갖는다. 따라서 두 개의 파동함수 $\psi(\vec{x}, +1/2)$과 $\psi(\vec{x}, -1/2)$가 있는 셈이다. 이 두 파동함수는 s_z의 값을 제외하면 다른 것은 모두 같다.

이제 슈뢰딩거 방정식을 스핀이 관계하는 상호작용까지 포함하도록 확장해야 한다. 스핀을 표현하기 위해서 파울리는 다음 세 행렬을 도입했다.

$$\sigma_x = \begin{pmatrix} 0 & 1 \\ 1 & 0 \end{pmatrix}, \ \sigma_y = \begin{pmatrix} 0 & -i \\ i & 0 \end{pmatrix}, \ \sigma_z = \begin{pmatrix} 1 & 0 \\ 0 & -1 \end{pmatrix}$$

지금 우리는 이 행렬들을 '파울리 행렬'이라 부른다. 스핀의 각 성분은 파울리 행렬로 다음과 같이 표현된다.

$$s_x = \frac{\hbar}{2} \sigma_x , \ s_y = \frac{\hbar}{2} \sigma_y , \ s_z = \frac{\hbar}{2} \sigma_z$$

이제 스핀 $\vec{s} = (s_x, s_y, s_z)$와 자기장의 상호작용 항을 슈뢰딩거 방정식에 도입하면 된다. 이때 앞에서 확장한 두 파동함수는 다음과 같이 하나의 벡터로 쓸 수 있다.

$$\psi = \begin{pmatrix} \psi(\vec{x}, +1/2) \\ \psi(\vec{x}, -1/2) \end{pmatrix}$$

행렬 계산을 할 줄 아는 사람이면 위의 스핀 s_z을 이 벡터 파동함수에 작용하면 각각 파동함수의 s_z값이 나온다는 것을 알 수 있을 것이다.

$$s_z \psi = \frac{\hbar}{2} \begin{pmatrix} 1 & 0 \\ 0 & -1 \end{pmatrix} \begin{pmatrix} \psi(\vec{x}, +\frac{1}{2}) \\ \psi(\vec{x}, -\frac{1}{2}) \end{pmatrix} = \begin{pmatrix} +\frac{\hbar}{2} \psi(\vec{x}, +\frac{1}{2}) \\ -\frac{\hbar}{2} \psi(\vec{x}, -\frac{1}{2}) \end{pmatrix}$$

여기서 두 성분을 가지는 두 개의 파동함수를 하나로 쓴 ψ를 스피너 spinor 라 부른다. 스피너는 사실 우리가 살고 있는 1차원 시간과 3차원 공간으로 이루어진 세계에서 회전 대칭성을 표현하는 한 형태다. 그러므로 전자의 스핀은 분명 회전이긴 하다. 다만 눈에 보이는 공간 속에서 일어나는 보통의 회전이 아니라, 우리 시공간의 구조 속에 숨어있는 은밀한 회전인 것이다.

이제 파울리가 도입한 스핀 상호작용 항과 스피너를 이용해서 슈뢰딩거 방정식을 풀면 비정상 제이만 효과와 다중항을 설명할 수 있게 되었다. 그러나 파울리는 벌써 이 이론이 완벽한 것이 아니라 잠정적인 것임을 각오하고 있었다. 그렇게 생각하는 가장 중요한 이유는 자신이 도입한 스핀은 공간 3차원에 해당하는 것뿐이므로 특수 상대성 이론과는 맞지 않는다는 것을 알고 있었기 때문이다. 특수 상대성 이론에 따르면 공간과 시간이 서로 얽히게 된다. 따라서 이 스핀 이론은 지금 이 상태로는 특수 상대성 이론에 맞게 확장할 방법이 없다. 파울리는 이 문제에 대해서도 고민했으나 해결할 방법을 찾지 못하고 있었다. 이 문제를 해결하는 일은 결국 디랙의 몫이 된다.

슈테른-게를라흐 실험의 재해석

다른 이야기를 하기 전에 앞에서 보았던 슈테른-게를라흐 실험에 대해서 간단히 언급하고 넘어가자. 슈테른-게를라흐 실험은 양자 효과를 너무도 생생하게 보여주었기 때문에, 곧바로 보어의 양자 이론을 뒷받침하는 가장 강력한 증거로 인정을 받았다. 보어는 물론 조머

펠트, 아인슈타인, 제임스 프랑크, 파울리 등이 모두 이 실험에 찬사를
보냈다.

그런데 이 실험을 깊이 들여다보니, 의외로 이해하기가 만만치 않
다는 것을 곧 알게 되었다. 아인슈타인과 에른페스트가 계산을 해보
았더니 자기장과 원자의 상호작용은 원자의 자기 모멘트의 방향에 따
라 달라지기 때문에, 슈테른과 게를라흐가 실험에서 사용한 원자빔의
밀도와 자기장을 가지고는 원자가 정렬하는 데 100년도 더 걸린다는
것이었다. 그래서 시료판에 갈라진 흔적을 남기는 것은 불가능했다.
그러나 게를라흐가 나트륨 기체를 가지고 후속 실험을 계속 해봐도
빔이 갈라지는 것은 명백한 사실이었다.

설상가상으로 함부르크 대학에서 슈테른의 연구원이었던 프레이
저Ronald Fraser가 1927년에 수소, 나트륨, 은 원자는 바닥상태일 때 각
운동량이 0이고, 따라서 자기 모멘트도 0이라는 것을 밝혔다. 자기 모
멘트가 0이라면 자기장 안에 들어가도 아무 영향을 받지 않기 때문에
원자빔은 갈라지지 않는다. 그렇다면 대체 슈테른-게를라흐 실험에
서 원자빔은 왜 갈라지는 것인가?

물론 프레이저가 나트륨과 은 원자의 각운동량이 0이라는 것을 밝
혔을 때에는 사람들은 답을 알고 있었다. 이 실험에서 빔이 갈라진 원
인은 전자의 스핀 때문이었다. 전자의 스핀 때문이라면 아인슈타인과
에른페스트의 계산도 이해하기 쉽다. 자기장에 의해 원자가 정렬하기
는 어렵지만, 스핀이 자기 모멘트의 원인이라면 전자만 정렬하면 되
기 때문에 훨씬 쉽게 빔이 갈라진다.

앞에서 말한 대로 지금 모든 양자역학 교과서에서는 전자의 스핀

의 직접적인 증거로 슈테른-게를라흐 실험을 들고 있다. 그러나 정작 스핀이 발견되었을 때에 슈테른-게를라흐 실험을 스핀과 곧 관련지은 사람은 아무도 없었다. 더구나 공간의 양자화로는 슈테른-게를라흐 실험을 설명하기가 어렵다는 것을 알고 있음에도 그랬다. 다들 양자역학을 새로 공부하기에 바빠서 그랬을까? 스핀을 제대로 이해하지 못했기 때문일까? 참으로 "과학사의 기묘한 수수께끼"라고 할 만한 일이다.[22]

지금까지 우리는 원자 속의 풍경을 그리기 위해 노력한 결과로 배타 원리와 스핀에 이르렀다. 고대의 심연 속에서 떠오른 원자의 개념은 화학과 물리학의 발전에 따라 차츰 실체의 옷을 입어갔고, 20세기에 들어서서 마침내 인간의 눈앞에 드러났다. 나아가서 인간은 원자를 분류했고, 원자로부터 나오는 신호를 포착했으며, 원자 속에서 원자핵을 발견했다. 보어는 원자에서 나오는 선 스펙트럼이 원자 속에서 전자가 불연속적인 에너지 상태를 가짐을 의미한다는 점을 간파함으로써 원자의 구조를 이해하는 데 결정적인 첫 발을 내딛었고, 조머펠트와 여러 사람들이 그 뒤를 이어 전자의 상태를 좀 더 정확히 묘사해 나갔다. 차츰 몇몇 사람들에게는 원자 속의 풍경이 흐릿하나마 떠오르기 시작했다. 마침내 파울리가 그 풍경을 그리는 규칙을 찾아냈으니, 그것이 바로 배타 원리다. 그리고 배타 원리를 이해하는 과정에서 전자의 스핀이라는 새로운 물리량이 도입되었다.

배타 원리와 스핀은 이렇게 원자의 구조를 이해하기 위해 탐구된 것이지만, 사실 이들은 훨씬 더 넓고 깊은 의미를 가지고 있었다. 스핀은 전자뿐 아니라 모든 기본입자가 가지는 가장 근본적인 물리적 성질 중 하나다. 나아가서 스핀은 단순한 물리량이 아니라 배타 원리가 작동되도록 하는 물리량이다. 그래서 스핀에 따라서 이 세상의 모습은 달라진다. 또한 이 문제는 더욱 심오한 개념과 깊은 관련이 있다. 그것은 물리적 '같음'이라는 개념이다. 이제 스핀과 배타 원리의 이러한 더욱 깊은 의미를 살펴보도록 하자.

같음, 스핀, 그리고 통계법

그들은 어깨동무를 하고 나무 아래 서 있었다.
앨리스는 금방 누가 누구인지 알 수가 있었다.
그도 그럴 것이 한 사람은 목깃에 '덤'이라고.
다른 사람은 목깃에 '디'라는 글자가 수놓아져 있었던 것이다.

— 루이스 캐럴《거울 나라의 앨리스》

엔리코 페르미

토스카나 사람 갈릴레오 갈릴레이 Galileo Galilei, 1564~1642 는 약 20년 동안의 파도바 대학 교수직을 그만두고 1610년, 메디치가의 궁정 과학자가 되어 피렌체로 돌아왔다. 갈릴레오는 토스카나 대공 코시모 데 메디치의 후원을 받으며, 도심에서 아르노강을 건너서 남쪽으로 수 킬로미터 떨어진 아르체트리 언덕에 살았다. 아르체트리에서 갈릴레오는 그의 가장 중요한 저작들을 썼고, 교회와 다른 과학자들과 논쟁했고, 종교재판을 받고 연금을 당했으며, 1642년 그곳에서 세상을 떠났다.

엔리코 페르미 Enrico Fermi, 1901~1954 가 1925년 1월부터 강의를 시작한 피렌체 대학의 물리학과 역시 아르체트리 언덕에 자리 잡고 있었다. 이곳은 물리학자이면서 정치가였던 안토니오 가르바소 Antonio Garbasso, 1871~1933 가 이탈리아 물리학의 재건을 꿈꾸며 1920년에 세운

갈릴레오가 살았던 아르체트리 언덕.

곳이었다. 피렌체 대학은 1321년에 세워진 일반 학교Studium Generale를 뿌리로 한다. 보카치오도 강의를 했던 이 학교는 교황 클레멘트 6세에게 인가를 받고 신학부를 추가했으며 1364년에는 제국의 대학이 되었다. 그러나 '일 마니피코', 로렌초 데 메디치에 의해 대학은 1472년에 피사로 옮겨졌다. 프랑스 왕 샤를 8세가 1497년에서 1515년까지 잠시 대학을 다시 피렌체로 복귀하기도 했지만, 메디치가가 정권을 잡으면서 대학은 다시 피사로 이전했다. 갈릴레오가 피렌체로 왔을 때에도 대학은 피사에 있었다.

피렌체에서는 여러 아카데미가 피사의 대학과 밀접하게 교류하면서 교육을 대신했다. 1829년 토스카나 대공이 물러나면서 통합된 고등교육기관이 고등연구소Istituto Superiore di Studi Pratici e di Perfezionamento라는 이름으로 다시 피렌체에 설립되었고, 이듬해 이탈리아의 통일이 진행되는 와중에 인가되었다. 고등연구소에 정식으로 현대의 대학이라는 이름이 붙은 것은 1924년이 되어서였다. 이로써 피사의 대학과는 별개로 현재의 피렌체 대학이 탄생했다.

페르미가 맡은 과목은 역학과 수리물리학이었다. 강의를 하는 한편, 페르미는 곧 피사 대학 시절부터의 친구인 프랑코 라제티Franco Dino Rasetti, 1901~2001 와 함께 자기장 속의 수소 기체를 관찰하는 실험도 하기 시작했다. 하지만 그의 직위는 종신직이 아니며 연금도 나오지 않고 다만 강의를 담당하는 자리인 강사incaricato였다.

페르미는 1902년 로마에서 태어났다. 어려서는 형 줄리오Giulio Fermi 와 함께 기계나 전기 장난감을 가지고 놀기 좋아했다. 그러나 늘 붙어 다니던 형이 목의 종기를 수술하기 위해 마취를 했다가 깨어나지 못

젊은 날의 엔리코 페르미.

하고 사망하고 말았다. 페르미는 상실감을 잊는 길을 수학과 물리학에서 찾았다. 동년배 친구 엔리코 페르시코Enrico Persico, 1900~1969 와 함께 페르미는 수학과 물리학을 공부하는 한편으로 주변에서 구할 수 있는 장치를 가지고 지구의 자기장을 측정하는 등, 이런저런 실험을 하곤 했다. 페르미는 동네 장터에서 구한 수리물리학 책을 스스로 독파할 정도로 영특했기 때문에 학교에서 1등을 유지하는 것은 아주 쉬웠고, 그래서 학교 공부보다는 책을 읽으면서 자기가 좋아하는 것을 공부하는 것이 페르미의 일과였다.

　페르미는 철도청에 다니는 아버지의 사무실로 찾아가서 함께 집까지 걸어오곤 했다. 이때 아버지의 직장 동료인 아돌포 아미데이Adolfo Amidei 도 종종 함께 어울렸다. 그는 대학을 나온 엔지니어였으므로 페르미는 그에게 수학 문제를 물어보곤 했다. 처음에는 장난삼아 똑똑한 어린 친구에게 아미데이가 어려운 수학 문제를 몇 개 내주었는데, 페르미는 이를 다 풀어왔다. 아미데이는 차츰 더 어려운 문제를 주게 되었고, 나중에는 자신도 풀 수 없는 문제까지도 페르미가 해내는 것을 보고는 전율했다. 페르미의 팬이 된 그는 자신의 책을 빌려주어 이 어린 친구가 체계적으로 수학과 물리학을 공부하도록 도왔다. 페르미가 물리학자가 되겠다는 생각을 굳히게 된 데에도 이러한 아미데이의 도움의 영향이 컸고, 페르미가 고등학교를 마치고 피사 대학의 고등사범학교에 진학하도록 권유하고, 그의 부모를 설득한 것도 아미데이였다.* 아미데이가 없었어도 아마 페르미는 물리학자가 되었겠지만, 인생이란 또 모르는 것이니, 페르미를 물리학자의 길로 이끌었다는 점에서 아미데이가 물리학에 공헌한 바는 작지 않다고 하겠다.

피사의 고등사범학교는 파리의 고등사범학교에 대응하는 교육기관으로 1810년 나폴레옹이 설립했다. 이 학교는 재능 있는 소수의 젊은이에게 숙식과 우수한 교육을 제공하는 것을 목적으로 하고 있었으므로, 평범한 중산층 출신이면서 본인의 재능에만 의존해야 하는 페르미 같은 이에게는 과연 적격인 학교였다. 입학시험에서 페르미는 압도적인 재능을 보여서 교수들의 관심을 한 몸에 받았다. 또한 페르미는 피사에서 평생의 친구가 될 프랑코 라제티를 만났고, 라제티와 함께 공부는 물론, 기숙학교다운 유쾌한 장난질과 등산 등 젊은이다운 온갖 활동을 만끽했다.

다만 물리학만은 페르미의 성에 차지 않았다. 갈릴레이의 나라 이탈리아는 당시 현대물리학을 제대로 받아들이지 못하고 있었기 때문

---

* 아미데이가 페르미에게 집을 떠나서 피사의 고등사범학교에 갈 것을 권한 데에는 줄리오의 죽음 이후 집안의 분위기가 너무 어두워서 페르미를 그런 분위기에서 벗어나게 하려는 목적도 있었다고 한다.

이다. 그래서 수업 시간에 강의하는 내용은 페르미가 이미 알고 있거나, 혼자서 조금만 공부하면 알 수 있는 내용에 불과했다. 페르미는 라제티와 실험실을 독차지하고 스스로 현대물리학을 공부했다. 얼마 후에는 페르미가 원로 교수들에게 상대성 이론을 가르쳐 줘야 하는 형편이 되었다. 이 당시 대학 1학년인 페르미가 얼마나 폭넓게 공부하고, 얼마나 깊이 생각했는지를 잘 말해주는 페르미의 당시 노트는 지금 시카고 대학 도서관의 페르미 컬렉션에 보관되어 있다.

페르미는 1922년 X선을 이용한 실험으로 물리학 박사학위를 받고 로마로 돌아왔다. 고등사범학교는 박사학위를 수여하지 않았으므로 박사학위는 피사 대학에서 받았다. 뛰어난 재능과 능력과 학위를 가진 페르미였지만, 이 순간에는 아직은 아무런 공식 지위도, 미래에 대한 확신도 갖지 못한 젊은이일 뿐이었다. 그러한 페르미에게 커다란 힘이 되어준 사람은 이탈리아의 상원의원이자 로마 대학 물리학과 학과장인 오르소 코르비노Orso Mario Corbino, 1876~1937였다.

시칠리아 출신으로 활력이 넘치고 작달막한 코르비노는 예리한 지성과 날카로운 판단력과 강렬한 추진력을 겸비한 사람이었다. 메시나와 로마 대학의 물리학 교수를 지낸 코르비노는 자기장 속에서 금속 내 전자의 움직임을 연구해서 업적을 남기는 등, 당시 이탈리아 물리학자치고는 현대물리학에 어느 정도 조예가 있었다. 또한 코르비노는 파시스트당의 당원이 아니면서도 파시스트 내각에서 교육부와 경제 분야 장관을 지낼 정도로 능력과 수완이 뛰어났다. 정치에 뛰어들어 물리학자로서는 현장을 떠난 셈이었지만, 코르비노는 일찍이 위대한 갈릴레이와 볼타가 활약했던 나라 이탈리아에 물리학을 부흥시킬

오르소 코르비노.

것을 늘 꿈꾸었다. 그랬던 코르비노가 페르미를 만나서 이제 자신의 꿈을 이루어줄 젊은이를 발견했다는 것을 깨달았을 때, 대체 얼마나 감동하고 기뻐했을까? 그래서 코르비노는 페르미에게 별일이 없어도 이야기나 같이 하러 종종 찾아오라고 말할 정도로 가까이 지냈다.

  그해 페르미는 이탈리아 교육부의 장학금을 받게 되어서 1922년 말부터 1923년까지 약 7개월 동안 괴팅겐의 막스 보른에게 가서 공부했다. 드디어 현대물리학의 중심에 발을 디디게 된 것이다. 그런데 의외로 괴팅겐 생활은 그다지 도움이 되지 않았다. 리처드 로즈는 이렇게 말했다.[01]

  예상치 않은 일이 벌어졌다. 파울리, 하이젠베르크와 명석한 젊은 이론가 요르단 등이 그곳에 있었으나 어찌된 일인지 페르미의 뛰어난 능력이 인정받지 못하고 무시당하는 느낌을 받았다. 그는 수줍어하고 자존심이 강하며 고독에 익숙해져 있기 때문에 남과 어울리지 못하는 결과를 자초

했을지도 모른다고 세그레는 말했다. 혹은 독일인들이 이탈리아의 물리학 수준이 낮으므로 편견을 갖고 있었을 수도 있다. 또는, 철학에 대해 마음속에서 느끼는 혐오감 때문에 그가 입을 다물고 있었는지도 모른다. …… 그는 괴팅겐에 있는 동안 논문을 썼지만 로마에서도 할 수 있는 것들이었다. 세그레는 페르미가 괴팅겐 시절을 일종의 실패로 기억한다고 말했다. 그는 …… 그의 책상에 따로 앉아 자기 일만 하였다. 그는 배운 것도 없고 그들은 그를 인정하지도 않았다.

또한 페르미의 부인 라우라 여사는 이렇게 말했다.[02]

그는 자기가 외국인이고 보른 교수 주변에 있는 사람들과 한 무리에 낄 수 없다는 감정을 언제까지나 떨쳐버릴 수 없었다. …… 보른 교수는 …… 대부분의 그 나이의 젊은이가 피할 수 없는 인생의 한 단계를 겪고 있다는 것을 몰랐다. 페르미는 불확실한 속을 더듬으며 확신감을 찾고 있었다. 그는 막스 보른 교수가 그의 어깨라도 한 번 툭 쳐주기를 고대하고 있었다.

만족하지 못한 채로 로마로 돌아온 페르미는 코르비노의 도움으로 로마 대학에서 강의를 맡았다. 울렌벡이 만난 페르미는 바로 이 시절의 페르미다. 앞서 이야기한 대로 페르미는 울렌벡으로부터 에른페스트를 소개받아서 그해 가을에 레이든에 가게 된다. 레이든에서 페르미는 비로소 그에게 필요한 인정을 받았고, 자기 자신의 가치에 대해 확신을 가지게 되었다. 레이든에서 3개월간 머물렀던 페르미가 이탈리아로 돌아오니 코르비노가 마련한 자리가 피렌체에서 그를 기다리고 있었다.

두 입자가 똑같다면?

피렌체 대학에서 강의를 하던 시절에 페르미가 계속 관심을 기울이던 분야는 원자가 여러 개 있을 때의 통계역학적 성질이었다. 페르미는 양자론의 관점에서 엔트로피의 문제를 연구하면서, 두 입자가 완전히 똑같으면 무슨 일이 일어날 것인가를 생각하고 있었다.

볼츠만에 의하면 엔트로피는 가능한 상태의 수에 따라 정해진다. 만약 두 입자가 완전히 똑같아서 구별할 수 없다면 가능한 상태의 개수가 달라진다. 이는 통계학에서 잘 알려져 있는 사실이다. 예를 들어서, 똑같은 두 개의 공을 두 손에 각각 하나씩 들고 있는 경우를 생각해 보자. 두 공을 각각 1번과 2번이라고 하면 (왼손-1번, 오른손-2번)과 (왼손-2번, 오른손-1번)이라는 두 개의 상태가 있다. 그런데 꼬리표를 떼고, 완전히 두 공이 똑같아서 구별할 수 없다고 하면 어느 손에 어느 공을 들고 있어도 마찬가지니까 오직 하나의 상태만 존재한다. 그러므로 두 개의 공을 구별할 수 있을 때와 없을 때는 상태의 수가 다르다. 가능한 상태의 수가 달라지면 엔트로피도 달라지므로 통계역학적인 성질도 달라진다.

고전적으로는 두 물체가 완전히 똑같은 일이란 있을 수 없다. 거시적인 물체는 수많은 원자로 이루어져 있으며, 원자의 수, 원자의 결합과 상태가 똑같을 가능성은 거의 없기 때문이다. 그래도 만약 두 물체

343

가 똑같다고 하자. 그런 경우에도 고전역학의 세계에서는 우리가 관찰을 시작한 시점부터 각각의 물체에 눈을 떼지 않고 계속 지켜보는 것이 가능하다. 그렇다면 우리는 언제나 두 물체를 구별할 수 있다. 그러니까 원리적으로 꼬리표를 붙일 수 있는 셈이다. 그러나 양자역학의 세계에서는 어떨까? 사실 페르미가 이 문제를 숙고하던 당시에는 아무도 이 문제의 답을 몰랐다.

이 문제와 관련해서, 배타 원리를 다시 생각해 보자. 배타 원리는 두 개의 전자가 같은 상태에 있을 수 없다고 말한다. 두 개의 전자가 같은 상태라는 것을 어떻게 정의할 수 있을까? 한 가지 방법은 두 전자를 바꾸어 놓고 비교하는 것이다. 두 전자를 바꾼 상태가 원래 상태와 똑같으면 두 전자는 같은 상태에 있는 것이다. 그런데 이 말이 의미가 있으려면 두 전자가 완전히 똑같아야 한다. 애초에 두 전자가 다르다면, 혹은 두 전자를 구별할 수 있다면 두 전자를 바꾸어 놓은 상태를 원래 상태와 비교하는 일이 의미가 없기 때문이다. 이렇게 양자론은 사실 근본적으로 두 전자가 완전히 똑같다는 것을 전제하고 있다. 그러므로 앞서 말한 대로 고전역학을 전제로 했을 때와 양자론을 전제로 했을 때, 전자의 통계역학적 성질이 달라질 것이다.

페르미는 괴팅겐에 머물던 1924년 1월에 "똑같은 원소들로 이루어진 계의 양자화에 관해서"[03] 라는 논문에서 이미 이 문제를 다뤘다. (에른페스트가 울렌벡이 로마에 갈 때 페르미에게 전하라던 질문이 바로 이 논문에 관한 것이었다.) 아직 배타 원리가 세상에 등장하기 전이었다. 이 논문에서 페르미는 양자역학에서는 두 입자가 똑같을 경우에 두 입자를 바꾸어 놓는 일이 고전역학에서와는 의미가 다르다는 것을 지적하고 있다. 즉 페르미는 파울리와는 다른 방향에서 배타 원리의 개념에 가까이 가고 있었던 것이다. 이런 문제의식을 가지고 있었기 때문에, 1925년 1월에 파울리가 배타 원리를 발표하자마자 페르미는 곧바로 배타 원리가 성립할 때의 통계법칙을 생각해낼 수 있었다. 1926년 2월 7일에 발표된 "단원자 이상기체의 양자화에 관해서"[04]가 바로 배타 원리가 성립할 때의 통계법칙을 다룬 논문이다. 이탈리아어로 쓴 이 소논문에 이어, 3월 26일에는 더 자세한 내용을 담은 논문이 독일의 학술지에 발표되었다. 이 논문에서 페르미는 배타 원리를 따르는 이상기체가 상자 속에 들어있을 때의 엔트로피를 계산하는 법에 대해서 논하고 있다.

　페르미의 통계법을 간단한 경우에 대해 설명해 보자. 볼츠만에 의하면 엔트로피란 가능한 상태의 수에 따라 결정되므로, 가능한 상태의 수를 세어보아야 한다. 먼저 고전적인 통계역학에서 상태의 수를 세는 법을 생각한다. 간단한 예로 세 개의 입자가 네 개의 상태에 있을 수 있는 방법의 수를 세어 보겠다. 네 개의 상태를 각각 A, B, C, D라고 하자. 먼저 세 개의 입자가 모두 하나의 상태에 있는 방법이 있다. 이 경우는 입자들이 있는 상태가 A, B, C, D 네 가지가 있다. 다음으로 한 상태에는 두 개, 다른 하나에는 한 개의 입자가 있는 방법이 있다. 이 경우 두 개의 입자가 A에 있다면 한 개의 입자는 B, C, D에 있을 수 있으므로 세 가지 상태가 있다. 두 개의 입자가 A뿐 아니라 B, C, D에도 있을 수 있으므로 가능한 상태의 수는 $3 \times 4 = 12$가지가 된다. 그런데 세 입자를 두 개와 하나로 나누는 방법이 다시 세 가지가 있으므로, 가능한 상태는 총 36가지다. 마지막으로 하나의 상태에 하나의 입자만 있는 방법이 있다. 이것은 입자가 없는 상태를 고르는 방법이 네 가지가 있고, 세 개의 입자의 순서를 정하는 방법이 다시 3!=6가지가 있으므로 총 24가지 상태가 있다. 따라서 고전 통계역학에서 세 개의 입자가 네 개의 상태에 있을 수 있는 방법의 수는 전부 해서 64가지다.

자, 이제 배타 원리가 있을 때의 양자론적인 통계역학을 생각해 보자. 세 입자는 구별할 수 없으며, 하나의 상태에 하나만 있을 수 있다. 따라서 가능한 방법은 네 개의 상태 중 세 개의 상태에 입자가 하나씩 있는 것뿐이다. 이는 비어있는 상태 하나를 고르는 방법과 같으므로 네 가지다. 따라서 고전 통계역학의 결과와 크게 다르다.

이 논문은 페르미가 쓴 첫 번째 역사적인 논문이다. 이 논문이 발표되고 몇 달 후, 영국의 디랙 역시 배타 원리를 따르는 입자들의 통계법을 포함한 논문을 내놓았다. 여기서 디랙은 양자역학의 고유함수를 가지고 더 일반적인 논의를 전개했는데, 논문에서 페르미의 논문을 언급하지 않았다. 페르미는 곧 디랙에게 편지를 써서 자신의 논문을 알렸다. 디랙은 페르미의 논문의 중요성을 미처 깨닫지 못했다고 사과하고, 페르미가 이 문제를 먼저 제기했음을 인정하면서, 이러한 통계법을 페르미의 이름을 앞에 써서 페르미-디랙 통계 Fermi-Dirac statistics 라고 불렀다.

디랙의 논문에서는 페르미-디랙 통계와 대조해서 또 다른 통계법도 다루고 있다. 이 통계법을 소개하기 전에, 위의 두 가지 통계법을 다시 정리해 보자. 고전적인 통계법은 모든 입자를 구별할 수 있고, 하나의 상태에 입자가 얼마든지 있을 수 있다고 전제한다. 이를 맥스웰-볼츠만 통계라고도 한다. 이것은 우리에게 익숙한 고전물리학의

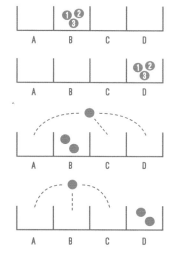
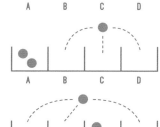

2개-1개로 나누는 방법 **①②**-**③** , **①③**-**②** , **②①**-**③** 3가지

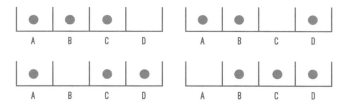

입자의 순서는 **①②③** , **①③②** , **②①③** , **②③①** , **③①②** , **③②①** 6가지

볼츠만 통계법에 의한 경우의 수는, 4+4×3×3+4×6 = 64가지

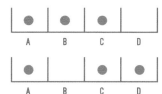

세계다. 한편 페르미-디랙 통계법은 양자론에 따라 입자는 구별할 수 없고, 배타 원리에 따라 하나의 상태에 입자는 아예 없거나, 하나만 있을 수 있다고 여긴다. 이렇게 보면 우리는 양자론에서 한 가지 경우를 더 생각할 수 있다는 것을 알 수 있다. 바로, 입자를 구별할 수는 없지만, 배타 원리를 따르지 않고 하나의 상태에 입자가 얼마든지 있을 수 있는 경우다. 이러한 통계법은 사실 이들보다도 2년이나 먼저, 무명의 인도 물리학자가 제안한 것이었다. 그의 이름은 사티엔드라 보즈Satyendra Nath Bose, 1894~1974였다.

보즈와 아인슈타인

1924년으로 거슬러 올라가 보자. 이해 6월 아인슈타인은 인도 다카Dhaka 대학의 한 물리학 교수가 보낸 편지를 한 통 받았다. 이 편지에는 논문이 한 편 동봉되어 있었으며 편지의 내용은 다음과 같았다.[05]

선생님이 꼭 읽어주시고 의견을 말씀해 주시기 바라며 논문을 동봉합니다. 어떻게 생각하시는지 정말 알고 싶습니다. 보시면 제가 고전 전기역학과는 상관없이, 위상공간에서 궁극적인 공간의 단위가 h^3이라고 가정하는 것만으로 플랑크 법칙에서 계수가 $8\pi v^2/c^3$임을 유도하려고 했다는 것을 아실 겁니다. 저는 독일어를 잘 몰라서 논문을 독일어로 번역할 수가 없습니다. 이 논문이 출판할 가치가 있다고 생각하시면 《물리학 잡지Zeitschrift für Physik》에 게재될 수 있도록 주선해 주시면 감사하겠습니다. 저는 선생

님께 생판 남이지만 주저하지 않고 이렇게 부탁드립니다. 우리는 선생님
의 논문을 통해서만 가르침을 받았지만 모두 선생님의 제자이기 때문입
니다.

편지를 보낸 사람의 이름은 사티엔드라 보즈였다. 인도 캘커타(현
콜카타)에서 태어나고 자란 보즈는 어려서부터 수학과 과학에 재능을
보였고, 캘커타의 프레지던시 컬리지에서 공부한 후 캘커타 대학을
거쳐 다카 대학에서 물리학을 가르치고 있었다. 상대성 이론을 비롯
한 현대물리학에 관심이 많았던 보즈는 독일어로 된 아인슈타인의 일
반 상대성 이론 논문이 포함된 책을 번역해서 캘커타 대학에서 출판
하기도 했다. 그 과정에서 보즈는 아인슈타인에게 직접 편지를 보내
허락을 구한 적이 있었으므로, 아인슈타인과 전혀 모르는 사이는 아
니었다. 또한 보즈는 동료와 함께 쓴 논문을 영국의 학술지인《필로소
피컬 매거진》에 출판하는 등, 비록 유럽에 간 적은 없지만 꾸준하고
활발하게 연구를 하고 있었다. 이번 편지에 보즈가 동봉한 논문도 독
일에서 유학하고 돌아온 친구가 사다 준 막스 플랑크의 책을 공부하
고 나서 아이디어를 얻어서 쓴 논문이었다. 보즈는 이 논문을 전해에
《필로소피컬 매거진》에 투고했다가 심사에서 거부되어서 게재되지
못하자, 아인슈타인에게 보낸 것이다.

아인슈타인은 보즈의 논문을 읽고 크게 감명을 받았다. 그래서 곧
바로 보즈에게 답장을 보내 이 논문이 엄청나게 중요한 일이라고 생
각한다고 말했고, 직접 논문을 독일어로 번역해서 1924년 7월에《물
리학 잡지》에 투고하면서는 이렇게 덧붙였다.[06]

사티엔드라 보즈.

　내 의견으로는 보즈가 플랑크의 공식을 유도한 것은 중대한 진전을 의미한다. 내가 곧 상세하게 계산해서 발표하겠지만, 여기 사용된 방법은 이상기체의 양자론에도 적용될 수 있다.

　"플랑크의 법칙과 빛의 양자 가설Planck's law and the light quantum hypothesis"이라는 제목의 이 논문에서 보즈는 빛을 질량이 없는 입자, 즉 빛의 양자light quanta라고 가정하고, 흑체복사를 일정한 부피 안에 들어있는 빛의 양자들이라고 생각했다. 그리고 이때 빛 양자의 운동량은 $h\nu/c$ 인데, 이러한 빛 양자가 분포하는 위상공간이 h^3이라는 기본 단위로 이루어져 있다고 하면 흑체복사에서 복사 에너지 분포를 설명하는 플랑크의 공식을 유도할 수 있다는 것을 보였다. 보즈는 이 논문에서 "단위 위상공간의 수는 정해진 부피 안에 광자의 가능한 배열의 수라고 생각해야 한다."고 하면서 주어진 빛의 진동수 영역에서 단위 위상공간의 수를 세고, 거기에 빛의 양자가 분포하는 방법의 수를 계산했다.

보즈의 논문에서 중요한 요소는 모든 빛의 양자들이 서로 구별할 수 없는 입자라는 것이었고, 아인슈타인이 주목한 것도 바로 그 부분이었다. 아인슈타인은 곧바로 보즈의 논문을 지지하는 논문을 써서, 보즈의 논문과 같이《물리학 잡지*Zeitschrift für Physik*》에 게재했다. 이로써 보즈의 논문은 금방 중요한 논문으로 인정받을 수 있었다.

보즈는 빛의 양자가 분포하는 방법을 생각할 때 배타 원리를 고려하지 않았다. 당연한 것이 그때는 아직 배타 원리가 세상에 나오기도 전이었기 때문이다. 따라서 이 경우는 앞서 이야기한 대로 입자를 서로 구별할 수 없고, 하나의 상태에 있을 수 있는 입자의 수에는 제한이 없다. 그러면 통계법은 어떻게 될까? 앞에서 볼츠만 통계법과 페르미 통계법으로 계산했던 대로 세 개의 입자가 네 개의 상태에 있을 수 있는 방법의 수를 세어 보자. 간단하다. 볼츠만 통계법으로 셀 때, 입자를 구별하지 않기만 하면 된다. 그러면 세 개의 입자가 모두 하나의 상태에 있는 경우 네 가지, 한 상태에는 두 개, 다른 하나에는 한 개의 입자가 있는 방법 $3 \times 4 = 12$가지, 입자가 각각 다른 상태에 들어가는 방법 네 가지, 모두 $4 + 12 + 4 = 20$가지가 된다. 이 통계법을 보즈–아인슈타인 통계라고 부른다. 그리고 보즈–아인슈타인 통계를 따르는 입자를 보존boson이라고 부른다. 보즈가 플랑크 법칙을 올바르게 유도한 것을 보면, 빛의 양자를 세는 데는 보즈–아인슈타인 통계법이 올바른 통계법임에 틀림없다.

보즈와 아인슈타인은 이 아이디어를 더욱 밀어붙여서 새로운 가능성을 생각했다. 모든 입자가 단 하나의 상태에 있으면 어떻게 될까? 우리가 보는 거시적인 물리 세계는 수많은 양자 상태로 이루어져 있다. 그 때문에 양자 효과는 모두 상쇄되고 평준화되어 우리에게 익숙한 뉴턴 역학이 지배하는 세상이 된다. 그런데 만약 모든 입자가 하나의 상태에 있는 극단적인 경우가 되면 양자역학의 효과가 적나라하게 드러날 것이다. 이런 특별한 물질의 상태를 보즈-아인슈타인 응축이라고 부른다.

　물론 모든 입자가 하나의 상태에 있는 일이 쉬이 일어나지는 않는다. 그런 일이 일어나는 간단한 예로는 온도가 극히 낮은 상태를 들 수 있다. 온도가 극히 낮아지면 입자들이 점점 더 낮은 에너지 상태가 되

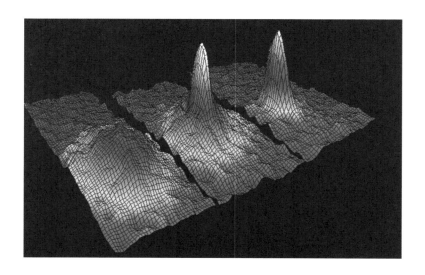

170nK의 낮은 온도에서 루비듐 원자들에 보즈-아인슈타인 응축이 일어났다.
왼쪽부터 200nK, 100nK, ~0nK로 온도가 낮아지면서, 밀도가 상대적으로 낮은 노란 부분이
밀도가 매우 높은 파란색-흰색 부분으로 응축이 일어났다.

고, 결국 어느 온도 이하에서는 모든 입자가 가장 낮은 에너지 상태에 있게 된다. 따라서 그럴 때 일어나는 초전도나 초유동과 같은 양자역학적 현상들도 보즈-아인슈타인 응축과 관련이 깊다. 1995년에 미국 콜로라도 대학의 코넬 Eric Allin Cornell, 1961~ 과 위먼 Carl Edwin Wieman, 1951~ 은 루비듐 원자를 170나노켈빈(절대 0도에서 천만 분의 1.7도 위인 온도)에서 기체 상태로 보즈-아인슈타인 응축 상태가 되도록 하는 데 성공했다. 이것이 최초로 순수한 보즈-아인슈타인 응축 상태를 만든 것으로 여겨진다. 코넬과 위먼은 이 업적으로, 비슷한 시기에 나트륨 원자로 같은 실험을 수행한 MIT의 케테를 Wolfgang Ketterle, 1957~ 과 함께 2001년 노벨 물리학상을 수상했다. 보즈-아인슈타인 응축은 현재 활발하게 연구되고 있는 분야다.

페르미-디랙 대 보즈-아인슈타인

보즈가 플랑크 법칙을 성공적으로 유도한 것을 보면 빛의 양자에는 배타 원리가 적용되지 않음을 알 수 있다. 그러면 배타 원리는 전자에만 적용되는 것일까? 두 통계법은 각각 어떤 경우에 적용되는 것일까? 왜 그런 차이가 생겨나는 것일까? 앞에서 말한 1926년 디랙의 논문이 바로 이 문제를 다루는 논문이다. "양자역학의 이론에 관하여 On the Theory of Quantum Mechanics"라는 제목의 이 논문에서 디랙은 전자의 고유함수의 성질을 통해서, 전자가 보즈-아인슈타인 통계법을 따를 때와 페르미-디랙 통계법을 따를 경우가 어떻게 다른지를 설명했다.[07]

(물론 페르미-디랙 통계법이라는 말은 디랙이 이 논문을 쓸 때는 존재하지 않았다.) 디랙의 설명을 간단히 살펴보자.

우선 여기서 명심해야 할 가장 기초적인 양자역학의 원리는, 두 개의 전자가 완전히 똑같다는 것이다. 전자뿐 아니라 광자도 광자끼리 모두 똑같고, 양성자도 양성자끼리 모두 똑같다. 그러면 두 입자가 똑같을 때 어떤 일이 일어나는지 보자. 물리학의 법칙이란 아무리 교묘하고 복잡하게 보일지라도, 가장 기본적인 수준에서는 단순한 법이다. 그런 의미에서, 먼저 두 입자로 이루어진 상태를 생각한다. 만약두 입자가 똑같다면 두 입자를 바꾸어도 당연히 원래의 두 입자 상태와 물리적으로 똑같을 것이다. 이를 좀 더 물리학적인 표현으로 말하면 두 입자 사이에 교환 대칭성이 있다고 한다. 그런데 양자역학의 세계에서는 문제가 조금 더 복잡해진다.

이 상태를 나타내는 파동함수를 $\psi(x_1, x_2)$라 하자. 교환 대칭성에 따르면, 이 파동함수에서 두 입자를 바꾼 상태를 나타내는 파동함수 $\psi(x_2, x_1)$가 원래의 파동함수 $\psi(x_1, x_2)$와 같은 물리현상을 보여주어야 한다. 여기서 조심할 것은, 물리적인 현상이 같다고 해서 파동함수 자체가 같을 필요는 없다는 점이다. 양자역학에서 일어나는 현상은 오직 파동함수를 통해 얻는 확률에 의해서 결정되며, 확률은 파동함수의 제곱에 의해 정해진다. 따라서 같은 현상을 나타내는 두 파동함수는 그 자체가 같은 게 아니라 그들의 제곱이 같은 것이다. 즉

$$| \psi(x_1, x_2) |^2 = | \psi(x_2, x_1) |^2$$

이다. 그렇다면 사실은 문제의 답이 두 개 있는 것이다. 즉 두 입자를 바꾼 파동함수는 원래의 파동함수와 똑같을 수도 있고, (-) 부호가 붙어있을 수도 있다. 즉 $\psi(x_2, x_1) = \psi(x_1, x_2)$이거나 $\psi(x_2, x_1) = -\psi(x_1, x_2)$이다. 전자를 대칭 symmetric 파동함수라고 부르고 후자를 반대칭 antisymmetric 파동함수라고 부른다.

정말로 놀라운 것은 자연에 이 두 가지 답이 모두 존재한다는 것이다. 보즈-아인슈타인 통계법을 따르는 입자, 즉 대칭 파동함수를 가지는 입자를 보즈 입자, 즉 보존이라고 부르고, 페르미-디랙 통계법

대칭 함수

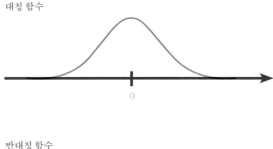

반대칭 함수

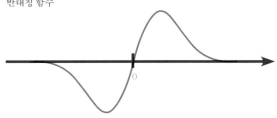

대칭 파동함수(위)와 반대칭 파동함수(아래).

을 따르는 입자, 즉 반대칭 파동함수를 가지는 입자를 페르미 입자, 즉 페르미온이라고 부른다. 페르미온과 보존이라는 이름은 훗날 디랙이 붙인 것인데,* 이 개념이 나올때마다 매번 '페르미-디랙 통계를 따르는 입자', '보즈-아인슈타인 통계를 따르는 입자'라고 부르는 건 힘든 일이므로 앞으로는 그냥 페르미온, 보존이라고 부르도록 하겠다. 생각해보면 파동함수의 성질로부터 이렇게 두 종류의 입자가 존재한다는 것이 유도된다는 사실 자체가 양자역학이 자연의 깊은 비밀을 보여준다는 놀라운 증거라고 할 만하다.

그런데 물리현상이 오직 파동함수의 제곱으로만 나타난다면 어차피 페르미온이나 보존이나 마찬가지가 아닌가? 그렇지 않다. 먼저 페르미온에 주목하자. 만약 두 입자가 같은 위치에 있으면 어떻게 될까? 그러면 $\psi(x, x) = -\psi(x, x)$이니 반대칭 파동함수는 0이다. 즉 그런 파동함수는 존재하지 않는다. 이 말은 두 개의 똑같은 페르미온은 같은 위치에 있을 수 없다는 뜻이다. 두 개의 입자가 같은 위치에 있을 수 없는 것이 당연하다고 생각할지도 모르겠다. 하지만 양자역학에서는 전혀 당연하지 않다. 당장 보존의 경우를 보자. 보존은 두 개의 입자가 같은 위치에 있다고 해도 파동함수에 아무런 문제가 없다. 두 개의 입자뿐 아니라 얼마든지 여러 개의 입자가 같은 위치에 있어도 파동함

* 디랙이 이 이름을 처음 사용한 것은 1945년 12월 6일에 파리 과학박물관인 팔레 드 라 데쿠베르트(Palais de la Découverte)에서 열린 영국-프랑스 과학협회에서의 강연이었다. 디랙의 전기를 쓴 그래험 파르멜로(Graham Farmelo)에 따르면, 강연 제목은 '원자 이론의 발전 Developments in Atomic Theory'이었는데, 원자폭탄의 비밀에 대해서 무언가 들을 수 있을 거라는 기대로 수천 명의 사람이 몰려와 입추의 여지가 없었다고 한다. 그러나 디랙의 강연이 그런 내용일 리가 없다. 강연은 양자역학에 대한 내용뿐이었고 더구나 디랙의 강연이 일반 청중들에게 친절할 리도 없으니, 결국 많은 청중들이 실망감을 안고 강연장을 빠져나가 버렸다고 한다.[08]

수에 문제가 없다. 곧 그래도 된다는 말이다. 이 문제는 물질이란 무엇이며 공간이란 무엇인지, 그리고 기본입자란 결국 무엇인가 하는 아주 근본적인 문제와 연결되므로 여기서는 더 다루지 않겠다.

　위치가 아니라 다른 양자상태의 함수로 파동함수를 써도 위의 논의는 똑같이 적용된다. 그러니까 두 개의 똑같은 페르미온이 같은 양자상태에 있으면 파동함수가 0이 된다. 즉 두 개의 똑같은 페르미온은 같은 양자상태에 있을 수 없다. 그렇다, 바로 파울리의 배타 원리다! 이것이 디랙이 그의 논문에서 말했던 내용이다.[09]

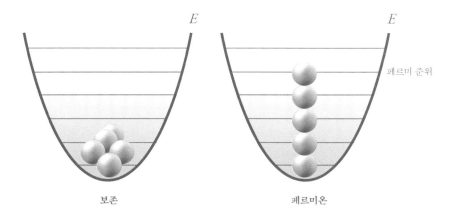

보존과 페르미온은 극저온에서 에너지 준위에 따른 입자 상태가 서로 다르다.
보존은 하나의 에너지 준위에 둘 이상의 입자가 있을 수 있는데,
페르미온은 하나의 에너지 준위에는 하나의 입자만 존재한다.

두 전자가 같은 궤도에 있으면 반대칭 고유함수는 그 자체로 0이 된다. 이는 반대칭 고유함수를 답으로 가질 때 두 개 이상의 전자가 같은 궤도에 있으면 안정된 궤도가 존재하지 않는다는 것을 의미한다. 이것이 바로 파울리의 배타 원리다.

한편 답이 대칭 고유함수라면 같은 궤도에 얼마든지 많은 전자가 있을 수 있으므로, 이러한 답은 원자 속의 전자에 대해서는 옳은 답이 아니다.

조금 더 나아가 보자. 두 전자가 서로 상호작용을 하지 않는다면, 두 전자를 나타내는 파동함수는 각각의 전자의 파동함수를 곱한 것으로 표현된다. 이럴 때 페르미온의 파동함수는 다음과 같은 식을 만족한다.

$$\psi_{12} = \psi_1(x_1)\,\psi_2(x_2) = -\psi_{21} = -\psi_2(x_2)\,\psi_1(x_1)$$

즉 페르미온의 파동함수는 결합하는 순서를 바꾸면 부호가 바뀐다. 그러므로 페르미온의 파동함수는 단순한 숫자가 아닌 것이다. 이러한 논의는 그대로 전자가 여러 개 있을 경우로 확장해서 생각할 수 있다. 즉 여러 개의 전자가 있을 때, 이들 중 한 쌍을 바꿔놓으면 전체 파동함수의 부호는 바뀐다.

이제 보존과 페르미온에 대해서 좀 더 잘 이해하게 되었다. 보존과 페르미온은 파동함수의 성질이 다르다. 파동함수의 성질에 의해 페르미온은 배타 원리를 따르게 되고, 또한 이 두 종류의 입자는 다른 통계적 성질을 가지게 된다. 그런데 스핀은 어떻게 되는가? 스핀과 통계법과는 무슨 관계가 있는가? 이는 더욱 심오한 질문이다. 이 질문에 답하기 위해서는 스핀을 더 잘 이해하고, 올바른 스핀 이론이 있어야 할 것이다. 그것은 어디에서 오는가?

놀랍게도 스핀의 이론은 전혀 예상하지 못했던 방법으로 곧 등장한다. 그 주역은 바로 위의 논문을 쓴 사람, 무명의 젊은이에서 1925년경부터 급속히 양자역학의 주역 중의 한 사람으로 떠오른 디랙이었다.

디랙 방정식

불과 2, 3년 사이에 중요한 양자역학 논문을 잇달아 내놓은 디랙은 1928년에 마침내 그의 이름을 불멸의 것으로 만들게 되는 논문을 발표했다. 1928년 1월에 내놓은 이 논문의 서두에서, 디랙은 전자가 스핀을 가져야만 실험 결과와 맞게 된다고 말하고, 다음과 같이 지적했다.[10]

자연이 왜 전자를 그냥 점으로 된 전하로만 놔두지 않고 이런 특별한 성질을 가지도록 선택해야 했는지에 관한 의문이 남아있다.

여기서 특별한 성질은 스핀을 말한다. 그리고 디랙은 이 논문에서 그 답을 내놓는다고 말한다.

이 논문에서는 이전의 이론이 불완전했던 이유가 상대성 이론, 혹은 양자역학의 일반적인 변환이론과 일치하지 않아서였다는 것을 보였다. 상대성 이론과 일반적인 변환 이론을 모두 만족시키는 점전하 전자의 가장 간단한 해밀토니안*은 다른 가정 없이 전자에 관한 모든 이중성 현상을 설명할 수 있다.

지금까지의 양자론에서는 분명 아인슈타인의 특수 상대성 이론이 성립하지 않았다. 이를 잘 보여주는 것이 다음과 같은 슈뢰딩거의 방정식이다.

$$\left(-\frac{\hbar^2}{2m}\nabla^2 + V(\vec{x})\right)\psi = i\hbar\frac{\partial}{\partial t}\psi$$

아인슈타인의 특수 상대성 이론에 의하면 시간과 공간은 동등한 물리량이며 서로 얽혀있다. 그런데 이 방정식에서 왼쪽 변의 공간에 대한 변화는 두 번 미분한 형태고, 오른쪽 변의 시간에 대한 변화는 한 번 미분한 꼴이다. 따라서 이 방정식은 시간과 공간을 동등하게 다룰 수 없고, 명백하게 특수 상대성 이론과는 맞지 않는다.

사실 이 식은 파동함수가 시간에 따라 변하는 것을 기술하는 식인

$$H\psi = i\hbar\frac{\partial}{\partial t}\psi$$

을 다시 쓴 것이다. 이 식에서 왼쪽에 쓴 H가 계의 전체 에너지를 나

* 해밀토니안은 계의 전체 에너지에 해당하는 연산자로서, 사실상 계의 모든 역학적 정보를 가지고 있다.

타내는 해밀토니안이다. 해밀토니안을 고전역학의 관점에서 쓰고 운

동량을 $p_i = \dfrac{\hbar}{i} \dfrac{\partial}{\partial x_i}$ 로 바꾸면 슈뢰딩거의 식이 된다.

디랙은 이 식을 특수 상대성 이론을 만족하도록 하기 위해서 특수 상대성 이론의 에너지를 시간에 대한 미분처럼 운동량에 대한 1차식 으로 써야 한다고 가정했다. 그래서 다음과 같은 1차식을 먼저 썼다.

$$(p_0 + a_1 p_1 + a_2 p_2 + a_3 p_3 + \beta)\Psi = 0$$

여기서 p_0, p_1, p_2, p_3은 상대성 이론에 맞게 쓴 운동량이다. p_0는 에너 지를 의미한다. 한편 a_1, a_2, a_3, β는 운동량이나 에너지와는 관계없는 양이어야 하는데, 이것이 단순한 숫자일 경우에는 필요한 조건을 충 족시키지 못한다. 디랙은 여러 가지 조건을 모두 고려한 결과 이들이 4차원의 행렬로 표현되어야 필요한 조건을 만족시킬 수 있다는 것을 알아냈다. 이들 행렬을 감마 행렬gamma matrix 이라고 부른다. 그러면 왼쪽의 괄호 전체가 4차원의 행렬이 되므로 이에 맞추어서 파동함수 도 네 개의 성분을 가지는 4차원 벡터가 된다.

파동함수가 네 개의 성분을 갖는다는 사실은 무엇을 의미할까? 디 랙이 찾아낸 4차원 감마 행렬은 사실 2차원인 파울리 행렬을 이용해 서 만들어낼 수 있다. 따라서 파동함수의 네 개의 성분을 두 개씩 나누 어서 생각할 수 있는데, 각각은 바로 파울리가 썼던 스피너가 된다. 즉 네 개의 파동함수는 스핀이 위와 아래를 가리키는 스피너를 한꺼번에 포함하고 있는 셈이다. 디랙은 논문에서 이렇게 말했다.[11]

4차원 행렬로 이루어진 식이므로, 이 방정식의 해는 비상대론적인 파동방정식보다 네 배 많고, 이전의 상대론적인 파동방정식보다는 두 배 많다.[*] 전자의 전하가 $-e$라는 것으로부터 절반의 해는 버려야 하므로, 이중성을 설명하는 해만 남는다.

여기서 절반의 해를 버린다고 한 것은 디랙이 아직 반입자에 대해서 생각하지 못하고 있기 때문이다. 여기에 대해서는 뒤에 이야기하자.

디랙은 4차원 벡터인 파동함수가 적절하게 변환하면 이 방정식이 로렌츠 변환에 대해서 불변임을 보였다. 즉 이 방정식은 특수 상대성 이론을 만족하는 방정식이다. 그리고 나서 디랙은 전자에 전기력이 작용할 때, 이 방정식에서 궤도 각운동량이 그 자체로는 보존되지 않고, 각운동량에 $\frac{\hbar}{2}\begin{pmatrix} \sigma & 0 \\ 0 & \sigma \end{pmatrix}$을 더해주어야 보존된다는 것을 밝혔다. 즉 보존되는 전체 각운동량은 궤도 각운동량에 $\frac{\hbar}{2}\begin{pmatrix} \sigma & 0 \\ 0 & \sigma \end{pmatrix}$을 더한 양이며, 따라서 $\frac{\hbar}{2}\begin{pmatrix} \sigma & 0 \\ 0 & \sigma \end{pmatrix}$가 바로 전자의 스핀 각운동량이라고 할 수 있다. 이것이 곧 파울리가 만든 스핀 이론을 상대성 이론에 의해 확장한 것이다.

마지막으로 디랙은 방정식을 풀어서 에너지 준위를 구하고 첫 번째 근사값을 구한 결과가 이전의 결과들과 잘 맞는다는 것을 확인했

---

[*] 이전의 상대론적 파동방정식이란 슈뢰딩거가 처음 생각했으나 전자의 스핀을 표현하지 못해서 기각했었고, 후에 오스카르 클라인(Oskar Benjamin Klein, 1894~1977)과 발터 고든(Walter Gordon, 1893~1939) 등이 다시 제안한 방정식이다. 이 방정식을 클라인-고든 방정식이라고 부르는데, 스칼라 보존을 나타내는 상대론적 방정식이 될 수 있음이 알려졌다.

다. 이로써 이론적으로 완전한 전자의 양자역학 방정식이 완성되었다. 이 방정식에서는 자연스럽게 이중성 현상, 즉 두 가지 스핀 상태가 나타난다. 스핀 문제를 해결하는 것이 디랙이 애초에 원했던 일이었긴 하지만, 이런 식으로 저절로 해결되리라고는 디랙도 미처 생각하지 못했던 일이었다.

디랙의 방정식은 하이젠베르크와 슈뢰딩거의 양자역학처럼, 이전에 존재하지 않는 것을 허공중에서 끄집어 낸듯한 일이었다. 다른 이론으로부터 유도해낸 것이 아니라 새로운 것을 창조해 낸 것이다. 그러나 한편, 논문의 서두에서 밝혔듯이 이 일은 전자의 스핀을 설명하기 위한 일이었고, 그러므로 디랙 방정식의 선행 연구는 파울리의 스핀 이론이라고 할 수 있다. 여기에 대해 일본의 노벨상 수상자 도모나가 신이치로는 이렇게 말했다.[12]

디랙의 작업은 분명 천재적인 일이다. 하지만 내 생각에 이 일은 파울리의 이전 연구에 자극을 받은 바가 크다. 1계 미분 방정식과 클라인-고든의 방정식을 연관시키기 위해 행렬을 이용한다는 디랙의 아이디어는 파울리의 행렬이 같은 관계식을 만족한다는 사실로 촉발되었을 것이다. …… 또한 디랙이 방정식이 로렌츠 대칭성에 대해 불변인 것을 보인 방법은 바로 파울리가 자신의 방정식이 x, y, z축에 대한 회전 대칭성에 불변임을 보인 방법을 일반화한 것이다. 이런 이유로 나는 파울리의 연구가 디랙 방정식의 선구적인 작업이라고 말한 바 있다. 디랙의 연구는 1928년 1월에 완성되었는데, 파울리의 연구 결과가 나온 지 채 1년도 지나지 않은 시점이었다.

파울리(왼쪽)와 디랙.

하지만 역시 방정식을 1차식으로 바꾸고, 이를 만족하기 위해 행렬을 도입한다는 것은 디랙의 독창적인 생각이었다. 더구나 그렇게 함으로써 두 가지 스핀 상태가 자연스럽게 나타난다는 것은 상상하지도 못했던 일이었다. 여기에 디랙의 천재성이 있다. 파울리는 이를 두고 디랙의 사고 과정은 마치 곡예와 같다고 평했다.

이로써 전자의 스핀이 가지는 보다 심오한 의미가 드러나기 시작했다. 더 이상 전자가 자전한다고 생각할 필요는 없다. 전자의 스핀은 페르미온이 특수 상대성 이론을 만족할 때 나타나는, 더 정확하게 표현하면 시공간의 대칭성이 자연에 드러나는 특별한 방식이다. 우리가 볼 수 없는 공간에서 일어나는 은밀한 회전, 결국 파울리의 말대로 "고전적으로는 묘사할 수 없는" 성질인 것이다.

빛의 스핀

앞에서 전자는 페르미-디랙 통계법에 따라 다뤄야 한다는 것을 보았다. 페르미-디랙 통계는 배타 원리에 따른 것이고, 배타 원리는 전자의 스핀과 관련이 깊다. 한편 보즈는 빛이 보즈-아인슈타인 통계를 따른다는 걸 보였다. 그러면 보즈-아인슈타인 통계는 스핀과 어떤 관계가 있을까? 아니 우선, 빛도 스핀이 있을까? 있다면 어떤 값일까?

전자의 스핀이 존재한다는 것을 가장 직접적으로 보여주는 것은 슈테른-게를라흐의 실험이다. 슈테를-게를라흐의 결과는 각운동량이 0인 상태의 원자도 자기 모멘트를 가지고 있다는 것을 보여준다.

따라서 전자가 자기 모멘트의 원천이 되는 각운동량을 원래 가지고 있다고 결론을 내릴 수 있으며, 이 전자에 내재된 각운동량이 바로 스핀이다. 전자의 스핀에서 중요한 점은 스핀 상태가 두 가지가 있고, 크기가 $\hbar$의 1/2이라는 것이다. 두 가지 스핀 상태가 필요하다는 것은 원자 속 전자껍질의 전자 배치로부터, 스핀 각운동량의 크기가 $\hbar$의 1/2이라는 것은 제이만 효과에서 스펙트럼이 갈라지는 정도로부터 확인할 수 있다.

그러면 빛은? 빛은 전하를 가지고 있지 않기 때문에 각운동량을 가져도 자기 모멘트는 생기지 않는다. 하지만 빛이 각운동량을 가진다는 것은 이미 양자역학 이전에도 알고 있었다. 고전적으로 빛을 나타내는 방정식은 맥스웰 방정식을 풀어서 구하는, 전기장과 자기장이 진동하는 전자기파의 식이다. 이때 빛의 편광 상태가 진행하는 방향을 축으로 해서 회전할 수 있는데 이를 원형 편광circular polarization이라고 한다. 원형 편광된 빛은 분명 각운동량을 가지므로, 만약 이 빛을 어떤 물체가 흡수했다면 각운동량에 의해 회전하게 될 것이다. 한편 편광 상태가 일정한 것을 선형 편광linear polarization이라고 하는데, 선형 편광된 빛은 각운동량이 0이다. 그러나 선형 편광 상태는 원형 편광 상태를 가지고 구성할 수 있으므로, 역시 각운동량을 정해줄 수 있다.

1930년에 아시아인으로서는 최초로 노벨 물리학상을 수상한 라만Sir Chandrasekhara Venkata Raman, 1888~1970은 1932년 초에 《네이처》에 "광자의 스핀에 대한 실험적 증명"이라는 논문을 발표했다. 이 논문에서 라만과 그의 동료는 빛이 여러 기체와 레일리 산란을 할 때 편광이 소멸되는 정도를 측정하고, 이 결과가 스핀 이론에서 계산한 결과와 일치한다는 것을 보였다.

1936년 프린스턴 대학의 베스R. A. Beth 는 "빛의 각운동량의 역학적 검출 및 측정Mechanical Detection and Measurement of the Angular Momentum"이라는 논문에서 최초로 빛의 스핀을 측정했다.[13] 베스는 복굴절 판을 이용해서 선형 편광된 빛을 원형 편광으로 바꿀 때, 반작용으로 복굴절 판에 생기는 토크를 측정했다. 이렇게 측정한 광자의 스핀은 전자와 달리 크기가 $\hbar$임이 확인되었다. 빛의 스핀은 전자의 스핀 값과는 다른 것이다. 즉 전자와 빛은 통계법도 다르고 스핀도 다르다. 그러면 이제 마지막 질문이 남았다. 스핀과 통계법은 어떤 관계가 있을까?

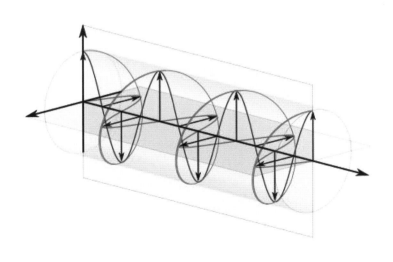

원형 편광. 빛을 받는 사람 입장에서 보면, 빛의 편광 방향이 시계방향으로 회전하고 있다.

어떤 통계법이 옳은가?

지금까지 우리가 알게 된 것을 정리하면 다음과 같다. 원자의 수많은 선 스펙트럼과 주기율표 구조로부터, 우리는 원자 속의 전자가 배타 원리를 따른다는 것을 알았다. 배타 원리는 둘 이상의 전자가 하나의 상태에 있을 수 없음을 의미한다. 배타 원리는 사실 모든 전자가 애초에는 서로 구별할 수 없는 똑같은 입자라는 의미를 원래 내포하고 있다. 두 전자가 구별할 수 있는 '다른' 입자라면 애초에 두 전자가 하나의 상태에 있다는 것은 말이 되지 않기 때문이다.

이제 서로 구별할 수 없는 똑같은 입자가 여러 개 있는 상태를 생각해 보자. 이들 입자가 배타 원리를 따를 경우, 이들 입자가 가질 수 있는 가능한 상태의 수는 페르미-디랙 통계법으로 세어야 한다. 배타 원리를 따르지 않아서 하나의 상태에 얼마든지 많은 입자가 있든지 제한이 없다면, 가능한 상태의 수는 보즈-아인슈타인의 방법으로 세어야 한다. 페르미-디랙 통계법으로 세는 입자를 페르미 입자, 곧 페르미온이라고 하고, 보즈-아인슈타인 통계법으로 세는 입자를 보즈 입자, 즉 보존이라고 부른다. 양자역학의 입장에서 보면 보존은 두 입자를 바꾸어도 파동함수가 변하지 않는 대칭 파동함수로 나타내는 입자고, 페르미온은 두 입자를 바꾸면 (−) 부호가 붙는 반대칭 파동함수로 나타내는 입자다. 그러면 어느 쪽이 옳은 것인가? 혹은 둘 다 옳은 것일까? 디랙은 1926년의 논문에서 이렇게 말했다.[14]

모든 필요조건을 만족하는 두 개의 해법을 얻을 수 있는데, 이론은 어느 답이 맞는지 결정할 수 없다. 한쪽 답을 택하면 어떤 궤도에 하나보다 많은 전자가 있을 수 없다는 파울리의 원리에 이르게 되고, 다른 쪽 답은 이상기체에 적용하면 보즈-아인슈타인의 통계역학을 얻게 된다.

원자 속의 전자는 페르미-디랙 통계를 따르고 빛의 양자인 광자는 보즈-아인슈타인 통계를 따른다. 왜 그럴까? 반드시 그래야만 하는 걸까? 어느 통계법이 옳은지는 무엇을 기준으로 결정하는 것일까? 보른과 하이젠베르크도 1927년 솔베이 학회에 제출한 논문에서 이 문제에 대해 논하고 있다.[15]

보즈-아인슈타인 통계법은 플랑크의 복사 공식이 올바르게 유도되는 데서 알 수 있듯 빛의 양자에 적용된다. 페르미-디랙 통계는 파울리의 등가 규칙의 기초 위에 성립된 원자 스펙트럼의 체계를 보면 알 수 있듯 분명히 (음의 전하를 가진) 전자에 적용되며, 아마도 분명 양의 전하를 가진 기본입자 (양성자)에도 적용될 것이다. 이는 밴드 스펙트럼을 관찰한 결과와, 특히 낮은 온도에서 수소의 비열로부터 추론할 수 있다. 양과 음의 전하를 가진 물질의 기본입자에 페르미-디랙 통계가 적용된다는 가정으로부터 모든 전기적으로 중성인 구조, 예를 들면 분자 (짝수 개의 물질 입자를 바꾸었을 때 고유함수가 대칭인 구조)에서는 보즈-아인슈타인 통계가 성립할 것이라고 유추할 수 있다. 배위 공간에서의 다체문제many-body problem를 다루는 양자역학에서, 보즈-아인슈타인과 페르미-디랙의 새로운 통계법은, 보통의 통계법을 어떤 식으로도 수정할 수 없는 고전 이론과는 달리 완전히 정당하다. 그럼에도 불구하고 추가적인 가정으로서 고유함수의 형태에 제한

1927년 솔베이 학술회의.

이 주어진다. 특히 빛의 양자라는 예는 새로운 통계법이 물질과 빛의 파동적인 성질과 핵심적인 방법으로 관계되어 있음을 가리킨다.

전기를 띤 기본입자(전자와 양성자)가 페르미-디랙 통계를 따른다면, 전기적으로 중성인 분자는 보즈-아인슈타인 통계를 따르게 되는 이유는 다음과 같다. 전기를 띤 기본입자가 페르미-디랙 통계를 따르면 반대칭 파동함수로 표현될 것이다. 복합입자는 기본입자가 결합해서 만들어지는데, 이때 복합입자의 파동함수는 개개의 파동함수의 곱이다. 복합입자가 전기적으로 중성인 상태가 되려면 (+)와 (−) 입자가 함께 있어야 하므로, 전하를 띤 입자가 반드시 짝수 개 있어야 한다. 그러면 이 상태의 파동함수는 반대칭 파동함수를 짝수 개 곱한 것이므로, 두 개의 입자를 바꿀 때 (−1)을 짝수 번 곱하게 되어 부호가 변하지 않는다. 즉 이 상태의 파동함수는 반드시 대칭 파동함수고, 따라서 보즈-아인슈타인 통계를 따르는 보존을 나타낸다.

양자 통계법의 문제는 분명 양자역학에서 완전히 이해되지 않은 중요한 문제였다. 하이젠베르크의 말처럼 전하를 띤 입자는 페르미온, 전기적으로 중성인 입자는 전부 보존인 걸까? 만약 그렇다면 왜 그런 걸까?

막스 플랑크 연구소의 과학사 전문 연구원인 알렉산더 블룸Alexander Blum은 한 논문에서 1932년부터 이 문제에 대한 관심의 양상이 바뀐다고 지적한다.[16] 그 이유는 1932년 이전에는 사람들이 아는 입자가 오직 전자, 양성자, 광자의 세 종류뿐이었는데, 1932년에 완전히 새로운 입자가 둘이나 발견되었기 때문이다. 또한 1930년에 파울리가 이론적으로 제안한 입자도 있었다. 그래서 이전에, 전자-양성자와 광자에 두 가지 다른 통계법이 적용되는 이유가 무엇일까 하는 문제가, 새로 발견된 입자들에는 어떤 통계법을 적용해야 하는가, 나아가서 특정한 입자는 정해진 통계법만을 따르는가, 그리고 그 통계법은 어떻게 정하는가 하는 문제로 바뀌었다는 것이다.

우선 새로 발견된 입자들을 간단히 살펴보자.

새로운 입자들

입자들 이야기를 하기 전에, 우리 등장인물들이 1932년 즈음에 어떻게 지내고 있는지 먼저 살펴보자. 파울리는 1928년에, 보통 ETH라고 불리는 스위스 취리히 연방 공과대학의 이론물리학 교수로 부임해서 1932년에도 그 자리에 있었다. 이 자리가 앞으로 그의 인생의 대부분을 보내게 될 자리다. ETH는 바로 아인슈타인이 졸업한 대학으로서, 학생이나 교수로 학교와 관계를 맺은 사람 중에 총 21명의 노벨상 수상자가 배출된, 과학 분야에서 유럽 최고의 명문 대학 중 하나다.

하지만 파울리는 개인적으로는 우울한 시절을 보내고 있었다. 크리스마스 휴가에 빈의 집으로 돌아가는 일은 1925년 겨울을 마지막으로 그만두었다. 1926년 그의 아버지에게 젊은 여자가 생겼기 때문이다. 게다가 1927년 11월 15일, 파울리의 영혼에 가장 큰 별 같은 존재였던 어머니가 자살했다. 그의 아버지는 다음 해 사귀던 여자와 결혼했는데, 이 결혼에 대해 파울리는 훗날 칼 융Carl Gustav Jung,

스위스의 정신분석학자, 칼 구스타브 융.

1875~1961 에게 보낸 편지에서 "그 그림자 또는 악마와의 연결은 종종 '사악한 계모'에게 투영되어 나타났습니다"라고 썼을 만큼 혐오감을 가졌다.[17] 다음 해인 1929년에 파울리는 가톨릭을 떠났고 내내 방탕하게 지냈다. 술과 장미의 나날 끝에 파울리는 그해 12월 23일에, 베를린의 한 파티에서 만난 케테 데프너 Käthe Margarethe Deppner 와 다소 충동적으로 결혼했다. 그러나 파울리의 강한 개성과 불안정한 상태를 데프너는 참아주지 못했고, 파울리의 여행에 대부분 동행하지 않았으며, 결혼 전에 사귀던 화학자와 다시 만나기까지 했다. 그 결과 결혼 생활은 곧 파탄을 맞았고, 1930년 11월 29일 이혼으로 끝을 맺었다. 훗날 '인생의 위기'라고 표현했을 정도로 그는 술과 정신적인 상처로 피폐해져 있었다. 보다 못한 그의 아버지는 그에게 심리 치료를 권했고, 파울리는 이를 받아들여 융으로부터 심리 분석을 받기로 했다. 그래서 1932년에 파울리는 융의 조수를 만나서 정신분석을 받기 시작했다.

한편 그런 와중에도 파울리는 1930년 말에 마이트너에게 보낸 편지에서 원자핵의 베타 붕괴를 설명하기 위해서는 매우 가볍고 전기적으로 중성이면서 보이지 않는 입자가 존재해야 할 것이라는 혁신적인 이론을 제안했다. 당시까지 매우 정밀하게 측정한 실험결과에 따르면 원자핵이 베타 입자를 방출하는 베타 붕괴에서는 에너지와 운동량이 더 이상 보존되지 않는 것처럼 보였기 때문에 파울리는 어떻게 해서든 에너지와 운동량 보존 법칙을 지키려고 했던 것이었다. 이 입자는 후일 페르미에 의해 중성미자라는 이름을 얻게 된다.

1931년에는 네덜란드 왕립 아카데미가 헨드릭 로렌츠를 기려서 만든 로렌츠 메달의 두 번째 수상자가 되기도 했다. 4년마다 수여되는 이 상의 첫 번째 수상자는 막스 플랑크였고, 파울리 뒤로 디바이와 조머펠트 등이 상을 받았다. 로렌츠 메달은 주로 이론물리학자에게 수여되는데, 최근에는 헤라르뒤스 엇호프트Gerardus 't Hooft, 1946~ 와 프랭크 윌첵 Frank Anthony Wilczek, 1951~ 과 같은 노벨상 수상자들, 그리고 에드워드 위튼Edward Witten, 1951~ 이나 알렉산더 폴리야코프Alexander Markovich Polyakov, 1945~ , 레오 카다노프Leo Philip Kadanoff, 1937~2015 등이 이 상을 받았다.

하이젠베르크는 1927년 코펜하겐에서 불확정성 원리를 발표한 후 명성이 더욱 올라가서, 그해 라이프치히 대학의 이론물리학 교수로 초빙되었다. 작센 주의 최대 도시인 라이프치히에 1409년 세워진 라이프치히 대학은 독일에서 두 번째로 오래된 유서 깊은 대학이다. 라이프치히 대학은 전해에 조머펠트의 제자인 벤첼Gregor Wentzel, 1898~1978 을 이론물리학 부교수로 임용해서 현대물리학을 부흥시킬 준비를 하고 있는 참이었다. 1927년에 대학은 하이젠베르크를 이론 물리학 정교수로, 디바이를 실험물리학 정교수로 각각 임명함으로써, 괴팅겐이나 뮌헨, 함부르크에 못지않은 진용을 갖추었다. 하이젠베르크와 디바이는 국제적으로 재능 있는 젊은이들과 공동연구자를 끌어모아서 라이프치히를 원자물리학의 중심지 중 하나로 만들고, 이후의 독일 물리학을 이끌어갈 인재들을 배출했다. 또한 하이젠베르크는 파울리가 ETH에 부임하자 두 대학 사이에 일종의 물리학자 교환 제도를 확립해서, 학생과 조수들이 두 기관 사이를 자유롭게 오고 갈 수 있도록 했다. 파울리와 하이젠베르크, 디바이, 벤첼이 모두 조머펠트의 제자라는 데서도 알 수 있듯이 이 세대에 끼친 조머펠트의 공헌은 말할 수 없이 크다. 이 세대의 독일 원자물리학자의 1/3은 조머펠트의 제자라는 말이 있을 정도다.

디랙은 여전히 케임브리지에 머물고 있었다. 특히 1932년에 디랙은 케임브리지의 루카스 교수로 임명되었다. 17세기 대학 평의회 의원이었던 헨리 루카스Henry Lucas가 만든 이 자리는 뉴턴의 스승이었던 아이작 배로Isaac Barrow, 1630~1677부터 시작해서 아이작 뉴턴, 에어리 경 Sir George Biddell Airy, 1801~1892, 찰스 배비지 Charles Babbage, 1791~1871 등이 이어받으며 학문 세계의 봉우리 중 하나로 인정되는 대단히 권위 있는 자리다. 디랙은 루카스 교수직을 37년간 지켰고, 이후 루카스 교수직은 스티븐 호킹 Stephen William Hawking, 1942~2018 등을 거쳐서 2015년부터는 통계물리학자인 마이클 케이츠 Michael Elmhirst Cates, 1961~가 맡고 있다.

페르미는 코르비노의 도움으로 1926년 로마 대학에 생긴 이탈리아 최초의 이론물리학 교수 자리에 취임했다. 24세의 나이였다. 페르미

디랙과 하이젠베르크.

는 친구 라제티를 불러오고 아말디Edoardo Amaldi, 1908~1989, 세그레, 폰테코르보Bruno Pontecorvo, 1913~1993, 마요라나Ettore Majorana, 1906~1959 등의 젊은이들을 모아서, 현대물리학의 불모지였던 이탈리아에 물리학의 새로운 중심지를 만들어가기 시작했다. 1929년에 이탈리아 왕립 아카데미가 세워질 때 페르미는 창립 멤버가 되었다. 1931년에는 조머펠트 밑에서 박사학위를 받은 한스 베테Hans Albrecht Bethe, 1906~2005 가 페르미를 찾아왔다. 베테는 조머펠트의 추천으로 록펠러 재단의 지원을 받아서, 케임브리지에서 1년을 보냈고 이제 페르미의 연구실에서 남은 1년을 보내기 위해서 온 것이었다. 로마를 처음으로 방문한 베테는 조머펠트에게 보내는 편지에서 이렇게 썼다. "콜로세움을 보았습니다. 하지만 로마에서 최고로 훌륭한 것은 페르미입니다. …… 로마에서 페르미로부터 받은 감동은 케임브리지에서보다 단위가 다를 정도larger by order of magnitude로 큽니다. …… 디랙은 잘 알려져 있다시피 1광년에 겨우 한마디씩 말을 하고, 케임브리지의 다른 사람들은 양자론에 대해 아는 것이 페르미보다 턱없이 부족하기 때문입니다."[18]

아인슈타인은 1928년에 심장에 문제가 생겨서 넉 달 동안 누워서 지내는 등 내내 조심해야 했다. 병에서 회복된 후, 1930년 12월에는 미국을 방문했다. 처음 두 달간 캘리포니아 공과대학에서 지내고 난 뒤, 뉴욕을 다녀왔다. 아인슈타인이 미국에 온 것은 이것이 두 번째였 는데, 첫 방문에서 워낙 엄청난 관심의 홍수에 질린 터라 이번에는 명 예학위나 대중 강연 등은 일절 사절하기로 했다. 그래도 여전히 아인 슈타인의 대중적 인기는 어쩔 수 없어서, 메트로폴리탄 극장에 오페 라 카르멘을 관람하러 갔다가 청중들의 박수를 받는 등 유명세를 치 러야 했다. 또한 평화주의자로서의 활동과 관련해서 아인슈타인은 작 가 업튼 싱클레어와 영화배우 찰리 채플린 등도 만났다. 1932년에는 한 신설 연구소에 창립 멤버로 합류하는 데 동의했다. 미국 뉴저지주 에서 백화점으로 돈을 번 부자가 거액을 기부해서 탄생한 이 연구소 는 다음 해 프린스턴에 고등연구소Institute for Advanced Study, IAS 라는 이름 으로 문을 열 예정이었다.

보어는 1932년에 이사를 했다. 1931년 12월 11일에 덴마크 과학 및 문학 아카데미가 칼스버그 양조회사가 제공하는 저택인 아에레스볼 리(덴마크어로 Æresbolig)의 입주자로 보어를 선정했기 때문이다. 이 저 택은 칼스버그의 상속인인 칼 야콥슨Carl Jacobsen 이 자신의 저택을 기 부해서 과학, 문학, 예술 등에서 덴마크에 가장 크게 공헌한 사람이 살도록 한 것이다. 철학자이자 신학자인 하랄드 회프딩Harald Høffding, 1843~1931 이 저택의 첫 번째 입주자였는데, 이 해에 그가 사망하자 아

1930년 제6회 솔베이 회의. 뒷줄에 폴 디랙, 볼프강 파울리, 베르너 하이젠베르크가 있고, 앞줄에 아르놀트 조머펠트, 알베르트 아인슈타인, 닐스 보어가 보인다.

카데미가 다음 거주자로 보어를 택한 것이다.

1932년이 밝았다. 이해는 현대물리학의 역사에서 찬란히 빛나는 '발견의 해'다. 이 해 2월에 영국 케임브리지의 채드윅Sir James Chadwick, 1891~1974 이 양성자와 같은 질량을 가지면서 전기적으로 중성인 존재인 중성자를 발견했다고 발표했다. 이로써 원자핵을 이해하는 데 완전히 새로운 시대가 열렸다. 또한 원자핵이 중성자와 양성자로 이루어진 중수소를 발견했음을 알리는 해럴드 유리Harold Clayton Urey, 1893~1981 의 논문도 미국물리학회지인 《피지컬 리뷰》의 1월과 4월호에 각각 발표되었다. 사실 중수소가 발견된 것은 전해의 추수감사절 무렵이었다. 유리는 중성자의 존재를 모르고, 그와는 전혀 무관하게 중수소를 발견한 것이다. 한편 캘리포니아공대의 칼 앤더슨Carl David Anderson, 1905~1991 은 8월에 전자의 질량과 양성자의 전하를 가진 입자를 발견하고 이를 양전자positron 라고 불렀다. 이 입자는 다음 절에 설명할 전자의 반입자로 해석되었다. 반물질이라는 존재가 홀연히 인간의 눈앞에 나타났다.

이 세 가지 발견은 하나하나가 매우 중요한 발견이면서 과학과 과학자의 활동에 대해서 많은 것을 말해주는 풍부한 뒷이야기를 가지고 있다. 그러나 그런 이야기는 다른 기회에 다른 곳에서 하도록 하고 우리는 통계법과 스핀에 대한 이야기를 계속하자. 앞에서 하이젠베르크가 전기적으로 중성인 입자는 보즈-아인슈타인 통계법으로 다루어야 할 것이라고 했다는 이야기를 했다. 그렇다면 중성자도 보즈-아인슈타인 통계를 따를 것인가? 그런데 중성자는 전기적으로 중성이라는 점만을 제외하면 거의 모든 성질이 놀라울 만큼 양성자와 비슷하고, 심지어 스핀도 양성자처럼 1/2이다. 그러면 파울리가 제안한 중성미자는 어떨까? 역시 전기적으로 중성이니 보즈-아인슈타인 통계를 따라야 할까? 그런데 파울리는 베타 붕괴로부터 이 입자 역시 스핀이 1/2이어야 한다고 밝히고 있다.

그리고 양전자는? 양전자는 전자의 반입자이므로 전자와 마찬가지로 페르미-디랙 통계법을 따라야 할 것 같다. 정말 그럴까? 사실 양전자에 대해서는 조금 더 이야기를 해야 한다. 앞으로의 이야기에 중요한 역할을 하기 때문이다.

디랙의 바다

앞에서 디랙의 방정식은 네 개의 성분을 가진다고 했다. 즉 이 방정식은 네 개의 입자를 한꺼번에 다루고 있다는 말이다. 네 개의 성분은 두 개의 성분을 가진 벡터 두 개로 나눌 수 있고, 각각의 벡터에서 두 개의 성분은 두 개의 스핀 상태를 나타낸다. 즉 디랙 방정식은 원래부터 두 개의 스핀 상태를 같이 써야 성립된다.

좀 더 구체적으로 나타내보자. 파울리의 이론에서 두 개의 스핀 상태를 다음과 같이 하나의 벡터로 표현한 것을 스피너라고 불렀다.

$$\Psi = \begin{pmatrix} \text{위스핀} \\ \text{아래스핀} \end{pmatrix}$$

이 스피너를 바일 스피너 Weyl spinor 라고 부른다. 디랙 방정식의 해는 바일 스피너 두 개를 하나로 써서 다음과 같은 형태다.

$$\Psi = \left(\begin{array}{c} \left(\begin{array}{c} \text{위스핀} \\ \text{아래스핀} \end{array} \right) \\ \left(\begin{array}{c} \text{위스핀} \\ \text{아래스핀} \end{array} \right) \end{array} \right)$$

이 해를 디랙 스피너라고 부른다. 즉 바일 스피너는 2차원이고 디랙
스피너는 4차원이다.

그런데 디랙 스피너 속에 들어있는 두 개의 벡터는 각각 무엇을 의
미할까? 하나는 물론 보통의 전자를 나타내는 답이다. 그런데 다른 하
나의 답은 디랙을 당혹하게 했다. 왜냐하면 그 답은 에너지가 음수가
나왔기 때문이다. 즉 한쪽 답이 에너지가 E인 전자라면 다른 쪽 답은
에너지가 $-E$인 입자였던 것이다.

에너지가 음수라는 것이 물리학자들에게 낯선 것은 아니다. 보통
아무런 상호작용이 없이 가만히 있는 상태를 에너지가 0이라고 놓기
때문에, 음수인 에너지는 상호작용에 의해서 서로 묶여있는 상태를
나타낸다. 예를 들어 지구와 달이 중력에 의해 서로 묶여 있는 상태는
에너지가 음인 상태다. 만약 지구와 달이 서로로부터 해방되어 더 이
상 상호작용을 하지 않는 에너지 0인 상태가 되려면, 달을 밀어내든
지 하는 식으로 바깥에서 에너지를 더 넣어주어야 한다. 에너지를 더
해주어야 에너지가 0인 상태가 되므로 원래의 상태는 에너지가 음인
상태라고 할 수 있다.

하지만 아무런 상호작용이 없는 상태에서는 물질이 가질 수 있는
에너지는 운동에너지뿐이므로 값이 0이거나 0보다 커야 한다. 앞에

서 디랙이 처음에 썼던 방정식은 아무런 힘이 작용하지 않는 자유로운 상태의 전자에 대한 방정식이다. 따라서 이 방정식의 해의 에너지는 양수가 되어야지 음수가 되어서는 안 된다. 그런데 이 해의 경우에는 한쪽이 양수가 되면 다른 쪽이 음수가 되므로 반드시 둘 중 하나는 음수가 될 수밖에 없다. 그래서 디랙도 처음에는 이 낯선 답을 이해하지 못했고, 1928년의 논문에서는 절반의 해를 버려야 한다고 했던 것이다. 그러나 방정식에서 전자기장까지 고려하면 음의 에너지를 가진 해가 전자에 해당하는 해와 연결되기 때문에 간단히 버릴 수 없다는 것을 곧 깨달았다.

디랙은 이 해를 설명하기 위해, 에너지가 음수인 마이너스 에너지 상태가 실제로 존재하고, 무한히 많은 전자가 마이너스 에너지 상태를 가득 채우고 있다는 장대한 가정을 했다. 파울리의 배타 원리 때문에 전자는 모든 마이너스 에너지 상태를 가득 채우고 있으며, 우리 세상은 그 위에 존재한다. 즉 전자로 가득 찬 마이너스 에너지 상태인 '디랙의 바다'가 바로 우리 세상의 바닥 상태, 물리학자들이 진공 vacuum 이라고 부르는 상태인 것이다. 이 수많은 전자들 중 하나가 에너지를 얻어서 보통의 에너지 상태로 전이하게 되면 우리 세상에 전자 하나가 나타남과 동시에 디랙의 바다에는 구멍 hole 이 하나 생긴다. 그러면 우리는 전자 하나와 구멍을 보게 되는데, 이 구멍이 바로 음의 에너지를 가지는 답에 해당하는 입자다. 즉 전자와 구멍은 쌍으로 생겨난다. 거꾸로 세상에 나와 있던 전자가 디랙의 바다로 들어가서 구멍을 채우게 되면 전자와 구멍은 동시에 사라진다. 이렇게 하면 디랙 방정식이 묘사하는 것과 그런대로 일치하게 된다.

전자와 구멍이 반드시 동시에 생겨나고 사라진다는 점에서, 디랙
의 구멍 이론은 입자-반입자의 쌍생성과 쌍소멸을 나타내는 통찰력
가득한 이론적 모형임에 틀림이 없었다. 전자의 부재를 마이너스 에
너지의 존재로 생각하다니, 디랙의 논리적 상상력은 어떤 의미에서
정말 대단하다는 생각이 든다. 분명 디랙의 구멍 이론은 마이너스 에
너지 상태를 설명하는 대단히 창조적인 방법이었다. 하지만 아무래
도 완전한 이론이라고는 보기 어려웠다. 예를 들면 무한히 많은 전자
에 의해 생기는 무한한 전기장의 문제가 있었다. 또한 원자핵의 베타
붕괴의 경우, 전자가 나타나지만 구멍은 나타나지 않는다. 그래서 디
랙은 처음에는 구멍을 양성자라고 생각하려 했다. 구멍은 전자와 전

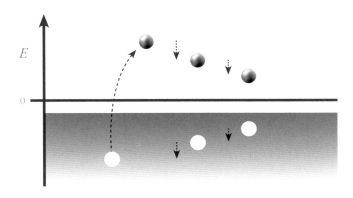

디랙의 바다에 있는 반입자(아래쪽 흰색 구)가 에너지를 받아 실제 공간(위)으로
나와 입자(위쪽 검은색 구)가 된다.

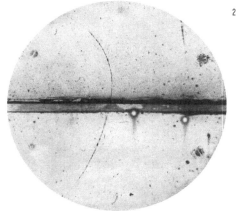

1 칼 앤더슨이 양전자를 찾는 실험에 사용했던 구름상자를 손보고 있다.
  그는 양전자를 발견한 공로로 1936년 노벨 물리학상을 받았다.
2 양전자가 아래에서 위로 진행하면서 자기장에 의해 휘어진다.
  1932년 앤더슨이 찍은 양전자의 궤적이다.

하가 반대여야 하며, 당시 알려진 입자 중에서 전하가 전자와 반대인 입자는 양성자뿐이었기 때문이다. 또한 베타 붕괴에서 양성자는 전자와 함께 나타난다. 그러나 곧, 오펜하이머가 그랬다가는 원자에서 전자와 양성자가 디랙 방정식에 의해 재빨리 소멸해 버려서 물질 세상이 유지될 수 없음을 보였다. 디랙은 오펜하이머의 반론을 받아들여야 했다. 결국 1931년의 논문에서 디랙은 구멍이 새로운 입자여야 한다고 말하고, 구멍을 '반전자 anti-electron'라고 불렀다.[19]

구멍은, 만일 존재한다면, 전자와 질량은 같고 전하는 반대인, 그리고 아직 실험물리학자들에게 알려지지 않은 입자일 것이다. 이 입자를 '반전자 '라고 불러도 좋을 것이다.

앤더슨이 1932년 8월에 발견한 입자가 바로 디랙의 반전자였다. 하지만 앤더슨은 디랙의 이론을 알지 못했기 때문에 새로운 이름을 붙여 버렸다. 같은 해 케임브리지의 캐번디시 연구소에서도 패트릭 블래킷 Patrick Maynard Stuart Blackett, 1897~1974 과 조수인 주제페 오키알리니 Giuceppe Paolo Stanisiao Occhialini, 1907~1993 가 우주선의 데이터 속에서 양전자를 발견해서 앤더슨의 발견을 뒷받침했다. 이들은 양전자와 전자가 쌍으로 생성되는 것을 확인했으므로 디랙의 이론을 확실하게 검증했다고 할 수 있다.

이렇게 디랙의 방정식은 놀랄 만한 일을 해냈다. 방정식을 만든 이조차 의도하기는커녕 이해하지도 못하는 입자가, 개념이 현실로 나타난 것이다. 스핀도 사실 그렇다. 비록 디랙이 방정식을 만들 때 전자의 스핀 문제를 염두에 두고는 있었지만, 논문을 읽어보면 스핀이 그런 식으로 나타날 것이라고 미리 알았던 것 같지는 않다. 스핀과 반입자는 방정식이 특수 상대성 이론을 만족하도록 했더니, 말 그대로 저절로 나타난 것이다. 이는 물리학 이론의 힘을 보여주는 가장 극적인 예일 것이다.

스핀-통계 정리

1932년이 물리학에는 흥분과 놀라움의 해였지만, 바이마르 공화국에게는, 그리고 유럽에는 위기가 깊어가기만 했던 해였다. 7월의 총선에서 나치당이 제국의회의 제1당으로 떠올랐다. 힌덴부르크 대통령이 히틀러를 총리에 앉히는 데 적극 반대함으로써 정권을 장악하는 데는 실패했지만, 나치당과 히틀러는 민족주의에 젖어있는 우익 성향의 국민들을 거의 장악하고 있었다. 11월의 총선에서 나치당은 일부 후퇴했다. 제1당의 자리는 지켰지만 의석과 지지율이 모두 떨어졌다. 그러나 정부는 더욱 힘이 없었고 정치적 교착 상태가 이어졌다. 결국 타협과 타협, 배짱과 협박이 오가는 가운데 해가 바뀌어 1933년 1월 30일, 히틀러가 마침내 총리의 자리에 올랐다.

그날 이후 독일은 모든 것이 달라졌다. 히틀러는 왜인지 너무도 쉽게 세력을 확장해 나갔다. 히틀러의 이인자인 괴링이 항공 및 내무부 장관으로 임명되어 경찰도 괴링의 수중에 들어갔다. 2월 27일에는 의사당 방화 사건이 일어났고, 이를 빌미 삼아 공산당에 대한 대대적인 탄압과 폭력이 벌어졌다. 의회가 해산되고 치른 3월 5일의 총선에서 나치당은 다시 승리를 거두었다. 비록 단독으로 과반을 이루지는 못했지만 나치당은 또 다른 극우 보수 정당인 독일국가인민당과 제휴해서 과반을 점하고, 오페라하우스에서 열린 의회에서 독재 권력을 발휘할 수 있는 수권법을 통과시켰다. 독일은 빠르게 독재국가를 향해 달려가고 있었다.

이렇게 되자 물리학계에서도 변화를 느낄 수밖에 없었다. 무엇보다도 유대인에 대한 차별이 노골적으로 시작되었다. 3월 28일 아인슈타인이 과학아카데미에서 제명되었다. 막스 보른은 5월부터 월급이 나오지 않았다. 제임스 프랑크는 이미 사임한 상태였다. 보른은 다급하게 다른 자리를 알아보기 시작했다. 미국의 존스 홉킨스와 프린스턴, 영국의 케임브리지 등에 타전해본 결과 케임브리지의 세인트존스 컬리지에 자리를 구할 수 있었다. 보른은 곧 독일을 탈출했다. 그와 프랑크가 쌓아 올린 12년의 세월이, 양자역학을 탄생시킨 괴팅겐 이론물리학 연구소가 이렇게 삽시간에 무너져 버렸다. 그 이후, 괴팅겐은 다시는 가우스와 리만, 힐베르트와 클라인이 있던 세계 수학의 수도, 양자역학이 탄생하고 모든 원자물리학자가 거쳐간 과학의 중심으로 돌아가지 못했다.

보른에게는 설상가상으로, 그해 11월 25일에 독일에 있던 하이젠베르크로부터 한 통의 편지가 날아왔다. 하이젠베르크가 단독으로 노벨 물리학상을 수상한다는 소식이 담긴 편지였다. 양자역학을 하이젠베르크가 처음 시작한 것은 맞지만, 그것을 완성시킨 것은 분명 그와 요르단과 하이젠베르크 세 사람의 일이었다. 하이젠베르크도 편지에

387

서 조심스럽게 "당신과 요르단과 제가 괴팅겐에서 했던 공동연구로 저 혼자 상을 받게 되었습니다. 이런 잘못된 결정으로 당신과 요르단 이 양자역학에 기여한 바가 바뀌지는 않을 것입니다"라고 썼으나, 그런 말이 보른에게 얼마나 위로가 됐을지는 모르겠다. 보른에게는, 분명 최악의 시절이었다.

보른처럼 1933년에 자리를 잃은 과학자의 수는 교수 313명을 비롯해서 4월에만 1,000명이 넘었다. 독일물리학회 소속 과학자의 약 25퍼센트가 이 해에 외국으로 떠난 것으로 추산된다. 저항이나 비판은 거의 없었다. 유대인이 아니면서 유대인 과학자를 지지하거나, 정부의 조치에 비판적인 발언을 했던 소수의 사람들 역시 박해를 받았다.

물리학계를 대표할 만한 학자였던 막스 플랑크로서도 별 수가 없었다. 학계와 연구소를 대표하는 사람으로서 함부로 행동하기도 어려웠다. 플랑크는 공식 행사에 불려 가서 나치식 경례를 하기도 했지만, 한편으로는 자신의 위치를 이용해서 히틀러를 직접 만나 유대인 과학자에 대한 탄압을 막으려고 시도하기도 했다. 하지만 격분한 히틀러의 고함에 그 자리를 빠져나오는 수밖에 없었다. 한편 조머펠트는 나치의 광기에 물들지 않고 자리를 지킨 사람 중 하나다. 세그레는 그의 책에서 조머펠트에 대한 다음과 같은 기억을 소개했다. 1934년 네덜란드에서 열린 학회에 초청받아서 강연을 했던 조머펠트는 강사료에 대해서 이렇게 얘기했다. "이 돈은 추방당한 학자들을 위해서 러더퍼드에게 곧 보내려고 합니다. 독일 안에서는 이런 일을 할 수 없습니다. 그래서 이런 좋은 기회를 놓칠 수가 없군요."[20]

유대인이지만 오스트리아인이고, 중립국인 스위스에 머물고 있던 파울리는 그래도 아직 위험을 피부로 느끼지는 않았다. 그래서 그는 여전히 물리학을 연구할 수 있었다. 이 당시 파울리가 심혈을 기울인 것은 디랙의 이론이었다. 파울리는 디랙의 구멍 이론을 처음부터 마뜩잖아했다. 무한한 전자가 마이너스 에너지 상태에 가득 차 있다니, 파울리의 물리적 감각과는 아무래도 맞지 않았다. 이것은 임시방편의 설명이지 자연이 실제로 그러리라고는 도저히 생각할 수 없었다. 사실 파울리가 정말 알고 싶은 것은 전자가 페르미-디랙 통계법을, 빛이 보즈-아인슈타인 통계법을 따르는 근본적인 이유가 무엇인가 하는 것이었다. 그래서 새로 발견된 양전자가 정말로 페르미-디랙 통계법을 따를 것인지, 보즈-아인슈타인 통계법을 따를 가능성은 없는지도 탐구하고 있었다.

ETH에서 파울리는 주로 한 사람의 조수와 같이 연구했다. 제자를 키우는 데 그다지 열의가 없었던 파울리에게 있어서 수제자는 바로 이 조수들이라고 할 수 있다. 첫 조수는 앞서 말했던 대로 크로니히였고, 이후 여러 조수들이 대체로 1, 2년씩 그의 곁에 머물렀다가 떠나갔다. 1933년 겨울에 파울리와 함께 연구했던 조수는 파울리처럼 오스트리아 출신인 빅터 바이스코프Victor Frederick "Viki" Weisskopf, 1908~2002였다. 부유한 유대인 가문 출신으로 풍부한 문화적 감수성과 물리학에 대한 감각을 지녔던 바이스코프는 괴팅겐에서 막스 보른으로부터 박사학위를 받았고, 닐스 보어, 하이젠베르크, 슈뢰딩거, 파울리와 함께 연구했다. 그야말로 양자물리학의 베스트 멤버를 다 거친 셈이다. 1937년에 바이스코프 가문은 미국으로 건너갔고, 바이스코프는 로체스터 대학의 교수를 지내다가 1942년 미국 시민이 되었다.

전쟁 중에는 맨해튼 프로젝트에 참가했고, 나중에 MIT에서 머레이 겔만Murray Gell-Mann, 1929~2019을 지도했다. 전쟁이 끝난 후에는 유럽 입자물리학의 부흥을 위해 노력했고, 1961년에서 1966년까지는 CERN의 소장을 지내기도 했다.

1933년 겨울에 파울리는 바이스코프와 함께 디랙의 구멍 이론을 집중적으로 연구했다. 당시 파울리가 하이젠베르크에게 보낸 편지의 한 구절을 보면 파울리가 디랙의 이론을 어떻게 생각했는지 알 수 있다.

따라서 자연법칙에 대한 디랙의 해석은 마치 시나이산에서 받아온 것 같아. 모든 것이 수학적으로 대단히 우아하게 표현되었어. 하지만 물리적으로 나는 전혀 확신을 가질 수 없네.

이해 7월에 파울리는 바이스코프와 함께 쓴 논문을 스위스 학술지인《헬베티카 피지카 악타*Helvetica Physica Acta*》에 투고했다. 이 논문에서 이들은 클라인-고든 방정식의 해를 양자화 할 때에는 배타 원리가 적용될 수 없고, 따라서 디랙의 바다도 존재하지 않으며, 결국 이 해는 보즈-아인슈타인 통계를 따라야 한다는 것을 보였다. 클라인-고든 방정식의 해는 스핀이 0이었다. 이 과정에서 파울리는 "스핀과 통계법 사이에 관계가 필요하다는 사실이 나타나기 시작했다"는 것을 깨달았다.[21]

파울리는 농담삼아 이 논문을 "반-디랙anti-Dirac 논문"이라고 불렀다. 드디어 파울리에게 길이 보이기 시작했다. 그러나 스핀과 통계법 사이의 관계는 당연히도 그리 간단한 문제가 아니었다. 그 안에는 상대성 이론에 의한 인과율, 음의 에너지 문제, 양자화 방법, 스핀과 배타 원리, 파동함수의 대칭성과 반대칭성이 어지럽게 얽혀있었다.

지금까지 페르미온과 보존이라는 말을 써왔지만, 사실 이 말을 쓸 수 있으려면 스핀과 통계법 사이의 관계가 분명하게 확립이 되어야 한다. 지금까지는 일단 페르미-디랙 통계를 따르는 입자, 보즈-아인슈타인 통계를 따르는 입자라는 뜻으로 이 말을 써왔다. 하지만 이 둘이 서로 배타적인 개념인가? 페르미온이면서 동시에 보존일 수는 없는가? 혹은 어떤 때는 페르미온으로 어떤 때는 보존으로 행동할 수는 없는가? 이제 페르미온과 보존이라는 말이 분명한 의미가 있는지, 입자의 본질인지 상황에 따라 적용되는 개념인지를 확인해야 한다. 이 개념이 입자의 본질을 의미한다면, 입자에 적용되는 통계법이 입자의 독자적인 물리적 성질과 관련되어야 한다. 그리고 그런 물리적 성질은 아마도 입자의 스핀일 것이다.

마르쿠스 피어르츠(왼쪽)과 볼프강 파울리(가운데). 오른쪽은 한스 옌첸.

　1936년에 파울리는 스핀과 통계법의 관계에 대한 최초의 증명을 내놓았다. 이 논문은 기본적으로 1934년의 파울리-바이스코프 논문을 발전시킨 것인데, 스핀이 0이면서 배타 원리를 따르는 상대론적 스칼라 입자를 양자화하는 문제를 탐구한 것이다. 물론 이 논문의 결론은 아직 불완전했다. 이 문제에 대해 주목할 만한 진전을 가져온 사람은 1936년에서 1937년까지, 그리고 1939년에서 1940년까지 두 차례 파울리의 조수를 지낸 피어르츠Markus Eduard Fierz, 1912~2006 였다. 피어르츠는 1939년에 발표한 논문에서 스핀이 플랑크 상수 h의 정수배인 입자와 반정수배 (1/2, 3/2, 등등)인 입자를 나누고 반정수 스핀을 가지는 입자들이 배타 원리를 따르는 것이 에너지가 양의 값이 되는 것과 관련 있음을 논했다.

　마침내 1940년에 파울리는 스핀-통계 정리에 대한 최종적인 증명을 내놓았다. 이 논문에서 파울리는 이렇게 말한다.[22]

　우리는 다음과 같은 결과에 다다랐다. 정수 스핀을 가지는 입자에 대해서는, 배타 원리에 따라 양자화하는 것이 불가능하다. 한편 반정수 스핀을 가지는 입자를 보즈-아인슈타인 통계에 따라 양자화하는 것은 수학적으로는 가능하지만, 그 경우에는 에너지가 양의 값을 가질 수 없다. 이러한 물리적인 이유로 배타 원리는 디랙의 구멍 이론과 연관되어서 적용되어야 한다.

　결국 정수 스핀을 가지는 입자는 보즈-아인슈타인 통계를 따라야 하고, 반정수 스핀을 가지는 입자는 페르미-디랙 통계를 따라야 한다. 즉, 정수 스핀을 가지는 입자는 보존이고, 반정수 스핀을 가지는 입자는 페르미온이다. 이로써 스핀과 통계법, 양자화했을 때의 파동 함수의 대칭성과 반대칭성의 관계가 확립되었다. 이 결과는 오늘날 양자역학이나 통계역학 교과서에서 가장 기초적으로 받아들이는 내용이다. 파울리는 다음과 같은 말로 이 논문을 마무리한다.

결론적으로 스핀과 통계법 사이의 관계는 특수 상대성 이론이 적용된 가장 중요한 결과다.

지금까지 본 바에 따르면 스핀에 관한 이 모든 것은 양자역학과 아인슈타인의 특수 상대성 이론이 합쳐졌을 때에 나타나는 자연스러운 귀결이었다. 결국, 양자론과 특수 상대성 이론은 별개의 이론이 아니며, 이들이 자연스럽게 어우러진 궁극적인 이론이 있을 뿐이다. 현재 우리가 알고 있는 그런 이론은 우리가 양자장 이론이라고 부르는 이론이다. 따라서 파울리의 논문은 양자장 이론의 결론이라고 해도 좋다.

그런데 파울리의 증명이 완전한 것일까? 논리적으로 좀 아슬아슬하지 않은가? 또는 좀 더 이해하기 쉬운 방법은 없을까? 실제로 파인만Richard Phillips Feynman, 1918~1988, 슈윙거 Julian Seymour Schwinger, 버고인 Nicholas Burgoyne, 뤼더스와 주미노G. Luders and B. Zumino 등 많은 이들이 그 뒤 좀 더 일반적이고 수학적으로 엄밀한 증명을 내놓으려고 시도했다. 그러나 여전히 스핀과 통계법의 관계를 직관적으로 이해하기는 어렵다. 파인만의 다음 말을 들어보자.[23]

왜 스핀이 반정수인 입자는 페르미 입자가 되어서 진폭을 합성할 때 음의 부호가 끼어들고 스핀이 정수인 입자는 보즈 입자가 되어 진폭 합성시에 양의 부호가 끼어드는 것일까? 안타깝게도 이 문제는 초보적인 수준에서는 설명할 수가 없다. 파울리는 양자장 이론과 상대론을 동원한 복잡한 논증을 통해 이를 설명해냈다. 그는 이 두 가지를 다 이용해야만 한다는 것을 보였는데, 그의 논증을 초보적인 수준으로 재현하는 방법은 아직 찾지 못했다. 이렇게 아주 단순한 규칙이지만 그 누구도 쉽고 간단한 방법으로 설명하지 못하는 경우는 물리학 전 분야에서 몇 안 되는데, 이것이 그중 하나인 것 같다. 이 설명의 핵심은 상대론적 양자역학과 깊은 관련이 있다. 어쩌면 이 현상에 대한 근본적인 원리를 우리가 아직 완전히 이해하지 못한다는 뜻일 수도 있다.

파인만 같은 사람까지도 이렇게 말하고 있으니 우리도 일단은 여기서 만족하기로 하자.*

---

* 좀 더 자세한 내용을 알고 싶은 사람에게는 이안 덕과 수다르샨의 《파울리와 스핀-통계 정리》를 추천한다.[24] 저자들은 도입부에서, 이 책을 쓰게 된 동기가 《아메리칸 저널 오브 피직스》에서 한 독자가 위의 파인만의 말을 인용하며, "누가 스핀-통계 정리에 대해 더 발전된 기초적인 설명을 해주지 않겠어요?"라는 질문한 것을 읽었기 때문이라고 말하고 있다. 그러나 물론 이 책은 대중서가 아니라 원 논문들의 해설서이므로, 물리학을 어느 정도 공부한 사람이라야 제대로 읽을 수 있을 것이다.

다른 방향에서 보기

스핀이 없다면 우리 육체는
정처 없이 떠다니는 헬륨 구름에 불과했을 것이다.

— 데이브 골드버그《백미러 속의 우주》

스핀 다시 보기

원자들의 수많은 스펙트럼 데이터와, 이들 스펙트럼이 자기장 속에서 변화하는 형태를 연구하던 원자물리학자들은 마침내 원자 속 전자의 상태를 결정해주는 양자화 조건과 배타 원리를 발견했고, 원자의 주기율표를 설명할 수 있게 되었다. 배타 원리를 만족하기 위해서는 전자가 새로운 두 가지 상태를 가져야 한다는 것을 알았다. 이 상태는 마치 전자가 회전을 하는 것과 같은 효과를 주므로 이 상태를 구별하는 물리량을 스핀이라고 불렀다.

디랙이 전자에 대한 양자역학의 방정식을 상대성 이론에 맞도록 만들자, 놀랍게도 그 방정식을 만족하는 전자는 두 개의 스핀 상태를 가져야만 한다는 것이 밝혀졌다. 따라서 진짜 물리학 이론은 양자역학과 특수 상대성 이론이 합쳐진 그 무엇이고, 전자의 스핀이라는 상태는 시공간의 구조와 자연의 근본 원리로부터 자연스럽게 존재하는 물리적 성질이다.

양자역학에서는 두 개의 전자를 전혀 구별하지 않는다. 서로 구별할 수 없는 여러 개의 전자가 있을 때에 배타 원리를 적용한다는 것은 전자가 존재하는 방식에 강력한 제약을 주는 셈이다. 그럴 때 전자가 존재하는 상태의 수를 세어보면 배타 원리가 없을 때의 상태의 수와 당연히 다르다. 그러므로 양자역학에서 배타 원리가 적용될 때와 적용되지 않을 때 우리는 다른 통계법을 사용해야 한다. 이렇게 배타 원리가 적용될 때, 구별할 수 없는 입자의 양자역학적인 상태의 수를 세는 법을 페르미-디랙 통계법이라고 한다.

한편 이와는 별개로 서로 구별할 수 없으면서 배타 원리는 적용되지 않는 경우의 통계법이 알려져 있었다. 이 통계법은 빛의 양자를 다룰 때 성공적으로 적용된다. 이 통계법을 보즈-아인슈타인 통계법이라고 한다. 두 통계법은 각각 두 개의 입자를 바꿀 때 부호가 바뀌는 파동함수와 바뀌지 않는 파동함수가 행동하는 방식이다. 이는 양자역학으로 다룰 때 양자화 조건을 주는 방법을 다르게 주어서 얻을 수 있다. 즉 두 가지 양자화 방법이 있는 셈이다.

파울리는 이 두 가지 통계법이 다르게 적용되는 이유가 입자의 스핀에 달려있다는 것을 증명했다. 입자의 스핀이 플랑크 상수 $\hbar$의 1/2, 3/2, 5/2, … 배일 경우, 스핀 상태는 짝수 개 존재하고, 페르미-디랙 통계를 따른다. 입자의 스핀이 $\hbar$의 정수배일 경우 스핀 상태는 홀수 개 존재하고, 보즈-아인슈타인 통계법을 따른다. 그래서 전자를 페르미온, 후자를 보존이라고 한다. 페르미온/보존은 입자를 정의하는 가장 본질적인 구별법이다. 파울리는 이를 증명하기 위해 상대성이론과 양자론을 모두 만족하는 양자장 이론을 이용했다. 그러나 페르미온과 보존이라는 성질은 굳이 양자장 이론까지 적용할 필요가 없는 충분히 낮은 에너지 상태(혹은 빛의 속도에 비해 충분히 느린 상태)에서도 매우 정확하게 성립한다. 이것이 양자장 이론이 완전히 옳은 이론임을 의미하는 것일까?

조금 더 수학적인 설명을 덧붙이겠다. 특수 상대성 이론은 3차원 공간과 하나의 차원을 가지는 시간이 합쳐진 4차원 시공간이 가지고 있는 로렌츠 대칭성을 통해 나타난다. 로렌츠 대칭성을 수학적으로 표현하면 대수적 지표index에 따라 지표가 0, 1/2, 1, 2, … 인 양으로 표현할 수 있는데, 이들을 각각 스칼라, 스피너, 벡터, 텐서 등으로 부른다. 이 지표가 바로 스핀에 해당한다. 실제 입자가 가지는 스핀의 크기는 변형된 플랑크 상수 $\hbar$ 단위의 크기를 가지므로 이 지표에 $\hbar$를 곱한 값이다. 전자는 스핀이 1/2인 스피너, 빛의 양자는 스핀이 1인 벡터다.

이중 가장 우리의 직관과 맞는 입자는 스핀이 1인 벡터다. 벡터는 한 바퀴 회전했을 때 다시 원래의 모습과 같아지는 입자다. 응? 한 바퀴 돌면 뭐든지 원래의 모습과 같아지는 것이 아닌가? 그것은 우리의 직관이 그냥 공간 3차원에 익숙해져 있어서 그렇다. 이제 스핀이 1/2인 스피너를 생각해 보자. 스피너는 두 바퀴 돌아야 원래의 모습과 같아지는 입자다. 앞에서 우리는 전자가 스피너로 표현된다고 했는데, 전자가 그렇게 이상한 입자란 말인가? 아니, 애초에 두 바퀴 돌아야 원래의 모습과 같아지는 입자란 대체 무엇인가? 이것은 공간의 꼬임과 회전이 결합한 것이라 쉽게 눈앞에 그려보기는 어렵다. 이 개념을 형상화하기 위해 여러 가지 실험 예들이 제안되고 있는데, 간단한 예로 이런 실험을 해볼 수 있다. 한 손바닥에 컵을 올려놓자. 방향을 표시하기 좋게 손잡이가 달린 컵으로 하는 게 좋겠다. 이제 손바닥을 한바퀴 돌린다. 손잡이 방향으로 확인해 보면 컵은 원래 방향이 되었겠지만 당신의 팔은 꼬여있을 것이다. 이제 같은 방향으로 한 바퀴를 더돌린다. 팔꿈치 아래로 돌려야 할 테지만 그럭저럭 해낼 수 있을 것이다. 두 바퀴를 돌아서 이제 원래 상태가 되었다. 이와 비교하자면 스핀 1인 입자는 머리 위에 컵을 올려놓은 것으로 비유할 수 있다. 컵은위험하니 모자를 쓰고 한 바퀴 돌아보자. (사실 이거야 굳이 해 볼 필요는 없겠다.) 다시 원래 상태가 된다. (비유는 어디까지나 비유일 뿐이다. 이실험을 가지고 너무 많은 이야기를 하려고 하진 말자.) 이런 식의 예를 좀 더많이 보고 싶으면 유튜브에 가서 'Dirac's belt'라는 제목으로 찾아보기바란다.

스피너와 벡터는 모두 4차원 시공간의 로렌츠 대칭성 속에 들어있던 구조였다. 즉 스핀을 표현하는 수학적 구조가 원래 시공간의 대칭성 속에 들어 있고, 그래서 디랙이 스핀이 1/2인 입자인 전자에 대해시공간의 대칭성에 맞는 특수 상대성 이론 방정식을 쓰자 전자에 해당하는 양이 스피너로 표현되었던 것이다. 이와 같이 스핀은 입자가가지는 가장 기본적인 물리량 중 하나이면서, 우리가 살고 있는 이 시공간의 대칭성의 수학적 구조로부터 자연스럽게 유도되는 양이다. 혹은 물질이 4차원 시공간과 관계를 맺는 방식이라고 할 수도 있겠다. 결국 오늘날 우리가 가지고 있는 물리학 이론이란 우리 시공간의 대칭성을 만족하면서 존재할 수 있는 대상에 대한 가장 일반적이고 보편적인 방정식인 것이다.

다른 스핀 값을 가지는 입자 역시 존재할 수 있다. 최근 발견된 힉스 보존은 스핀이 0인 입자로 예측되었고, 현재까지의 측정 결과도 이와 부합한다. 기본입자로는 최초로 발견된 스칼라 입자다. 그리고 이론적으로, 중력을 매개하는 중력자는 스핀이 2인 입자다. 한편 기본입자가 아닌 복합입자의 스핀은 구성 입자의 스핀을 더해서 정해지므로 얼마든지 다양한 값이 가능하다. 가장 중요한 복합입자인 양성자와 중성자의 스핀에 대해서는 뒤에 조금 더 자세히 이야기하겠다.

한편 스핀-통계 정리는 모든 입자를 반정수 스핀을 가지는 페르미온과 정수 스핀을 가지는 보존으로 나누는 것처럼 보이지만, 가만히 따져 보면 그 밖의 스핀 값을 가지는 것이 불가능하다고 말하지는 않는다. 그래서 1940년대부터 페르미온과 보존의 중간 상태, 즉 다른 스핀 값을 가지는 입자에 대한 탐구를 하는 사람들이 생겨났다. 그런 양자상태가 가능한가? 그렇다면 그런 상태는 어떤 통계법을 따를 것인가? 이 문제는 물리학의 여러 영역에 걸쳐서 지금도 연구되고 있는 중요한 주제며, 1990년대에는 고온 초전도 상태를 설명하는 방법으로 한때 각광을 받기도 했다. 그러한 상태를 어떤any 스핀값도 가질 수 있는 입자라고 해서 애니온 Anyon 이라고 부르기도 한다.[01] 별로 우아한 이름은 아니라고 생각한다.

한 가지 더 재미있는 견해를 소개한다. 우리가 알고 있는 바에 따르면 물리학의 가장 기본적인 상수는 각각 상대성 이론과 양자역학에 등장하는 빛의 속도와 플랑크 상수다. 빛의 속도는 속도의 상한을 나타내므로, 속도를 직선 위에 나타내면 빛의 속도 이상은 그릴 필요가 없다. 한편 플랑크가 $E=hv$라는 식을 통해 도입한 플랑크 상수는 아주 작은 작용action량을 나타낸다. 따라서 미시 세계를 기술하는 데 필수적으로 나타난다. 그러나 플랑크 상수는 작용량의 하한은 아니다. 즉 작용을 하나의 직선 위에 나타낸다고 해도 플랑크 상수는 내가 일부러 표기하지 않는 한 나타나지 않는다. 이것은 빛의 속도와 비교해 보면 어떤 의미에서는 불완전해 보인다. 그 대신 플랑크 상수가 자연에서 구체적으로 나타나는 순간은 스핀 값을 정해줄 때이다. 이에 대해 러시아의 수학자이자 이론물리학자인 유리 마닌Yuri Ivanovitch Manin, 1937~ 은 "스핀이야말로 정말 기본적인 양이고, 작용은 고전물리학의 흔적일 뿐이라는 것을 의미하지 않는가?"라고 말했다.[02] 즉 플랑크 상수를 스핀으로부터 정의해야 한다는 말이다.

지금까지 스핀에 대해서 이야기하면서, 어느새 논의가 주로 이론적인 데에 치우쳐 버렸다. 이제 스핀이 구체적인 현상 속에서 어떻게 나타나는지를 살펴보도록 하자.

자성

우리는 사실 전자스핀의 존재를 매일 구체적이고 직접적으로 느끼고 있다. 특별한 실험이나 도구를 통할 필요도 없이 우리 주변에 있는 평범한 자석을 보기만 하면 된다. 전자의 스핀은 바로 물질의 자기력의 근원이기 때문이다.

우선 전자의 스핀은 두 가지로 구별되는 상태라는 것을 기억하자.

그러면 이 두 상태를 우리는 실제로 어떻게 구별할 수 있을까? 완전히 매끈한 공이 있다고 생각해 보자. 이 공이 회전하고 있다고 해도 완전히 매끈하다면 우리는 눈으로 보아서는 공이 회전하고 있는지, 회전한다면 어느 방향으로 회전하고 있는지를 알 수 없다. 하지만 공이 회전하는지, 그리고 어느 방향으로 회전하는지를 알아내는 것은 그다지 어려운 일이 아니다. 물론 손을 대 보면 알 수 있다. 그보다 좀 더 체계적인 방법이라면 다른 물체와 충돌시키거나 벽에다 던져보아서 튀어나가는 방향을 보면 된다. 회전할 때와 회전하지 않을 때, 그리고 회전하는 방향에 따라서 공이 튀어나가는 방향은 각각 달라진다.

그러면 스핀이 반대 방향인 두 전자는 어떻게 구별할 수 있을까? 앞에서 보았듯이 스핀에 의해서 전자는 자기 모멘트를 가지게 된다. 울렌벡과 호우트스미트가 했던 일이 전자를 전하가 뭉쳐진 공이라고 생각하고, 이것이 회전할 때의 자기 모멘트를 계산한 것이었다는 것을 기억하자. 그러므로 전자의 두 스핀 상태는 각각 반대 방향의 자기 모멘트를 만든다. 자기 모멘트를 가진다는 말은 곧 전자가 작은 자석이라는 말과 같다. 따라서 스핀이 반대 방향인 두 전자는 서로 극이 반대인 두 자석이라고 생각할 수 있다.

전자 하나하나가 자석이므로 원자는 그 안에 작은 자석을 여러 개 가지고 있는 셈이다. 그런데 원자의 모든 양자상태에는 배타 원리에 의해서 스핀 상태가 반대인 전자가 한 쌍씩 차곡차곡 들어있다. 이것은 똑같은 두 자석을 방향을 바꾸어서 붙여놓은 것과 같고, 따라서 서로의 자기 모멘트는 거의 상쇄되어 버린다. 그래서 원자 전체로 보면, 대부분의 전자의 자기 모멘트는 모두 상쇄되어 버리고, 제일 바깥쪽 껍질에 있는 전자의 자기 모멘트만이 느껴진다. 결국 원자 하나는 바깥쪽 전자의 스핀에 의해 정해지는 작은 자석인 셈이다.

두 스핀 상태를 구별하는 방법은 간단하다. 원자를 자기장 속에 넣어보면 된다. 그러면 스핀의 상태에 따라 원자의 자기 모멘트의 방향이 반대이므로 다른 스핀 상태인 전자를 가진 원자들은 다르게 행동한다. 자기장 속에서 원자가 두 개의 다른 상태임을 보여주는 제이만 효과가 말해주는 것이 바로 이것이다. 또한 전자의 스핀 상태에 따라 자기장 속에서 원자빔이 갈라지는 슈테른-게를라흐 실험의 결과도 스핀의 두 가지 상태를 잘 보여준다.

그러면 이제 거시적인 물체를 보자. 우리가 일상적으로 접하는 거시적인 물체는 원자로 이루어져 있고, 따라서 그 안에 수많은 자석이 들어있는 셈이다. 그런데 일반적으로 이들 자석의 방향은 제멋대로이다. 혹시 일부가 가지런한 방향이 되었다가도 열운동에 의해서 금방 스핀의 방향이 흐트러져 버린다. 따라서 대부분의 물질은 자성을 보이지 않는다. 그러나 자기장 속에 들어가면 원자들이 자기 모멘트 때문에 외부의 자기장에 의해 자기장 방향으로 가지런히 정렬된다. 정렬되고 나면 이제 물질은 거시적으로도 자성을 보이게 된다. 이러한 자성을 상자성paramagnetism이라고 부른다. 자기장 방향의 자성이란 뜻이다.

만약 원자에서 가장 바깥 껍질의 전자가 짝수 개 있으면, 이들의 스핀은 배타 원리에 의해 서로 반대 방향이어야 하고, 따라서 스핀에 의한 자기 모멘트는 상쇄된다. 그러면 이런 원자는 상자성을 보이지 않는다. 그런데 이런 원자라도 전자 자체가 가지는 궤도에 따른 각운동

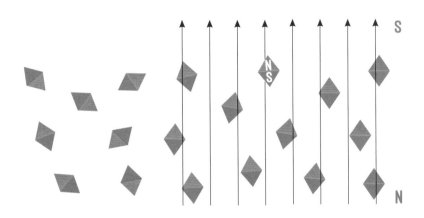

(왼쪽)스핀의 방향은 열운동에 의해 무작위적으로 흐트러져 있다.
(오른쪽)외부에서 자기장을 걸어주면, 스핀이 자기장 방향으로 나란히 정렬한다.

량은 여전히 존재하고 그에 따른 자기 모멘트는 존재한다. 이 성질은 원자마다, 화합물마다 매우 복잡한 양상으로 나타나기 때문에 단순하게 어떤 형태의 자기 모멘트라고 말하기는 어렵다. 어쨌든 스핀에 의한 자기 모멘트가 모두 상쇄되고 나면 이렇게 전자 자체의 움직임에 따른 자기 모멘트만 남는다. 그런데 자기장 속에 들어갔을 때 전자 자체의 움직임은 움직임을 억제하는 방향으로 힘을 받는다는 것이 고전 전자기 유도 법칙에서 잘 알려져 있다. 흔히 렌츠의 법칙이라고 부르는 것이다. 이에 따라 이런 물질은 전체적으로 외부에서 주어진 자기장의 반대 방향의 자기장을 만들게 된다. 즉 상자성 물질과는 반대방향의 자기장이 생기게 된다. 이러한 자성을 반자성 diamagnetism 이라고 부른다. 보통의 물질은 이렇게 상자성이나 반자성 중 한 가지 성질을 가진다.

그러면 정작 우리에게 익숙한 자석은 어떻게 된 것인가? 자석과 쇠못을 가지고 놀아보면, 자석에 붙은 쇠못은 그 자체가 자석처럼 된다는 것을 곧 알 수 있다. 그래서 자석 끝에 쇠못이나 클립을 주렁주렁 붙일 수 있다. 이런 성질은 상자성 물질이나 반자성 물질에서는 찾아볼 수 없는 일이다. 우리는 자석을 가까이 갖다 대도 대부분의 물질은 자석에 붙거나 밀어내지 않는다는 것을 잘 알고 있다. 즉 상자성이나 반자성은 존재하더라도 아주 약하다. 그것은 여전히 열운동에 의해서 원자들이 정렬을 하다가도 금방 흐트러지기 때문이다. 그런데 철이나 코발트, 니켈과 같은 특정한 종류의 금속은 상자성과 같은 방향의 자기장이 아주 강하게 생기게 되고, 심지어는 외부 자기장을 없앤 뒤에도 자성이 남아있기까지 한다. 즉 한 번 정렬한 원자들이 열운동 정도로는 흐트러지지 않는 것이다. 이러한 성질을 강자성ferromagnetism이라고 부른다. 강자성의 원인은 더욱 복합적이고 간단히 설명하기 어렵기 때문에 여기서는 더 이상 이야기하지 않겠다.

이처럼 사실 물질의 자성이라는 성질은 매우 복잡한 현상으로서, 물질마다 다른 모습으로 나타나고, 여러 가지 원인이 복합적으로 작용하는 과정이다. 방금 간단하게 상자성과 반자성, 강자성을 설명했지만, 이러한 성질은 결정이냐 비결정이냐, 화합물이냐 단순한 물질이냐 등등의 경우마다 구체적인 양상이 전혀 다르다. 그래서 오늘날에도 자성의 연구는 활발히 진행 중이고, 물성의 연구 중에서도 중요한 부분을 차지하고 있다. 그러나 어쨌든 물질의 자성의 근본적인 원인은 전자의 스핀에 의해서 생겨나는 전자의 자기 모멘트다.

스핀트로닉스

우리가 살고 있는 이 시대를 상징하는 기술은 전자공학이다. 컴퓨터를 비롯해서 TV, 라디오 등 우리의 일상을 이루는 모든 전기 기기는 전자공학을 이용해서 작동된다. 전자공학이란 이름 그대로 전자의 움직임을 제어하는 기술이다. 전자의 움직임을 제어한다는 것은 전기적 전하의 흐름을 조종한다는 것을 의미하며, 그에 따라 생기는 전기력과 자기력을 이용해서 여러 기기를 작동시키는 일이다. 그러니까 전자공학이란 전자의 전하를 이용하는 기술이다.

지금까지 우리는 전하뿐 아니라 스핀도 전자가 가지고 있는 근본

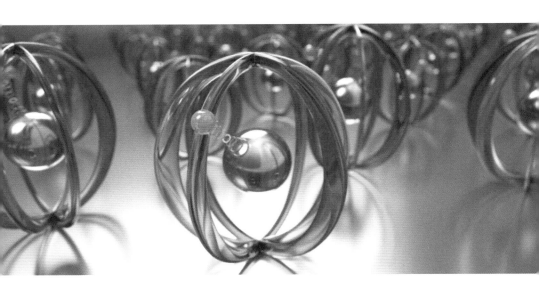

양자 현상, 그중에서도 스핀을 이용한 기술을 스핀트로닉스라 한다. 트랜지스터와 레이저, 발광다이
오드 등의 반도체 기반 전자소자에 스핀 기술을 응용하려는 연구가 진행 중이다.

적인 성질이라는 것을 보았다. 따라서 전자의 전하뿐 아니라 스핀까지 제어할 수 있다면 더욱 정밀하고 효율적으로 많은 새로운 일을 할 수 있게 될 것이다. 이런 기술을 스핀트로닉스spintronics 라고 부른다.

스핀트로닉스의 기본 원리라고 할 스핀에 의존하는 전자 이동 현상은 1936년 네빌 모트Sir Nevill Francis Mott, 1905~1996 의 천재적인 직관에 의해 처음 제안되었지만, 실제로 구체적인 현상이 발견되어 스핀트로닉스라는 분야가 시작된 것은 거대자기저항giant magnetoresistance: GMR 과 강자성 금속을 통해 이동한 전자의 스핀이 편극되는 현상 등이 발견된 1980년대의 일이다.

현재 스핀트로닉스는 금속을 기반으로 하는 연구와 반도체를 기반으로 하는 연구를 중심으로 발전하고 있다. 금속에 대한 스핀트로닉스 기술은 주로 거대자기저항과 터널링자기저항tunneling magnetoresistance: TMR 현상을 이용해서 하드디스크의 재생헤드나 비휘발성 메모리 소자를 개발하는 등의 연구에 적용된다. 반도체 기반의 스핀트로닉스 기술은 스핀 전계 효과 트랜지스터spin field effect transistor, spin FET , 스핀 발광 다이오드spin light emitting diode, spin LED , 스핀 공명 터널링 다이오드spin resonant tunneling diode, spin RTD 등의 전기와 자기, 그리고 광 소자를 하나로 통합한 새로운 스핀양자전자소자를 연구하는 방향으로 발전하고 있다. 이러한 연구를 통해 스핀트로닉스는 새로운 소자를 개발하고 양자 컴퓨터와 같은 새로운 분야를 여는 길잡이가 될 것으로 기대된다.

거대자기저항(GMR) 효과를 이용하면 저장장치의 드라이브를 불과 직경 2센티미터 크기로 만들 수 있다.

양성자의 스핀

지금까지 우리는 주로 전자의 스핀에 대해서만 이야기해 왔다. 원자의 상태는 전자의 상태에 의해서 거의 결정되고, 원자끼리 결합해서 화합물을 만드는 일이나, 여러가지 물성도 주로 전자에 의해서 정해지기 때문이다. 그러나 원자에는 원자핵도 있다. 원자핵의 스핀은 무엇이며, 원자에 어떤 영향을 미칠까?

스핀의 효과는 자기 모멘트를 통해 나타나게 된다. 따라서 원자핵의 자기 모멘트를 관찰하면 스핀에 대해 알 수 있을 것이다. 그런데 원자핵은 양성자와 중성자로 이루어져 있다. 그래서 커다란 원자핵의 스핀은 각각의 스핀을 모두 합쳐야 하므로 매우 복잡하다. 그러니 여기서는 일단 가장 간단한 경우로, 수소의 원자핵인 양성자의 스핀만을 살펴보도록 하겠다.

양성자의 스핀이 만드는 자기 모멘트는 전자와 마찬가지로 다음과 같이 표현될 수 있다.

$$\vec{\mu} = g_s \frac{e\hbar}{2m_p} \vec{S}$$

앞에서와 같이 $\vec{S}$의 값은 스핀 양자수다. 양성자 역시 전자와 같이 페르미온이기 때문에 스핀 양자수는 1/2이다. 이때 전자와 다른 점이 두 가지 눈에 띈다. 하나는 전체적인 부호가 반대라는 점이다. 전자의 전하와 양성자의 전하의 부호가 반대이기 때문이다. 또 하나 다른 점은 질량이다. 양성자의 질량은 전자보다 거의 2,000배나 무겁다. 따라서 위의 식에서 질량이 분모에 있으므로, 양성자의 자기 모멘트 값은 전자의 자기 모멘트 값의 1/2,000에 불과하다. 결국 원자 전체로 보아서 원자핵의 자기 모멘트 값은 아주 작은 역할밖에 하지 않는다. 그런데 이 두 가지 말고도 예상치 못한 다른 점이 또 있었다.

양성자의 자기 모멘트는 1933년, 여전히 함부르크에 남아있던 슈테른이 처음 측정했다. 측정방법 자체는 슈테른-게를라흐 실험을 수소 분자에 대해서 다시 시도해서 얻은 것이지만, 위와 같은 이유로 자기 모멘트 값이 아주 작아서 실험은 매우 어려웠다. 파울리는 늘 그렇듯이, "결과가 뻔하니 시간 낭비겠지만, 어려운 실험을 하기 좋아하면 해보게"라고 놀렸다. 실험을 진행하던 슈테른은 중간 결과를 발표하는 세미나에서 참가자들에게 예상 값들을 적어내라고 했다. 값을 적어놓은 종이를 모아놓은 슈테른은 얼마 후 실험 결과와 예상 값들을 발표했다. 놀랍게도 실험값은 사람들이 예상한 값의 3배였다.[03]

이 뜻밖의 결과는 위의 식에서 g-인수의 값이 다르다는 것을 의미한다. 최근 측정된 바에 따르면 양성자의 g-인수는 약 5.6이다.[04] 한편 중성자 역시 양성자와 같이 스핀 양자수가 1/2이고, g-인수는 약 -3.8이다. 만약 전자의 경우와 같이 계산하면 양성자의 g-인수는 2, 중성자는 0이 되어야 한다. 전기적으로 중성인 입자인 중성자가 스핀을 가지고 있다는 것은 스핀이 단순히 전기를 띤 입자가 회전해서 생긴 것이 아님을 다시 한 번 잘 말해준다. 또한 양성자와 중성자의 g-인수가 이렇게 전자와 매우 다른 값을 갖는다는 것은 양성자와 중성자는 전자와는 근본적으로 다른 입자임을 시사한다. 바로 이들 입자는 내부에 구조를 가지고 있는 복합입자라는 의미다.

오늘날 우리는 양성자와 중성자는 쿼크로 이루어진 훨씬 복잡한 복합입자라는 것을 알고 있다. 따라서 이들의 스핀과 자기 모멘트는 쿼크의 스핀과 자기 모멘트, 그리고 쿼크의 결합 방식에 의해 정해질 것이다. 그런데 아직도 우리는 쿼크의 스핀으로부터 양성자의 스핀을 계산하지 못하고 있다. 바꿔 말하면, 양성자를 구성하는 쿼크들의 스핀을 단순히 더하는 것만으로는 양성자의 스핀을 설명할 수 없다. 이 문제는 이론물리학의 해결되지 않은 난제 중 하나다.

핵 자기 공명

이시도어 라비Isidor Isaac Rabi, 1898~1988는 1926년 컬럼비아 대학에서 결정의 자화율에 대한 실험적 연구로 박사 학위를 받고, 다음해 컬럼비아 대학의 바너드 펠로에 선발되어서 유럽으로 양자역학을 배우러 갔다. 라비는 슈뢰딩거를 찾아서 취리히로 갔으나, 슈뢰딩거가 곧 베를린 대학으로 떠나자 뮌헨으로 옮겨서 아르놀트 조머펠트와 같이 일했다. 라비는 다시 코펜하겐의 보어에게 갔다가 보어가 파울리를 소개해서 함부르크로 갔다. 함부르크에서 라비는 오토 슈테른을 만났다. 슈테른을 만난 것은 라비에게 가장 큰 영향을 준 사건이었다.

슈테른은 게를라흐와의 실험으로 이미 유명했고, 함부르크에서 체계적인 분자빔 실험실을 운영하고 있었다. 라비는 슈테른의 실험실에서 분자빔 실험에 대해서 배웠는데, 이것이 훗날 라비가 주요한 업적을 이루는 데 기초가 되었다. 라비는 슈테른의 실험 방법 중 일부를 개선하는 아이디어를 냈다가 슈테른의 권유로 직접 실험을 하고《네이처》에 단독 논문을 발표하기도 했다.

라비는 이후 라이프치히에서 하이젠베르크와, 그리고 취리히의 ETH에서 파울리와 함께 일했으며, 1929년 컬럼비아 대학의 강사로 초빙되어 미국으로 돌아갔다. 라비는 부모님이 정통 유대교 신자였고, 어린 시절 유대교 의식이 일상생활의 일부였으며, 유대인 학교에서 배운 이디시 어를 할 줄 알 정도로 유대인이라는 것을 자신의 주요한 정체성으로 여기는 사람이었는데, 당시 라비와 같은 유대인이 미국 대학의 물리학과에 강사로 채용되는 것은 매우 예외적인 일이어

이시도어 라비

서, 라비는 아마도 자신이 물리학과에 채용된 첫 유대인일 거라고까지 말했다. 그렇다고 라비가 유대교도였던 것은 아니며, 오히려 어릴 때부터 과학에 경도되어 집에서 '전기불이 어떻게 작동하는가?'에 대해 이디시 어로 연설하는 것으로 유대인의 성인식인 바르 미츠바를 때울 정도로 종교적으로는 개방적인 자세를 가지고 있었다.

라비는 1931년에 자신의 분자빔 실험실을 건설하고, 뉴욕 지역에서 현대물리학을 연구하는 중심이 되었다. 1932년에 중성자가 발견되고 원자핵에 대한 지식이 비약적으로 발전하자, 라비는 슈테른의 실험을 원자핵에 적용하여 원자핵의 자기 모멘트와 스핀을 결정하는 실험을 시작했다. 함부르크에서 그랬듯이 라비는 슈테른의 방법을 여러 가지로 개선하고 변형해서 훨씬 정밀한 결과를 얻었다. 1936년 라비는 일정한 자기장에 덧붙여 진동하는 자기장을 추가하고, 자기장의 진동수를 정밀하게 변형시켜 자기 공명을 일으킴으로써 자기 모멘트 측정값의 정확성을 획기적으로 향상시키는 아이디어를 제안한다. 이로서 라비의 팀은 그때까지의 실험에서는 찾아볼 수 없는 정확한 자기 모멘트 값을 얻었다.

원자핵의 스핀과 자기장의 공명을 이용하는 라비의 아이디어는 핵자기 공명 Nuclear Magnetic Resonance, NMR 이라는 분야로 발전했다. NMR의 기본적인 원리는 전자기파의 공명을 이용해서 원자핵의 에너지 준위를 정밀하게 측정하는 것이다. 원자핵을 강한 자기장 안에 넣으면 핵의 스핀 방향이 정렬하게 된다. 이때 적절한 진동수의 전자기파를 가하면, 전자기파의 에너지가 자기장에 의해 생긴 원자핵의 에너지 준위와 공명을 일으키는 진동수에서 흡수되어 스핀 방향을 낮은 에너지가 되도록 바꾸게 된다. 이럴 때 발생하는 NMR 스펙트럼을 분석하면 원자 및 분자의 구조에 대해서 많은 것을 정량적으로 알 수 있다. 이 방법은 물리학과 화학의 여러 분야에 커다란 발전을 가져다주었고, 최근 들어서는 컴퓨터 영상 기술과 결합해서, 의학에서 인체 내부를 들여다보는 중요한 방법인 MRI Magnetic Resonance Imaging 기술을 가져왔다. 자기 공명 방법을 개발한 공로로 라비는 1944년 노벨 물리학상을 수상했다.

이상의 몇 가지 예에서 보듯, 스핀을 이용하는 기술은 이제 막 시작된 것이라고 해도 과언이 아니다. 스핀은 단순히 원자를 설명하는 과정에서 발견된 과거의 물리량 중 하나가 아니라, 가장 근본적이면서, 무한한 실용적인 가능성까지 가지고 있는 매혹적인 물리량이다.

배타 원리 다시 보기

이제 배타 원리로 돌아가 보자. 배타 원리는 양자역학 이전에는 원소의 주기율표를 만들어 주는 가장 간단한 원리였다. 이제 스핀-통계 정리에 따르면 배타 원리는 원자 속의 전자뿐 아니라 모든 페르미온이 일반적으로 따르는 정리다. 양자역학에 따르면, 앞에서 논의한 바 대로 같은 종류의 페르미온은 반대칭 파동함수를 가지기 때문에 두 입자가 같은 상태에 있을 때 자동적으로 0이 된다. 즉 그런 상태는 존재하지 않고, 배타 원리는 저절로 만족된다. 그렇다면 이제 배타 원리는 굳이 따로 원리 대접을 해 줄 필요가 없지 않겠는가? 물론 배타 원리를 이용하면 여전히 원자들의 결합을 간단하게 설명할 수 있다. 그러면 이제부터 배타 원리는 실용적인 목적으로나 이용하는 현상적인 법칙으로 간주하면 될까?

이론적인 견지에서는 그렇게 말할 수도 있다. 그러나 물리학은 또한 경험 과학이다. 물리학자들은 당연한 기본 원리들도 늘 검증하고자 한다. 그래서 실험실에서는 여러 가지 방법으로 아주 기본적인 법칙들도 언제나 검증하고 있다. 예를 들면 에너지와 운동량 보존법칙, 전하 보존 법칙 같은 것들이 그렇다.[*]

역사적으로 물리학자들은 아주 당연한 듯 보이는 기본 원리들이 어이없게도 성립하지 않는다는 것을 발견한 경험이 여러 차례 있었

---

[*] 다만 이러한 경험적 검증은 결코 결정적인 결과를 주지는 못한다. 즉 어떤 법칙을 실험적으로 아무리 정밀하게 검증한다 하더라도 그것만으로는 완전히 정확하다(exact), 혹은 옳다(true)는 말은 결코 할 수 없다.

다. 예를 들자면 우리 세계와 거울 속 세계 사이의 물리법칙은 당연히 똑같다고 생각했다. 분명 대부분의 물리 현상은 거울 속 세계와 우리 세계에서 똑같은 것으로 보인다. 그러나 약한 상호작용이 개입하는 순간 이 법칙은 완전히 깨진다. 약한 상호작용은 오로지 왼쪽 방향의 상호작용만 존재하기 때문이다. 즉 전자가 전자기 상호작용을 할 때는 전자의 오른쪽 성분과 왼쪽 성분이 똑같이 참가해서 똑같은 작용을 하는데, 약한 상호작용을 할 때는 왼쪽 성분만 참가한다. 중성미자는 약한 상호작용만을 하기 때문에 우리는 왼쪽 성분만 관찰할 수 있으며, 따라서 오른쪽 성분은 존재하는지조차 알 수 없다. 페르미온의 왼쪽 성분, 오른쪽 성분에 대해서는 다른 기회에 설명하도록 하자. 아무리 당연하게 보이는 기본 법칙이라도, 실험적으로 직접 검증하는 일은 늘 중요하다.

스핀-통계 정리에 대한 파울리의 증명을 가만히 살펴보면, 페르미온이 페르미-디랙 통계를 따라야만 한다고 직접적으로 증명하는 것이 아니라, 보즈-아인슈타인 통계에 따라 양자화하면, (음의 에너지라는) 문제가 생긴다고 하는 간접적인 방법으로 증명하고 있다. 따라서 페르미온이 페르미-디랙 통계를 따르지 않아서 배타 원리를 위배한다고 해도, 보즈-아인슈타인 통계를 따르는 것이 아니라면 스핀-통계 정리와 어긋나는 것은 아니다.

이런 이유로 배타 원리를 여러 가지 방법으로 실험을 통해 직접 검증하려는 시도가 꾸준히 이루어져 왔다. 모스크바의 이론 및 실험물리학 연구소에 있는 바르바시 A. S. Barbash 가 정리한 최근의 실험들을 간단히 살펴보면 다음과 같다.[05] 1989년 소련의 노비코프 V. M.

Novikov 와 포만스키A. A. Pomanskii 는 붕소의 동위원소를 분석해서 배타 원리를 검증하는 방법을 제안했다.[06] 이 아이디어는 미국의 레인즈F. Reines 와 소벨H. W. Sobel 이 1974년[07]에 처음 제안한 아이디어를 좀 더 구체적으로 발전시킨 것으로서 그 내용은 다음과 같다. 만약 어떤 원자가 배타 원리가 깨진 상태에 있다고 하자. 원자에서 배타 원리가 깨진 상태라는 것은 가득 찬 껍질에 전자가 추가로 더 존재하고 있는 상태를 말한다. 그렇게 되면 가장 바깥쪽 껍질에는 원래보다 전자가 하나 적어서, 원자번호가 하나 작은 원소의 바깥쪽 껍질의 전자 수와 같을 것이다. 그런데 원소의 화학적 성질은 오로지 가장 바깥쪽 껍질의 전자 수에 의해 결정되므로, 그런 원소는 자신과 화학적 성질이 같은, 원자번호가 하나 작은 물질 속에 섞여 있게 된다. 노비코프와 포만스키는 배타 원리가 깨진 상태인 비정상 탄소 원자anomalous carbon atom가 빅뱅 핵합성 때에 생겼다는 가정 아래 붕소 안에서 비정상 탄소 원자를 발견하지 못한다면, 배타 원리가 깨질 확률이 얼마나 되는지를 계산했다. 1998년 러시아의 연구팀이 실제로 실험한 결과를 보면, 전자가 탄소 원자에서 배타 원리를 위반할 확률이, 시간으로 표현해서 약 2×10^{21}년보다 크다고 보고하고 있다.[08] 이는 간단히 말해서 이만큼의 시간이 지나야 그런 일이 한 번 일어날 가능성이 있다는 말이다. 우주의 나이가 약 10^{10}년이라는 것을 떠올려 보면 이 확률이 얼마나 작은 것인지 알 수 있다.

또 다른 예로 프랑스 프레쥬 지하 실험실에서 수행된 NEMO 실험을 들 수 있다. 이 실험은 원래 한꺼번에 전자 두 개를 방출해서 원자번호가 2만큼 커지는 이중 베타 붕괴 double beta decay를 관측하는 실험이다.[09] 1991년부터 1997년까지 수행된 실험에서 NEMO 팀은 몰리브덴, 카드뮴 등의 이중 베타 붕괴 현상을 관측하고 측정했다. 이들은 1999년에 자신들의 데이터를 이용해서, 검출기의 재료로 들어간 탄소 원자핵 속의 양성자가 베타 원리를 깨뜨리는 변환을 할 확률을 계산했다.[10] 실험에 사용된 NEMO 2 검출기의 섬광검출기에는 약 170킬로그램의 탄소가 사용되었는데, 탄소 원자핵 속의 양성자가 베타 원리를 깨뜨리는 변환을 하면 감마선, 전자, 양전자 등을 방출하며 비정상 탄소, 질소, 붕소 등이 된다. 이들의 결과에 따르면 탄소 원자핵 안의 양성자가 베타 원리를 깨뜨리는 변환을 할 확률은, 역시 시간으로 표현해서 약 $10^{23} \sim 10^{24}$년보다 크다.

이 밖에도 여러 가지 방법으로 베타 원리를 검증하는 실험이 수행되었고, 또 지금도 진행되고 있다. 스핀과 마찬가지로, 베타 원리 역시 단순한 역사적 사건이 아니라, 지금도 여전히 흥미로운 물리학의 연구 대상인 것이다. 나아가 베타 원리 그 자체를 과학적 원리의 출발점으로 삼아서 그 이론적 의미를 철학적으로 고찰하는 작업도 이루어지고 있는데,[11] 이 역시 매우 흥미롭다.

WOLFGANG PAULI

에필로그

파울리의 초상

젊었을 때는 내가 혁명가라고 믿었는데,
이제는 내가 고전주의자였음을 안다.

— 볼프강 파울리

1934년 4월 4일 파울리는 취리히에서 비서 일을 하던 프란치스카
(프랑카) 베르트람Franziska (Franca) Pauli-Bertram, 1901~1987과 결혼했다. 뮌헨
에서 태어난 프랑카는 부모가 이혼한 뒤 어머니를 따라 이탈리아와
이집트 등에서 살다가, 1918년에 뮌헨에 돌아와서 상업학교를 다녔
다. 파울리도 그해에 뮌헨에 도착했으니 두 사람은 알지 못한 사이
에 한동안 같은 하늘 아래서 지냈던 셈이다. 이후 프랑카는 재혼한 어
머니와 함께 취리히에서 살았는데, 파울리와 만나기 전의 일에 대해
서는 알려진 바가 별로 없다. 파울리와 프랑카는 결혼하기 전해의 여
름에, 공통의 친구였던 구겐뷜Adolf Guggenbühl의 집에서 열린 파티에서
처음 만났는데, 파울리의 독특한 개성에 프랑카는 처음부터 매력을
느꼈다고 한다. ('그는 모든 것을 완전히 다른 관점으로 본다.') 이 정도면 운
명이라고 해도 지나치지 않을 것 같다. 두 사람은 전혀 다른 타입이면
서도 의외로 마음이 맞고 서로를 잘 이해할 수 있었기 때문에 쉽게 가
까워졌고, 파울리가 결혼을 신청했을 때에도 프랑카는 이를 자연스럽

게 받아들였다. 두 사람의 결혼생활은 무난하게 평생 계속되었다.

1938년에 독일이 오스트리아를 병합함으로써 파울리는 공식적으로 독일인, 정확히는 독일의 유대인이 되었으므로, 이제 빈의 집으로는 갈 수가 없게 되었다. 1939년에 2차 세계 대전이 발발하자, 스위스에서의 삶도 더 이상 안전을 보장해주기 어려워졌다. 파울리는 ETH에 남기 위해 스위스 시민권을 받으려고 노력했지만 실패했다. 결국 파울리도 1940년에는 미국으로 피신하게 된다. 다행히 파울리는 1940년 5월에 프린스턴 고등연구소에서 2년간의 이론물리학 교수직 제의를 받을 수 있었고, 7월 31일에 스위스를 떠나 리스본을 거쳐서 미국으로 가는 배에 올랐다. 8월 24일 뉴욕에 도착한 파울리 부부는 마중 나온 폰 노이만John von Neumann, 1903~1957의 차를 타고 프린스턴에 도착했다.

미국에서 그는 내내 프린스턴에 머물렀다. 그래서 1940년의 스핀-통계법 정리를 증명한 논문은 파울리가 프린스턴 고등연구소 소속으로 발표한 것이고, 전쟁이 끝난 직후인 1945년에 배타 원리를 비롯한 여러 업적으로 노벨 물리학상을 받았을 때에도 고등연구소 소속이었다. 파울리는 수상식에 가지 못하고, 후에 상을 전달받았다. 프린스턴에서는 시상식을 대신해서 시상식 날 파울리를 위해 만찬을 베풀었다. 이 책 1장 앞부분에 나온 당시 고등연구소 소장이었던 에이들로트의 축사는 이때 나온 것이다. 고등연구소에서는 노벨상을 받기 전에 파울리에게 정식으로 교수직을 제의한 상태였고, 노벨상을 받자 다시 연봉을 높여주었다. 다음 해에는 미국 시민권도 나왔다. 컬럼비아 대학에서도 교수직 제안이 왔다. 그러나 어디까지나 유럽인이었던 파울리는 이전 직장인 ETH에서도 교수직을 제안하자, 고심 끝에 ETH로 돌아가는 쪽을 택했고, 여생을 취리히에서 보냈다. 1949년에는 스위스 시민권도 받았다.

ETH에 돌아와서 파울리는 물리학의 대가이며, 유명하고 권위 있는 교수의 역할을 잘 수행했다. 주로 양자장 이론 및 입자물리학 분야를 연구하면서, 1950년에는 이전 같으면 어떻게든 피했을 학과장 직책도 맡았다. 조수뿐 아니라 박사과정 학생도 받았다. 박사과정 학생이 너무 많다고 투덜거린 적도 있을 정도다. 학생 중에는 한국에서 온 학생도 있었다.

1956년에 파울리에게는 성공과 실패가 교차했다. 우선 6월 14일 미국 로스앨러모스의 레인즈 Frederick Reines, 1918-1998 와 코원 Clyde Cowan, 1919-1974 으로부터 전보를 받았다. 파울리가 1930년에 제안한 중성미자가 존재한다는 것을 실험적으로 확인했다는 전보였다. 파울리는 크게 만족해서 다음 날 이렇게 답장을 보냈다. "소식 감사합니다. 기다리는 법을 아는 사람에게는 모든 일이 일어나지요"라는 답장을 전보로 보냈다.[01] 6월 말에는 젊은 중국인 두 사람이 쓴 새로운 논문을 받았다. 시카고 대학의 페르미 밑에서 공부한 양천닝 楊振寧, Chen-Ning Franklin Yang, 1922~ 과 리청다오 李政道, Tsung-Dao Lee, 1926~ 가 약한 상호작용에서 패리티 대칭성이 지켜지지 않을 가능성을 논하는 논문이었다. 물리학에 있어서 조화와 대칭성의 화신이었던 파울리는 이 논문에 대해 "나는 신이 약한 왼손잡이라고는 믿을 수 없다"며 강하게 반대했다. 다음 해 1월 베타 붕괴와 파이온의 붕괴 실험에서 잇달아 리와 양의 예측이 맞는 것으로 판명이 나자 파울리는 경악했다.

내기를 걸지 않아 다행이다. 돈을 어마어마하게 잃을 뻔했다 (감당할 수 없을 만큼). 하지만 바보가 됐다 (이건 감당할 만하다고 생각한다). – 다행히 편지와 말로만 그랬고 활자화된 건 없다. 그러나 사람들은 이제 나를 비웃어도 된다.

말년의 파울리는 주변과 뜻밖의 불화를 일으키는 등 대체로 불행했다. 적어도 그 이유의 일부는 그 자신의 정신적인 불안정에 기인한 것으로 보인다고 파이스는 회고했다. 1957년 말부터 파울리는 하이젠베르크와 비선형 방정식을 이용한 통일장 이론을 열정적으로 함께 연구했는데, 다음 해 심경 변화를 일으켜 갑자기 공동연구를 중단했다. 하이젠베르크는 "그는 갑자기 아주 쌀쌀한 어조로 이 연구에 더 이상 관여하고 싶지 않다는 뜻과 공동발표도 포기하겠다는 결심을 편지로 전해 왔다."고 말하면서 그해 여름에 CERN에서 열린 학회에서 파울리가 "나에게 정면으로 맞섰다. 그는 그 비판이 정당하지 않은 것으로 생각되는 경우에서까지도 시시콜콜 물고 늘어지면서 도무지 상세한 대화에 응할 기미를 보이지 않았다."고 회상했다.[02] 두 사람은 그해 코모 호수에서 열린 여름학교에서 만나서 이야기를 나누었으나 관계를 회복하지는 못했고, 이것이 마지막 만남이 되고 말았다. 한편 런던 유니버시티 컬리지의 과학사 및 과학철학 교수 아서 밀러 Arthur I. Miller 는 한 강의에서 다음과 같은 내용을 소개했다. 1958년 괴팅겐에서 하이젠베르크가 이들의 통일장 이론에 대해 강의했는데, 한 매체가 이를 보도하면서 "하이젠베르크 교수와 그의 조수 파울리가 우주의 기본 방정식을 발견했다"고 표현하는 바람에, 격분한 파울리는 하

이젠베르크에게 특유의 독설을 퍼부었다는 것이다. 그들의 사이는 이
때부터 벌어졌고, 결국 회복되지 않아서, 하이젠베르크는 파울리의
장례식에도 참가하지 않았다고 한다.[03]

또한 1947년부터 1949년까지 그의 조수를 지냈던 레스 요스트Res
Jost, 1918~1990가 1955년부터 파울리가 있는 ETH에 조교수로 부임했
는데, 매우 아끼던 조수였고 가족 간에도 친밀한 사이였음에도 불구
하고, 갑자기 두 사람의 사이가 틀어져 버렸다. 파울리는 조스트를 거
의 인신공격에 가깝도록 공격했고, 견디다 못한 조스트는 ETH를 떠
날 준비까지 했다. 그러다가 파울리의 갑작스러운 죽음으로 조스트는
아이러니하게도 파울리의 자리를 물려받게 되었다. 그러나 여러 해가
지나서도 조스트는 파울리로부터 입은 상처를 완전히 떨쳐버리지 못
했다.

1958년 12월 5일 금요일, 오후 2시부터 4시까지 파울리는 평소처
럼 강의를 했다. 그 학기의 주제는 다체 이론이었다. 강의 중에 파울리
는 갑자기 배가 아프기 시작했다. 너무 아파서 택시를 불러서 집으로
돌아갔고, 다음날 취리히의 물리학 연구소에서 멀지 않은 적십자 병
원에 입원했다. 조수인 엔즈Charles Paul Enz, 1925~가 연락을 받고 월요일
인 8일 저녁에 찾아갔을 때, 검사를 받고 온 파울리가 엔즈에게 병실
번호를 보았느냐고 물었다. 보지 못했다고 엔즈가 대답하자 파울리는
이렇게 말했다. "137이야!" 그를 평생 사로잡은 숫자였다. 엔즈는 속
으로 뜨끔하면서도 "당신의 숫자군요! 그것 참 행운이네요"라고 좋게
말하려 애썼지만, 파울리는 "운명의 손아귀에 마침내 잡혀버린 것 같
다"고 말하며 침울해했다. 파울리는 13일 토요일에 수술을 받았다. 췌

스위스 취리히 인근 촐리콘 공동묘지에 있는 파울리의 무덤과 그의 생전 모습

장에서 수술로 제거할 수 없을 만큼 큰 종양이 발견되었다. 이틀 후인 1958년 12월 15일, 볼프강 파울리는 사망했다.

파울리는 20세기 물리학의 발전에 있어서 빼놓을 수 없는 중요한 존재다. 그는 언제나 당대의 물리학을 누구보다 잘 이해하고 있었고, 중요한 문제를 정확히 파악했으며, 깊은 이해와 통찰을 바탕으로 올바른 방향을 제시했다. 파울리는 일찍이 상대성 이론의 최고 전문가였고 양자역학을 건설한 주역이었으며, 양자론을 기초로 하는 양자장 이론, 입자물리학, 고체물리학 등 현대 물리학의 여러 분야를 처음 만든 사람 중 하나다. 원래는 파울리의 60세 생일을 기념하려고 계획되었지만, 그가 58세의 나이로 갑자기 사망하는 바람에 그를 추모하는 책으로 바뀌어 버린 《20세기의 이론물리학: 볼프강 파울리 추모 문집》의 서문에서 닐스 보어는 파울리의 여러 업적을 요약하고 나서 "볼프강 파울리는 자신이 직접 중요한 업적을 이루었을 뿐 아니라 우리 모두에게 영감과 자극을 주어 20세기 물리학의 발전에 걸출한 역할을 했다"고 파울리의 영향력을 강조했다.[04]

한편 세그레는 그의 책에서, "어떤 물리학자는 만능의 능력을 가지고 있고 또 다른 사람은 좁은 영역이지만 전문가인 경우도 있다. 헨드릭 로렌츠와 같은 사람은 외교관이나 사업이나 거의 무슨 일을 해도 탁월했을 것이다. 그러나 파울리 같은 사람은 이론물리학 말고는 무엇을 할 수 있었을까?"라고 했다.[05] 그러나 이것은 좀 지나친 말이 아닐까? 물론 파울리의 대부분의 시간은 물리학에 바쳐졌으므로, 다른 분야에서 특별한 업적을 남기지는 못했다. 하지만 파울리는 물리학

외의 분야에도 방대한 지식을 가지고 깊은 지적 관심을 유지했다. 그의 지식과 지적 활동은 물리학자의 범위를 훨씬 넘어서는 것이었다. 위의 서문에서 보어도, "파울리의 탐구 정신은 인간 활동의 모든 분야를 포괄했다. 취리히에서 파울리는 자신의 다방면에 걸친 흥미를 나눌 동료들을 만났고, 역사, 인식론, 심리학의 문제들에 대해 연구한 것을 여러 에세이를 통해 표현했다"라고 말한 바 있다. 그러한 물리학 외의 활동 중에서 가장 유명하고 두드러진 것은 칼 융과의 교류다.

파울리가 정신적으로 어려움을 겪을 때 시작한 융과의 관계는 회복된 이후에도 꾸준히 계속되었다. 융 자신이 파울리를 직접 치료한 것은 아니지만, 파울리는 자신의 꿈을 기록해서 융에게 계속 보냈고, 자연과학과 심리적 현상 사이의 관계를 연구하는 융의 관점에 계속해서 깊이 관심을 가지고 있었다. 파울리는 이 분야에 대해 몇 편의 글을 쓰기도 했는데, 그 중 가장 중요한 것은 케플러에 대해 쓴 논문이다. 이 논문은 융의 논문과 함께 출판되었다.[06] 파울리와 융 그룹 사이에 오고간 편지는 114통에 달하며, 파울리가 죽기 두 달 전까지 계속되었다. 이만큼 상이한 분야의 대가들이 교류한 것은 매우 드문 일이므로, 두 사람의 관계에 대해서는 여러 사람이 관심을 가지고 연구한 저서가 많이 출판되어 있으며, 주고받은 편지 모음도 출판되었다. 그러나 물리학자들은 이 분야에 대한 파울리의 활동에 거의 관심을 두지 않는다.

파울리의 미망인 프랑카 여사는 파울리 사후 파울리가 남긴 자료들을 정리했다. 마지막 조수였던 엔즈가 주된 일을 맡았고, 이전에 조수를 지낸 바이스코프와 크로니히도 가세했다. 당연히 파울리에게는 그가 받은 편지만 있고 보낸 편지는 없었으므로, 그들은 일일이 편지를 보낸 사람들에게 연락해서 파울리가 쓴 편지의 사본을 모았다. 보어와 오펜하이머 등도 이 힘든 작업을 도왔다. 프랑카 여사는 이렇게 모은 자료 중 일부를 1960년 8월 25일에 CERN에 기증했다. CERN 평의회의 결정에 따라 CERN에 이 자료를 보관하기 위한 파울리 기념실이 만들어졌고, 간소한 개관식이 열렸다. 마침 1961년부터 바이스코프가 CERN의 소장이 되었으므로 파울리의 유산을 정리하고 관리하는 데 도움을 줄 수 있었다. 1965년 바이스코프가 임기를 마치면서, 파울리의 자료를 관리하기 위한 파울리 위원회가 발족했고, 새로 CERN의 소장이 된 그레고리Bernard Gregory 가 위원장을 겸했다.

1971년 11월 5일 프랑카 여사는 두 번째로 파울리의 자료를 CERN에 기증했다. 파울리는 자녀가 없었으므로, 1987년 여사가 사망한 후에는 파울리의 과학적 유산의 모든 권리를 CERN이 공식적으로 상속했다. CERN은 메인 빌딩 2층에 위치한 파울리 기념실에 파울리의 책과 문서 등 모든 자료를 보관하고 있다. 그의 노벨상 역시 CERN에서 간직하고 있다. 파울리 기록보관소Pauli archive 는 CERN 도서관의 역사 기록실의 프로그램 중 하나로 운영되고 있다. 개인 기록 보관 프로그램은 파울리가 유일하다. 파울리 기념실의 자료를 이용하고 싶은 사람은 CERN의 기록 보관 담당자에게 문의하면 된다.

이렇게 파울리의 초상을 그려보았지만, 볼프강 파울리는 과연 어떤 사람이었을까? 물리학자라면 누구나 파울리를 알고, 그의 과학 업적도 알고, 또 사용하지만, 그가 어떤 사람이었는지를 제대로 알기란

쉬운 일이 아니다. 나처럼 다른 시대에 먼 나라에 있는 사람에게는 더욱 그렇다. 생전의 파울리와 가까웠던 사람 중 하나인 에이브러햄 파이스는 파울리 사후에 미망인을 만나서 들은 말을 그의 책에 다음과 같이 기록해 놓았다.[07] 파울리의 이면을 조금 엿보는 기분이다.

그는 쉽게 마음의 상처를 받았으며, 마음의 문을 닫곤 했지요. 그는 현실을 인정하지 않고 살려고 했어요. 속세를 초월한 듯한 그의 태도는 그것이 가능하다는 바로 그 믿음에서 유래했어요.

파울리의 한국인 제자

파울리는 성격상 제자를 별로 많이 키워내지 않았지만, 언젠가 학생이 너무 많다고 투덜대기도 했다는 걸 보면 1950년대에는 학생을 제법 받기도 했던 모양이다. 이채롭게 파울리의 제자 중에는 한국인도 한 사람 있었다.

진영선 秦榮善, Y.S. Jin, 1927-1967 은 서울에서 태어났다. 1940년 구제 5년제인 경기중학교에 입학했고, 졸업 후 1945년 경성대학 예과로 입학했다가 국대안 반대를 겪으며 새로 탄생한 서울대학교 물리학과로 진학했다. 한국전쟁의 여파로 피난하여 대구에서 잠시 경북고등학교 특수교사 생활을 했고, 1952년 졸업했다. 졸업 후 당시 막 창립한 경북대학교 물리학과의 조교로 부임했다가, 1955년 스위스의 ETH로 유학을 떠나 파울리의 학생이 되었다. 진영선은 ETH에서 파울리와 레스 조스트 등에게 배우면서, 주로 양자장 이론과 분산 관계 dispersion relation 를 이론적으로 확장하는 연구를 했으며 후일 발표한 논문도 주로 이 분야의 내용이다. 1958년 파울리가 갑자기 사망하는 바람에 파울리에게 직접 박사학위를 받지는 못했고, 학위는 서독 함부르크대학에서 1961년에 받았다. 이후 유럽원자핵연구소CERN과 독일 카를스루에Karlsruhe 대학을 거쳐 1963년 9월부터 미국의 프린스턴 고등연구소에서 연구했다. 1965년에는 고등연구소 소장이던 오펜하이머 등의 추천서를 받고 브라운대학 물리학과 조교수가 되었다. 1967년 9월부터는 1년간 스토니브룩 뉴욕주립대학에 방문교수로 부임해서 노벨 물리학상 수상자인 중국의 양천닝과 공동연구를 할 예정이었으나, 그해 6월 24일 갑작스럽게 대동맥파열로 사망했다.

막 본격적인 학자로서의 생활을 시작하려는 순간에 뜻밖의 죽음을 맞은 그를 추모해서 한국물리학회는 다음 해 진영선 박사의 1주기를 맞아 학회지인《새물리》를 추모호로 발간했다.[08] 이휘소를 비롯해 강경식, 김정욱 등 재미 과학자, 임태순, 김정흠, 조병하 등 한국에서의 동료들, 그리고 레스 조스트, 프리먼 다이슨, 안드레 마르틴 등 생전의 동료들이 그를 추모하는 글을 실었고, 고인이 연구하던 관련 분야의 발전에 대해 소개했다.

진영선은 한국에서 경기중학교 시절부터 뛰어난 학생이었다고 함께 학교를 다닌 사람들은 입을 모은다. 몸을 쓰는 일에 서툴러서 체육이나 미술 시간이면 쩔쩔매곤 했지만 공부는 잘했다. 특히 수학은 독보적이었다. 경기중학교에서 저학년 때, 학년과 상관없이 치른 일제실력고사에서 하급학년이면서 최상위를 차지해서 사람들을 놀라게 했다고 한다. 머리가 크다는 게 트레이드 마크라서 짱구라고 불렸는데, 늘 웃는 모습에 화를 낼 줄 모르는 호인이었고, 술은 부친을 닮아서 아무리 마셔도 취하지 않았다.

1967년이면 입자물리학의 표준모형이 나온 해이기도 하다. 현대의 입자물리학이 막 꽃을 피우는 시기에 진영선 박사가 생존해 있었으면 얼마나 많은 기여를 했을 것이며, 우리나라의 물리학에도 얼마나 큰 도움이 되었을까. 그렇게 생각하니 후학으로서 그의 때 이른 죽음에 대한 아쉬움이 새삼 말할 수 없이 크다.

참고자료

1장 물리학의 양심

01 Frank Aydelotte, "Introductory Remarks," *Science* 103 (1946) 215.

02 J. T. Blackmore, *Ernst Mach: His Work, Life and Influence*, University of California Press (1972); Emilie Tesinska, "Ernst Mach, His Prague Physics Students and Their Careers," in Petr Dub & Jana Musilova(ed). Ernst Mach- Fyzika - Filosofie -Vzdělávání, Masarykova univerzita (2010) doi: 10.5817/cz.muni.m210-4808-2011-75 에서 재인용.

03 Charles P. Enz, *No Time To Be Brief: A Scientific Biography of Wolfgang Pauli*, Oxford University Press (2002).

04 에른스트 마흐,《역학의 발달》(고인석 옮김, 한길사, 2014) 중에서 '고인석의 서문.'

05 Charles P. Enz, *No Time To Be Brief: A Scientific Biography of Wolfgang Pauli*, Oxford University Press (2002).

06 에른스트 마흐,《역학의 발달》(고인석 옮김, 한길사, 2014).

07 W. Pauli jr., "Über die Energiekomponenten des Gravitationsfelds," Physikalische Zeitschrift, 20 (1919) 25

08 Charles P. Enz, *No Time To Be Brief: A Scientific Biography of Wolfgang Pauli*, Oxford University Press (2002). http:// www.catholicanthors.com/pauli.html.

09 W. Pauli jr., *Relativitätstheorie,* Teubner (1921); 영어판 W. Pauli, *Theory of Relativity*, Pergamon Press (1958).

10 Charles P. Enz, *No Time To Be Brief: A Scientific Biography of Wolfgang Pauli*, Oxford University Press (2002).

11 위의 책.

12 위의 책.

13 구스타프 보른 편집,《아인슈타인 보른 서한집》(박인순 옮김, 범양사, 2007).

2장 원자와 빛의 노래

01 《소크라테스 이전 철학자들의 단편 선집》(김인곤 외 옮김, 아카넷, 2011).

02 루크레티우스,《사물의 본성에 관하여》(강대진 옮김, 아카넷, 2012).

03 G. J. Stoney, "Of the "Electron", or Atom of Electricity". *Philosophical Magazine* 38 (5) (1894) 418–420.

04 http://fontanus.mcgill.ca/article/viewFile/1/1

05 https://www.nobelprize.org/nobel_prizes/chemistry/laureates/1908/rutherford-lecture.htm

06 E. Rutherford, "The scattering of alpha and beta particles by matter and the structure of the atom," *Philosophical Magazine* 21 (1911) 669-688.

07 닐스 보어가 하랄 보어에게 보낸 1912년 6월 19일자 편지, F. Aaserud and H. Kragh (eds.), *One hundred years of the Bohr atom: Proceedings from a conference*에 실린 G. Hon and B. R. Goldstein, "Constitution and Model: Bohr's Quantum Theory and Imagining the Atom"에서 인용.

08 N. Bohr, "On the Constitution of Atoms and Molecules," *Philosophical Magazine* 26 (1913) 1.

09 위의 글.

10 J. J. Balmer, "Notiz über die Spektrallinien des Wasserstoffs," *Verhandlungen der Naturforschende Gesellschaft in Basel* (1885).

3장 숫자, 이론, 그리고 주기율표

01 헤베시가 보어에게 보낸 1913년 9월 23일 편지, J. Mehra, H. Rechenberg, *The Historical Development of Quantum Theory*, vol. 1, part 1, p.201에서 인용.

02 만지트 쿠마르, 《양자혁명》(이덕환 옮김, 까치, 2014).

03 조머펠트가 보어에게 보낸 1913년 9월 4일자 편지, J. Mehra, H. Rechenberg, *The Historical Development of Quantum Theory*, vol. 1, part 1, p.213에서 인용.

04 보어가 조머펠트에게 보낸 1913년 10월 23일자 편지, J. Mehra, H. Rechenberg, *The Historical Development of Quantum Theory*, vol. 1, part 1, p.201에서 인용.

05 P. Epstein, "Zur Theorie des Starkeektes," *Physikalische Zeitschrift* 17, (1916) 148-150., A. Duncan and M. Jansses, The Stark effect in the Bohr-Sommerfeld theory and in Schrödinger's wave mechanics, arXiv:1404.5341[physics. hist-ph]에서 인용.

06 D. J. Gross, "On the calculation of the fine-structure constant," *Physics Today*, December (1989) 9.

07 Hund, 1963년 6월 25일 AHQP 인터뷰, J. Mehra, H. Rechenberg, *The Historical Development of Quantum Theory*, vol. 1, part 1, p.345에서 인용.

08 Niels Bohr, Collected Works vol. 4 (1977), J. Mehra, H. Rechenberg, *The Historical Development of Quantum Theory*, vol. 1, part 1, p.345에서 재인용.

09 보어가 파울리에게 보낸 1922년 7월 3일자 편지, Charles P. Enz, *No Time to Be Brief*, Oxford University Press (2002) p.84에서 인용.

10 베르너 하이젠베르크, 《부분과 전체》(김용준 옮김, 지식산업사, 1982).

11 Niels Bohr, Collected Work vol. 4 (1977), J. Mehra, H. Rechenberg, *The Historical Development of Quantum Theory*, vol. 1, part 1, p.346에서 인용.

12 J. Mehra, H. Rechenberg, *The Historical Development of Quantum Theory*, vol. 1, part 1, p.344.

13 M. Born, *My Life: Recollections of a Nobel Laureate*, Scribner (1978): B. Friedrich and D. Herschbach, "Stern and Gerlach: How a Bad Cigar Helped Reorient Atomic Physics," *Physics Today*, December (2003) p.53에서 인용.

14 J. Mehra, H. Rechenberg, *The Historical Development of Quantum Theory*, vol.1, part 2, p.437.

15 O. Stern, "Ein Weg zur experimentellen Pruefung der Richtungsquantelung im Magnetfeld," Zeitschrift für Physik, 7 (1921) 249.

16 B. Friedrich and D. Herschbach, "Stern and Gerlach: How a Bad Cigar Helped Reorient Atomic Physics," *Physics Today*, December (2003) 53.

17 W. Gerlach, O. Stern, "Der experimentelle Nachweis des magnetischen Moments des Silberatoms," *Zeitschrift für*

Physik, 8 (1921) 110.

18 J. Mehra, H. Rechenberg, *The Historical Development of Quantum Theory*, vol. 1, part 2, p.440.

19 Gerlach, AHQP 인터뷰, 1963년 7월 15일, J. Mehra, H. Rechenberg, *The Historical Development of Quantum Theory*, vol. 1, part 2, p.442에서 인용.

20 파울리가 게를라흐에게 보낸 1922년 2월 17일자 편지, J. Mehra, H. Rechenberg, *The Historical Development of Quantum Theory*, vol. 1, part 2, p.442에서 인용.

21 W. Gerlach, O. Stern, "Der experimentelle Nachweis der Richtungsquantelung im Magnetfeld", *Zeitschrift für Physik*, 9 (1922) 349.

22 W. Gerlach, O. Stern, "Das magnetische Moment des Silberatoms", Zeitschrift für Physik, 9 (1922) 353.

23 W. Gerlach, O. Stern, "Über die Richtungsquantelung im Magnetfeld," *Annalen der Physik*, 74 (1924) 673.

24 M. Born, My Life: Recollections of a Nobel Laureate (Scribner, 1978); J. Mehra, H. Rechenberg, *The Historical Development of Quantum Theory*, vol. 1, part 2, p.435에서 인용.

25 파울리가 라덴부르크에게 보낸 1922년 11월 14일자 편지, Charles P. Enz, *No Time to Be Brief: A Scientific Biography of Wolfgang Pauli*, Oxford University Press (2002) p.84에서 인용.

26 W. Pauli, "Remarks on the history of the exclusion principle," *Science* 103 (1946) 213.

4장 배타원리와 스핀

01 러셀 맥코마크, 크리스타 융니켈,《자연에 대한 온전한 이해》4권 (구자현 옮김, 한국문화사, 2015) 311쪽.

02 J. Mehra, H. Rechenberg, *The Historical Development of Quantum Theory*, vol. 1, part 2, p.671.

03 W. Pauli 노벨상 수상 강연, https://www.nobelprize.org/nobel_prizes/physics/laureates/1945/pauli-lecture.pdf

04 보어에게 보낸 1924년 2월 11일자 편지, J. Mehra, H. Rechenberg, *The Historical Development of Quantum Theory*, vol. 1, part 2 p.672에서 인용.

05 Pauli's Nobel Lecture, https://www.nobelprize.org/nobel_prizes/physics/laureates/1945/pauli-lecture.pdf]

06 E. C. Stoner, "The distribution of electrons among atomic energy levels," *Philosophical Magazine* 48 (1924) 719.

07 Pauli's Nobel Lecture, https://www.nobelprize.org/nobel_prizes/physics/laureates/1945/pauli-lecture.pdf

08 W. Pauli, "Über den Zusammenhang des Abschlusses der Elektronengruppen im Atom mit der Komplexstruktur der Spektren," *Z. Phys.* 31 (1925) 765.

09 파울리가 보어에게 보낸 1924년 12월 12일자 편지, J. Mehra, H. Rechenberg, *The Historical Development of Quantum Theory*, vol. 2, p196에서 인용.

10 보어가 파울리에게 보낸 1924년 12월 22일자 편지, J. Mehra, H. Rechenberg, *The Historical Development of Quantum Theory*, vol. 2, p.197에서 인용.

11 J.L. Heilborn, "The Origin of the Exclusion Principle," *Historical Studies in the Physical Sciences*, 13 (2) (1983) 261-310.

12 Interview with Dr. Ralph Kronig by John L. Heilbron at Kronig's Office at the T.H. Delft, Holland, November 12, 1962, AIP , http://www.aip.org/history

13 에밀리오 세그레,《고전물리학의 창시자들을 찾아서》(노봉환 옮김, 전파과학사, 1984) 262쪽.

14 http://www.nobelprize.org/nobel_prizes/physics/laureates/1902/lorentz-bio.html

15 에밀리오 세그레,《고전물리학의 창시자들을 찾아서》(노봉환 옮김, 전파과학사, 1984) 263쪽.

16 Abraham Pais, "George Uhlenbeck and the Discovery of Electron Spin," *Physics Today*, November (1989) 34.

17 R. Kronig, "The Turning Point," in M. Fierz and V. F. Weisskopf (ed.) *Theoretical Physics in the Twentieth Century: A Memorial Volume to Wolfgang Pauli*, Interscience (1960).

18 위의 글.

19 호우트스미트, 1963. 12. 5 AHQP 인터뷰, J. Mehra, H. Rechenberg, *The Historical Development of Quantum Theory*, vol. 1, part 2 p.699에서 인용.

20 울렌벡, 1962. 3. 31 AHQP 인터뷰, J. Mehra, H. Rechenberg, *The Historical Development of Quantum Theory*, vol. 1, part 2 p.698에서 인용.

21 에이브러햄 파이스,《20세기를 빛낸 과학의 천재들》(이충호 옮김, 사람과책, 2001) 423쪽.

22 보어가 에른페스트에게 보낸 1926년 3월 26일자 편지. J. Mehra, H. Rechenberg, *The Historical Development of Quantum Theory*, vol. 1, part 2 p.703에서 인용.

23 G. E. Uhlenbeck, S. Goudsmit, "Spinning electrons and the structure of spectra," *Nature*, 117 (1926) 264.

24 파울리가 보어에게 보낸 1924년 12월 12일자 편지의 각주; J. Hendry, *The Creation of Quantum Mechanics and the Bohr-Pauli Dialogue*, D. Reidel Publishing Company (1984) p.64에서 인용.

25 S. A. Goudsmit, "Fifty Years of Spin. It might as well be spin," *Physics Today*, June (1976) 41.

26 I. Duck, E. C. G. Sudarshan, *Pauli and the Spin-Statistics Theorem*, World Scientific (1997) p.53.

5장 양자역학을 들고 온 세 전령

01 구스타프 보른 편집,《아인슈타인 보른 서한집》(박인순 옮김, 범양사, 2007).

02 보른이 아인슈타인에게 보낸 1925년 7월 15일자 편지에서. J. Mehra, H. Rechenberg, *The Historical Development of Quantum Theory*, vol. 2 p.211에서 인용.

03 하이젠베르크가 보어에게 보낸 1925년 5월 16일자 편지에서, J. Mehra, H. Rechenberg, *The Historical Development of Quantum Theory*, vol. 2 p.213에서 인용.

04 W. Heisenberg, "Zur Quantentheorie der Multiplettstruktur und der anomalen Zeemaneffekte," *Z. Phys.* 32 (1925) 841-860.

05 파울리가 보어에게 보낸 1924년 12월 12일자 편지, K. V. Laurikainen, *Beyond the Atom*, p.157에서 재인용

06 베르너 하이젠베르크,《부분과 전체》(김용준 옮김, 지식산업사, 1982).

07 위의 책.

08 W. Heisenberg, "Über quantentheoretishe Umdeutung kinematisher und mechanischer Beziehungen," *Zeitschrift für Physik*, 33 (1925) 879‑893. 영문 번역본은 "Quantum‑Theoretical Re‑interpretation of Kinematic and Mechanical Relations," B. L. van der Waerden, editor, *Sources of Quantum Mechanics*, Dover Publications (1968) p.261.

09 스티븐 와인버그,《최종 이론의 꿈》(이종필 옮김, 사이언스북스, 2007) 97쪽.

10 구스타프 보른 편집,《아인슈타인 보른 서한집》(박인순 옮김, 범양사, 2007).

11 위의 책.

12 하이젠베르크가 파울리에게 보낸 1925년 11월 3일자 편지; 에이브러햄 파이스,《20세기를 빛낸 과학의 천재들》(이충호 옮김, 사람과책, 2001)에서 인용

13 에이브러햄 파이스,《20세기를 빛낸 과학의 천재들》(이충호 옮김, 사람과책, 2001)에서 인용.

14 월터 무어, 《슈뢰딩거의 삶》 (전대호 옮김, 사이언스북스, 1997) 173쪽.

15 슈뢰딩거가 빌헬름 빈에게 보낸 1925년 12월 27일자 편지, J. Mehra, H. Rechenberg, *The Historical Development of Quantum Theory*, vol.5, p.460에서 재인용.

16 E. Schrodinger, "Quantisierung als Eigenwertproblem," *Annalen der Physik*. 384 (4) (1926) 273–376.

17 E. Schrodinger, "Quantisierung als Eigenwertproblem," *Annalen der Physik*. 384 (6) (1926) 489–527.

18 월터 무어, 《슈뢰딩거의 삶》 (전대호 옮김, 사이언스북스, 1997) 1880쪽.

19 Graham Farmelo, *The Strangest Man: The Hidden Life of Paul Dirac, Mystic of the Atom*, Basic Books (2011) p.13.

20 P. A. M. Dirac, "The Fundamental Equation of Quantum Mechanics," *Proc. Roy. Soc. A* 109, (1925) 642–653.

21 M. Born, "Über Quantenmechanik", *Z. Phys*. 26 (1924) 379–395.

22 B. Friedrich and D. Herschbach, "Stern and Gerlach: How a bad Cigar Helped Reorient Atomic Physics," *Physics Today*, December (2003) 53.

6장 같음, 스핀, 그리고 통계법

01 리처드 로즈, 《원자폭탄 만들기》 (문신행 옮김, 사이언스북스, 2003) 222쪽.

02 L. 페르미, 《원자 가족》 (양희선 옮김, 전파과학사, 1977).

03 E. Fermi, "Considerazioni sulla quantizzazioni dei sistemi che contengono degli elementi identici", *Nuovo Cimento I* (1924) 145-152.

04 E. Fermi, "Sulla quantizzazione del gas perfetto monoatomico", *Rend. Lincei* 3 (1926) 145., reprinted in E. Fermi, (ed. E. Amaldi, H.L. Anderson, E. Perisico, F. Rasetti, C.S. Smith, A. Wattenberg, and E. Segre) *Collected papers (Note e Memorie)*, Volume I Italy 1921-1938, University of Chicago Press (1962).

05 O. Theimer, B. Ram, "The beginning of quantum statistics," *Am. J. Phys*. 44 (1976) 1056 재인용.

06 위의 글 재인용.

07 P. A. M. Dirac, "On the Theory of Quantum Mechanics," *Proc. R. Soc. Lond. A* 112 (1926) 661.

08 Graham Farmelo, *The Strangest Man: The Hidden Life of Paul Dirac, Mystic of the Atom*, Basic Books (2009) p.331.

09 P. A. M. Dirac, "On the Theory of Quantum Mechanics," *Proc. R. Soc. Lond. A* 112 (1926) 661.

10 위의 글, 610.

11 위의 글, 610.

12 Sin-itiro Tomonaga, *The Story of Spin*, The University of Chicago Press (1997) p.60.

13 R. A. Beth, "Mechanical Detection and Measurement of the Angular Momentum," *Phys. Rev.* 50 (1936).

14 P. A. M. Dirac, "On the Theory of Quantum Mechanics," *Proc. R. Soc. Lond. A* 112 (1926) 66.

15 M. Born and W. Heisenberg, "Quantum Mechanics," in G. Bacciagaluppi and A. Valentini ed. *Quantum Theory at the Crossroads*, Cambridge University Press (2009) p.396.

16 A. Blum, "From the necessary to the possible: the genesis of the spin-statistics theorem," *Eur. Phys. J. H* 39 (2014) 543.

17 칼 융에게 보낸 1956년 10월 23일자 편지. 에이브러햄 파이스, 《20세기를 빛낸 과학의 천재들》 (이충호 옮김, 사람과책, 2001) 298쪽에서 재인용.

18 베테가 조머펠트에게 보낸 1931년 4월 9일자 편지, Luisa Bonolis의 강연, Bruno Maximovich Pontecorbo (2014) 에서 인용.

19 P. A. M. Dirac, "Quantised Singularities in the Electromagnetic Field," *Proc. Roy. Soc.* 133 (1931) 60.

20 에미리오 세그레, 《X-선에서 쿼크까지》 (박병소 옮김, 기린원, 1994).

21 M. Massimi and M. Redhead, "Weinberg's proof of the spin-statistics theorem," *Studies in History and Philosophy of Modern Physics*, 34 (2003) 621-650.

22 W. Pauli, "The connection between spin and statistics," *Phys. Rev.* 58 (1940) 716.

23 리처드 파인만, 로버트 레이턴, 매슈 샌즈, 《파인만의 물리학 강의》 3권 (정재승, 정무광, 김충규 옮김, 승산, 2009) 4장 3절.

24 I. Duck, E. C. G. Sudarshan, *Pauli and the Spin-Statistics Theorem*, World Scientific (1997).

7장 다른 방향에서 보기

01 Alberto Lerda, *Anyons*, Springer Verlag (1992).

02 유리 마닌, 《수학과 물리학》 (명효철, 채동호 옮김, 민음사, 1998).

03 에미리오 세그레, 《X-선에서 쿼크까지》 (박병소 옮김, 기린원, 1994) 216쪽.

04 Mooser et al, "Direct high-precision measurement of the magnetic moment of the proton," *Nature* 509 (2014) 596.

05 A. S. Barabash, "Experimental test of the Pauli Exclusion Principle," *Found. Phys.* 40 (2010) 703.

06 V. M. Novikov, A. A. Pomanskii, "Experimental test of a possible violation of the Pauli principle," *JETP Lett.* 49 (1989) 81.

07 F. Reines, H. W. Sobel, "Test of the Pauli Exclusion Principle for Atomic Electrons," *Phys. Rev. Lett.* 32 (1974) 954.

08 A. S. Barabash, V. N. Kornoukhov, Yu. M. Tsipenyuk, B. A. Chapyzhnikov, "Search for anomalous carbon atoms - evidence of violation of the Pauli principle during the period of nucleosynthesis," *JETP Lett.* 49 (1989) 81.

09 NEMO Collaboration, "Performance of a prototype tracking detector for double beta decay measurements," *Nucl. Inst. and Methods* A 354 (1995) 338.

10 R. Arnold et al., "Testing the Pauli exclusion principle with the NEMO-2 detector," *Eur. Phys. J. A* 6 (1999) 361.

11 Michela Massimi, *Pauli's Exclusion Principle*, Cambridge University Press (2005).

에필로그 파울리의 초상

01 Charles Enz, Karl von Meyenn, "Wolfgang Pauli, A Biographical Introduction" in *Writings on Physics and Philosophy*, Springer Verlag (1994).

02 베르너 하이젠베르크, 《부분과 전체》 (김용준 옮김, 지식산업사, 1982).

03 https://en.wikipedia.org/wiki/Wolfgang_Pauli

04 N. Bohr, "Foreword," in M. Fierz and V. F. Weisskopf(ed.) *Theoretical Physics in the Twentieth Century: A Memorial Volume to Wolfgang Pauli*, Interscience (1960).

05 에미리오 세그레, 《X-선에서 쿼크까지》 (박병소 옮김, 기린원, 1994) 216쪽.

06 칼 G. 융, 볼프강 E. 파울리, 《자연의 해석과 정신》 (이창일 옮김, 연암서가, 2015).

07 에이브러햄 파이스, 《20세기를 빛낸 과학의 천재들》 (이충호 옮김, 사람과책, 2001) 353쪽.

08 《새물리 New Physics》, Vol. 7, No. 2, June (1968).

그림 출처

12,20,23,26,37,41(위),42,45,65,76,194,232,244,306,364,370,390,392,422,428쪽 ©CERN

29쪽(위) ⓟⓘPetr Vilgus, (아래) ⓒⓘBrunoDelzant

30쪽 ⓒⓘMartin Röll

41쪽 ©Universität Wien

73쪽(위) ⓒⓘMedoim 90, (아래) ⓒⓘSolafide

87쪽 ⓒⓘfshin Darian

98,103쪽(위) ©Fraunhofer-Gesellschaft

110쪽(아래) ©dbnl/T.P. Sevensma

112쪽(오른쪽) Nobelprize.org

122쪽(아래) American Institute of Physics

126쪽(오른쪽) ⓒⓘKurzon

132,134,137,177,214,278쪽 Niels Bohr Institutet/Københavns Universitet

170쪽(아래) H.G.J. Moseley, "The High-Frequency Spectra of the Elements. II," *Philosophical Magazine* (1914) 703-713

174쪽(아래) J. Franck, G. Hertz, "Über Zusammenstöße zwischen Elektronen und Molekülen des Quecksilberdampfes und die Ionisierungsspannung desselben," *Verhandlungen der Deutschen Physikalischen Gesellschaft* 16 (1914) 457-467.

203쪽 (c)Akademie der Wissenschaften in Hamburg/P. Toschek

210쪽 W. Gerlach, O. Stern, "Über die Richtungsquantelung im Magnetfeld II," *Ann. Phys.* 76 (1925) 163-197.

216쪽 ⓒⓘFrank Behnsen

247쪽 Universiteit Leiden/©Harm Kamerlingh Onnes

250쪽(오른쪽) Universiteit Leiden/©Menso Kamerlingh Onnes, (왼쪽) Universiteit Leiden/©Harm Kamerlingh Onnes.

257,258쪽 ©Universiteit Leiden

280쪽 G.E. Uhlenbeck, S. Goudsmit, "Spinning Electrons and the Structure of Spectra," *Nature* 117 (1926) 264-265.

302쪽 ⓒⓘPegasus2

336쪽 ⓒⓘsailko

352쪽 ©NIST/JILA/CU-Boulder

384쪽(위) ©Caltech, (아래) Carl D. Anderson, "The Positive Electron," *Phys. Rev.* 43(6) (1933) 491-494.

410쪽 ©IME, University of Chicago

412쪽 ©Toshiba Storage Division